高等学校教材

石油工程非牛顿流体力学

杨树人　崔海清　等编著

石油工业出版社

内 容 提 要

非牛顿流体力学是由流变学发展起来的研究非牛顿流体应力和应变的关系及非牛顿流体流动问题的分支学科。本书从非牛顿流体力学的研究内容和研究方法入手，采用张量分析的方法研究非牛顿流体力学的基本方程、非牛顿流体流动的规律、流变参数的测定等。本书逻辑清晰、层次性强、数学推导过程简明扼要。

本书可作为石油院校钻井工程和采油工程专业的教材，也可作为相关工程技术人员的参考用书。

图书在版编目（CIP）数据

石油工程非牛顿流体力学／杨树人，崔海清等编著．
北京：石油工业出版社，2013.10
（高等学校教材）
ISBN 978—7—5021—9690—5

Ⅰ．石…
Ⅱ．①杨…②崔…
Ⅲ．非牛顿流体力学—应用—石油工程—高等学校—教材
Ⅳ．TE

中国版本图书馆 CIP 数据核字（2013）第 165362 号

出版发行：石油工业出版社
（北京安定门外安华里 2 区 1 号　100011）
网　址：http://pip.cnpc.com.cn
编辑部：(010) 64523574　发行部：(010) 64523620
经　销：全国新华书店
印　刷：北京中石油彩色印刷有限责任公司

2013 年 10 月第 1 版　2013 年 10 月第 1 次印刷
787×1092 毫米　开本：1/16　印张：13.25
字数：336 千字

定价：27.00 元
（如出现印装质量问题，我社发行部负责调换）
版权所有，翻印必究

前　言

随着石油工业中新技术的不断涌现，在石油钻井、石油开采和油气地面集输过程中，经常遇到复杂混合物的流动问题，而这些流体的非牛顿性越来越明显，所涉及的非牛顿流体力学理论知识越来越多。因此，近年来各石油高校纷纷开设了非牛顿流体力学课程，但各高校采用的教材以及教学内容不尽相同。为了利于石油高校非牛顿流体力学的教学内容的规范统一和教学水平的提高，在总结了非牛顿流体力学本科和研究生教学工作经验的基础上，结合编著者近年来承担的国家自然科学基金项目"非牛顿流体在内管做行星运动的偏心环空中的流动"（批准文号50374018）和"粘弹性流体在内管做轴向往复运动的偏心环空中的非定常流"（批准文号50674019）等20余项课题的研究成果编写了本书。

在本书的内容编排上，注重理论体系的完整性，同时将基础理论与工程应用有机结合。首先，为使读者能够更好地学习和掌握非牛顿流体力学，引入了研究非牛顿流体力学所必需的矢量分析、场论和张量等工程数学方面的基础知识；其次，在介绍了牛顿流体和非牛顿流体等概念的基础上，运用流体力学的方法建立了非牛顿流体的本构方程和流动方程；再次，根据石油工程专业的特点，重点研究了非牛顿流体在圆管和环形空间中的轴向流动规律、非牛顿流体在偏心环空中的轴向层流流动规律、非牛顿流体在圆管和环形空间中的螺旋流动规律，以及非牛顿流体的紊流流动规律；最后，介绍了非牛顿流体流变参数的测定方法。

本书全部内容经编著者共同讨论，由杨树人统稿，具体分工如下：第一章、第五章、第七章由王春生编写；第二章由杨树人编写；第三章由杨晶编写；第四章由韩洪升编写；第六章由崔海清编写；第八章由刘丽丽编写。

在本书的编写过程中得到了东北石油大学流体力学教研室其他教师的大力支持和帮助，在此表示感谢。

由于受编著者学术水平的限制，书中难免有疏漏之处，敬请读者批评指正。

编著者

2013年7月

目 录

第一章 场论及张量基础 ……………………………………………………………… (1)
    第一节 场论 …………………………………………………………………………… (1)
    第二节 符号及求和约定 ……………………………………………………………… (17)
    第三节 矢量的变换规律 ……………………………………………………………… (22)
    第四节 笛卡儿张量 …………………………………………………………………… (27)
    第五节 笛卡儿张量的代数运算 ……………………………………………………… (32)
    第六节 二阶张量的主轴和主值 ……………………………………………………… (36)
    第七节 笛卡儿张量的微分 …………………………………………………………… (42)

第二章 非牛顿流体与非牛顿流体力学 ……………………………………………… (46)
    第一节 非牛顿流体及其分类 ………………………………………………………… (46)
    第二节 非牛顿流体力学的研究内容和研究方法 …………………………………… (50)

第三章 非牛顿流体力学基本方程 …………………………………………………… (53)
    第一节 连续介质力学的基本概念 …………………………………………………… (53)
    第二节 应力张量 ……………………………………………………………………… (54)
    第三节 应变张量 ……………………………………………………………………… (56)
    第四节 连续性方程和运动方程 ……………………………………………………… (59)
    第五节 本构方程 ……………………………………………………………………… (63)
    第六节 初始条件和边界条件 ………………………………………………………… (68)

第四章 非牛顿流体在圆管和环形空间中的轴向流动 ……………………………… (70)
    第一节 均匀流动方程式 ……………………………………………………………… (70)
    第二节 圆管和环形空间中牛顿流体的层流 ………………………………………… (72)
    第三节 圆管中黏性流体层流的基本方程 …………………………………………… (75)
    第四节 环形空间中黏性流体的基本方程 …………………………………………… (77)
    第五节 圆管和环形空间中幂律流体的层流 ………………………………………… (79)
    第六节 圆管和环形空间中宾汉流体的结构流 ……………………………………… (84)
    第七节 罗宾诺维奇—莫纳方程 ……………………………………………………… (91)
    第八节 非牛顿流体广义雷诺数的计算 ……………………………………………… (93)
    第九节 非牛顿流体的黏度 …………………………………………………………… (96)
    第十节 非牛顿流体的圆管紊流压降计算 …………………………………………… (98)
    第十一节 非牛顿流体流态判别准则 ………………………………………………… (101)

第五章 非牛顿流体在偏心环空中的轴向层流流动 ………………………………… (107)
    第一节 偏心环空中幂律流体的轴向层流 …………………………………………… (107)
    第二节 偏心环空中宾汉流体的轴向结构流 ………………………………………… (118)

第六章　非牛顿流体在圆管和环形空间中的螺旋流动 (134)
　　第一节　螺旋流的基本概念 (134)
　　第二节　螺旋流的速度微分方程 (135)
　　第三节　广义稳定性参数 (140)
　　第四节　牛顿流体在圆管和环形空间中的螺旋流动 (141)
　　第五节　幂律流体在圆管和环形空间中的螺旋流动 (148)
　　第六节　宾汉流体在圆管和环形空间中的螺旋流动 (155)

第七章　非牛顿流体的紊流流动 (162)
　　第一节　稳定性参数 (162)
　　第二节　圆管中非牛顿流体紊流流动 (169)

第八章　流变参数测定 (179)
　　第一节　流变仪简介 (179)
　　第二节　毛细管流变仪 (180)
　　第三节　旋转黏度计 (186)
　　第四节　流变参数的回归 (195)

参考文献 (202)

第一章 场论及张量基础

第一节 场 论

一、场的定义及分类

设在空间中的某个区域内定义标量函数或矢量函数，则称定义在此空间区域内的函数为场。如果研究的是标量函数则称此场为标量场；如果研究的是矢量函数则称此场为矢量场。在场内定义的函数可以随时间改变，此时时间作为参数出现。设 r 是空间点的矢径，x，y，z 是 r 的直角坐标，t 是时间，则标量场和矢量场内的函数 φ 和 a 可分别表示为

$$\varphi = \varphi(r,t) = \varphi(x,y,z,t)$$

$$a = a(r,t) = a(x,y,z,t)$$

在物理及力学中，经常碰到各种不同的标量场及矢量场：温度场、压力场、密度场等都是标量场，而速度场、力场、电磁场等都是矢量场。流体力学中研究的对象就是这些标量和矢量场，因此场论的知识对于学习流体力学是必不可少的。

如果同一时刻场内各点函数的值都相等，则称此场为均匀场；反之称为不均匀场。如果场内函数值不依赖于时间，即不随时间 t 改变，则称此场为定常场；反之称为不定常场。均匀场和定常场可分别表示为

$$\varphi(t), \quad a(t)$$

及

$$\varphi(r), \quad a(r)$$

场论是研究标量场及矢量场数学性质的一门数学分支，本章只研究场的部分性质。

二、场的几何表示

用几何方法，即用图形表示一个场有助于直观地理解问题，并且具有实用意义。

先来研究如何用几何方法表示一个标量场 $\varphi(r,t)$。如果在每一时刻，场的几何表示都已知道，则整个场的几何表示也就可以知道（如果研究的场是定常的，那么只须研究 $\varphi(r)$ 的本身即可）。因此，只须取任一固定时刻 t_0 研究场 $\varphi(r,t_0)$ 的几何表示，令

$$\varphi(r, t_0) = 常数 = \varphi_0$$

得到与之对应的曲面称之为等位面。在等位面上 φ 的值都相等。取一系列不同的 φ_0 值，得到空间中一组与之对应的等位面，于是整个标量场被等位面分成很多区域（图 1-1）。

作出等位面后，可以从等位面的相互位置、疏密程度看出标量函数的变化状况。例如，等位面靠得近的地方函数变化快，靠得远的地方函数变化得慢；函数值的变化主要在等位面的法线方向发生；沿等位面切线方向移动时，函数值不改变，等等。

等位面在气象学上有重要应用，例如气候图上的等压线、等温线等都是标量场的等位面。

现在研究矢量场的几何表示。矢量场的几何表示较标量场复杂，因为矢量是一个有大小及方向的量，须要分别对大小及方向作几何表示。由于矢量的大小是一个标量，所以可以用上述等位面的概念来几何地表示它。至于矢量的方向则采用矢量线来几何地表示它。所谓矢量线就是这样的线，线上每一点的切线方向与该点的矢量方向重合。可以用下面的方法作出同一时刻通过该场内任一点 M 的矢量线。如图1-2所示，过 M 点作该点的矢量 a，在 a 上取一与 M 邻近的点 M'，过 M' 作其上的矢量 a'，然后再在 a' 上取一与 M' 相邻的点 M''，如此继续下去就得到一个折线 $MM'M''\cdots$，折线上每一小段的方向和该段起点上矢量的方向重合。令 MM'、$M'M''$、$\cdots$ 趋于零，可得一条极限曲线，显然极限曲线上每一点的切线方向与该点的切向方向重合。按照定义，他就是矢量线。下面写出确定矢量线的方程。设 $d\boldsymbol{r}$ 是矢量线的切向元素，则根据矢量线定义有

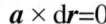

$$\boldsymbol{a} \times d\boldsymbol{r} = 0$$

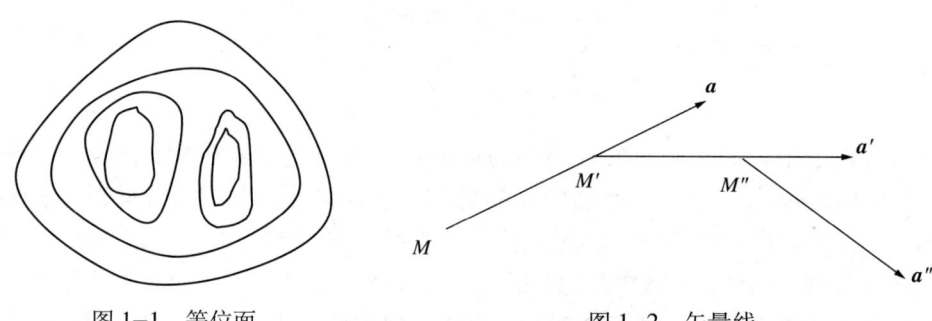

图1-1 等位面　　　　　　　　图1-2 矢量线

写成直角坐标分量形式则为

$$\frac{dx}{a_x(x,y,z,t)} = \frac{dy}{a_y(x,y,z,t)} = \frac{dz}{a_z(x,y,z,t)}$$

其中 t 是一个参数。a_x，a_y，a_z 是矢量 $\boldsymbol{a}$ 在坐标轴上的三个分量。这就是确定矢量线的微分方程。积分方程，在积分时将 t 看成参数，即得矢量线的分析表达式。

有了矢量线后，场内每一点的矢量方向可由矢量线的切向方向定出。

有时，可以从矢量线的疏密程度估计矢量在各点的大小。

在场内取任取一非矢量的封闭曲线 C，通过 C 上每一点作矢量线，则这些矢量线所包围的区域称为矢量管。

上面研究了标量场和矢量场的几何表示。下面将阐述如何表征任一时刻场内每一点邻域内的函数变化情况。换句话说，研究每一点由于场的不均匀性而引起的函数变化。

三、梯度——标量场不均匀性的量度

给定一标量场 $\varphi(\boldsymbol{r},t)$（以后为了讲述方便，将场内的函数简称为场），任务是在任一时刻描写标量场中每点邻域内的函数变化。

和以往一样，在某一固定时刻 $t=t_0$ 研究标量场 $\varphi(\boldsymbol{r},t_0)$（为了方便起见今后将 t_0 省略）。在场内任取一点 M，过 M 点作曲线 s，用下列极限值

— 2 —

$$\lim_{MM'\to 0} = \frac{\varphi(M')-\varphi(M)}{MM'} \tag{1-1}$$

表征标量函数 φ 在 M 点上沿曲线 s 方向的函数变化，其中 M' 是在 s 上与 M 无限邻近的点，$\varphi(M')$ 是 M' 点上的函数值（图 1-3）。以符号 $\dfrac{\partial \varphi}{\partial s}$ 表示式（1-1）中的极限值，称为函数在 M 点上沿曲线 s 方向的方向导数，于是

$$\frac{\partial \varphi}{\partial s} = \lim_{MM'\to 0} = \frac{\varphi(M')-\varphi(M)}{MM'} \tag{1-2}$$

过 M 点可以作无穷多个方向，每个方向都有对应的方向导数，如果所有方向上方向导数都已经知道，那么函数 φ 在 M 点邻域内的变化状况便完全清楚了。研究表明，各个方向上的方向导数并不是相互独立的。事实上只要知道过 M 点的等位面法向方向 $\boldsymbol{n}$ 上的方向导数 $\dfrac{\partial \varphi}{\partial n}$ 后，所有其他方向 s 上的方向导数都可以通过 $\dfrac{\partial \varphi}{\partial n}$ 及方向 $\boldsymbol{n}$，s 表示出来，这样矢量 $\dfrac{\partial \varphi}{\partial n}\boldsymbol{n}$ 已完全扫描了 M 点邻域函数 φ 的变化状况。下面证明上述事实。

过 M 点作等位面

$$\varphi(\boldsymbol{r}) = \varphi(M) = C$$

及等位面的法线方向 $\boldsymbol{n}$，$\boldsymbol{n}$ 指向 φ 增长的方向。在法线 $\boldsymbol{n}$ 上取一与 M 点无限邻近的点 M_1，过 M_1 点作等位面

$$\varphi(\boldsymbol{r}) = \varphi(M_1) = C_1$$

过 M 点做任一方向 s，它和等位面 $\varphi=C_1$ 交于 M' 点。显然

$$\varphi(M') = \varphi(M_1) = C_1$$

根据方向导数的定义，$\boldsymbol{n}$ 方向和曲线 s 方向的方向导数是

$$\frac{\partial \varphi}{\partial n} = \lim_{MM_1 \to 0} \frac{\varphi(M_1)-\varphi(M)}{MM_1} \tag{1-3}$$

$$\frac{\partial \varphi}{\partial s} = \lim_{MM' \to 0} \frac{\varphi(M')-\varphi(M)}{MM'} \tag{1-4}$$

从图 1-4 上可以看出，MM' 和 MM_1 之间存在着下列关系

$$MM_1 = MM' \cos(n,s) \tag{1-5}$$

将式（1-5）代入式（1-4），并考虑到式（1-3）及

$$\varphi(M') = \varphi(M_1)$$

有

$$\frac{\partial \varphi}{\partial s} = \lim_{MM' \to 0} \frac{\varphi(M') - \varphi(M)}{MM'}$$

$$= \cos(n,s) \lim_{MM_1 \to 0} \frac{\varphi(M_1) - \varphi(M)}{MM_1}$$

$$= \frac{\partial \varphi}{\partial s} \cos(n,s) \tag{1-6}$$

上式表明，s 方向上的方向导数可以通过 $\frac{\partial \varphi}{\partial n}$ 及 s 与 n 两方向之间夹角的余弦表示出来。也就是说，知道等位面 $\varphi=C$ 的法线方向 $\boldsymbol{n}$ 及其上的方向导数 $\frac{\partial \varphi}{\partial n}$ 后，则任一方向 s 上的方向导数即可按式（1-6）求出。

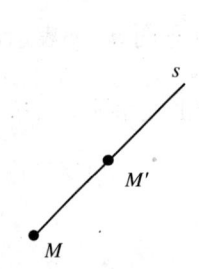
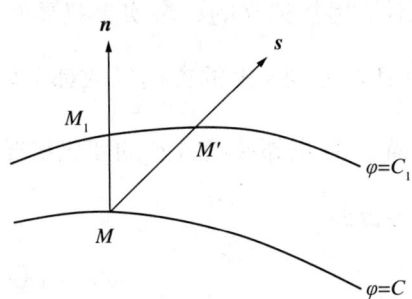

图 1-3 过 M 点的曲线　　图 1-4 函数 φ 在 M 点邻域内的变化

大小为 $\frac{\partial \varphi}{\partial n}$，方向为 $\boldsymbol{n}$ 的矢量称为标量函数 φ 的梯度，以

$$\mathrm{grad}\varphi = \frac{\partial \varphi}{\partial n} \boldsymbol{n} \tag{1-7}$$

表之，它描写了 M 点邻域内函数 φ 的变化状况，是标量场不均匀性的量度。考虑到式（1-7），式（1-6）可以改写为

$$\frac{\partial \varphi}{\partial s} = |\mathrm{grad}\varphi| \cos(n,s) = \boldsymbol{s}_0 \cdot \mathrm{grad}\varphi \tag{1-8}$$

其中 $\boldsymbol{s}_0$ 是 s 方向的单位矢量。于是 s 方向的方向导数等于梯度矢量在 s 方向的投影。此外，无论从式（1-6）或图 1-4 中都可以看出

$$\left|\frac{\partial \varphi}{\partial s}\right| \leqslant \left|\frac{\partial \varphi}{\partial n}\right| \tag{1-9}$$

即函数 φ 在 $\boldsymbol{n}$ 方向的方向导数值最大，φ 在 $\boldsymbol{n}$ 方向变化最快。而在等位面切线方向的方向导数等于零，因此沿等位面方向 φ 全然不改变。

根据式（1-8）梯度 $\mathrm{grad}\varphi$ 在 x，y，z 轴方向上的投影分别等于 x，y，z 轴上的方向导数

$$\frac{\partial \varphi}{\partial x}, \quad \frac{\partial \varphi}{\partial y}, \quad \frac{\partial \varphi}{\partial z}$$

于是梯度 $\text{grad}\varphi$ 在直角坐标系中表达式为

$$\text{grad}\varphi = \frac{\partial \varphi}{\partial x}\boldsymbol{i} + \frac{\partial \varphi}{\partial y}\boldsymbol{j} + \frac{\partial \varphi}{\partial z}\boldsymbol{k} \tag{1-10}$$

式中 $\boldsymbol{i}, \boldsymbol{j}, \boldsymbol{k}$——$x, y, z$ 轴上的单位矢量。

总结起来，梯度的主要性质是：

(1) 梯度 $\text{grad}\varphi$ 描写了场内任一点 M 邻域内函数 φ 的变化状况，它是标量场不均匀性的量度；

(2) 梯度 $\text{grad}\varphi$ 的方向与等位面的法线重合，且指向 φ 增大的方向，大小是 $\boldsymbol{n}$ 方向上的方向导数 $\frac{\partial \varphi}{\partial n}$；

(3) 梯度 $\text{grad}\varphi$ 在任一方向 s 上的投影等于该方向的方向导数；

(4) 梯度 $\text{grad}\varphi$ 的方向，即等位面的法线方向是函数 φ 变化最快的方向；

(5) 梯度 $\text{grad}\varphi$ 在直角坐标系中的表达式是

$$\text{grad}\varphi = \frac{\partial \varphi}{\partial x}\boldsymbol{i} + \frac{\partial \varphi}{\partial y}\boldsymbol{j} + \frac{\partial \varphi}{\partial z}\boldsymbol{k}$$

下面证明两个实际上常常采用的梯度 $\text{grad}\varphi$ 的性质。

定理 1 梯度 $\text{grad}\varphi$ 满足关系式

$$\mathrm{d}\varphi = \mathrm{d}\boldsymbol{r} \cdot \text{grad}\varphi$$

反之，若 $\mathrm{d}\varphi = \mathrm{d}\boldsymbol{r} \cdot \boldsymbol{a}$，则 $\boldsymbol{a}$ 必为 $\text{grad}\varphi$。

证：标量函数 φ 的全微分是

$$\mathrm{d}\varphi = \frac{\partial \varphi}{\partial x}\mathrm{d}x + \frac{\partial \varphi}{\partial y}\mathrm{d}y + \frac{\partial \varphi}{\partial z}\mathrm{d}z$$

考虑

$$\text{grad}\varphi = \frac{\partial \varphi}{\partial x}\boldsymbol{i} + \frac{\partial \varphi}{\partial y}\boldsymbol{j} + \frac{\partial \varphi}{\partial z}\boldsymbol{k}$$

$$\mathrm{d}\boldsymbol{r} = \mathrm{d}x\boldsymbol{i} + \mathrm{d}y\boldsymbol{j} + \mathrm{d}z\boldsymbol{k}$$

得到

$$\mathrm{d}\varphi = \mathrm{d}\boldsymbol{r} \cdot \text{grad}\varphi$$

即 $\text{grad}\varphi$ 满足关系式 $\mathrm{d}\varphi = \mathrm{d}\boldsymbol{r} \cdot \text{grad}\varphi$。反之，若 $\mathrm{d}\varphi = \mathrm{d}\boldsymbol{r} \cdot \boldsymbol{a}$，另一方面 $\mathrm{d}\varphi = \mathrm{d}\boldsymbol{r} \cdot \text{grad}\varphi$，两式相减后得

$$\mathrm{d}\boldsymbol{r} \cdot (\boldsymbol{a} - \text{grad}\varphi) = 0$$

但因 $\mathrm{d}\boldsymbol{r}$ 是任意选取的方向，故有

$$\boldsymbol{a} = \text{grad}\varphi$$

即得证明。

定理 2 若 $a = \mathrm{grad}\,\varphi$，且 φ 是矢径 r 的单值函数，沿任一封闭曲线 L 的线积分

$$\int_L a \cdot \mathrm{d}r = 0$$

反之，若矢量 a 沿任一封闭曲线 L 的线积分

$$\int_L a \cdot \mathrm{d}r = 0$$

则矢量 a 必为某一标量函数 φ 的梯度，即 $a = \mathrm{grad}\,\varphi$。

证：若 $a = \mathrm{grad}\,\varphi$，则

$$\int_L a \cdot \mathrm{d}r = \int \mathrm{grad}\,\varphi \cdot \mathrm{d}r$$

由上一定理知

$$\mathrm{d}\varphi = \mathrm{d}r \cdot \mathrm{grad}\,\varphi$$

于是

$$\int_L a \cdot \mathrm{d}r = \int_L \mathrm{d}\varphi$$

因 φ 是 r 的单值函数，L 是封闭曲线，故

$$\int_L \mathrm{d}\varphi = 0$$

得到

$$\int_L a \cdot \mathrm{d}r = 0$$

反之，若矢量 a 沿任一封闭曲线 L 的线积分

$$\int_L a \cdot \mathrm{d}r = 0$$

现证 a 必为 $\mathrm{grad}\,\varphi$。

首先证明，从某一定点 M_0 到任一变动点 $M(r)$ 的线积分与积分路线无关。为此任取两个从 M_0 到 M 的积分曲线 L_1 及 L_2 组成一封闭曲线，如图 1-5 所示。根据假定，沿此封闭曲线的线积分为零，即

$$\int_{M_0(L_1)}^{M} a \cdot \mathrm{d}r + \int_{M_0(L_2)}^{M_0} a \cdot \mathrm{d}r = 0$$

即

$$\int_{M_0(L_1)}^{M} a \cdot \mathrm{d}r + \int_{M_0(L_2)}^{M_0} a \cdot \mathrm{d}r$$

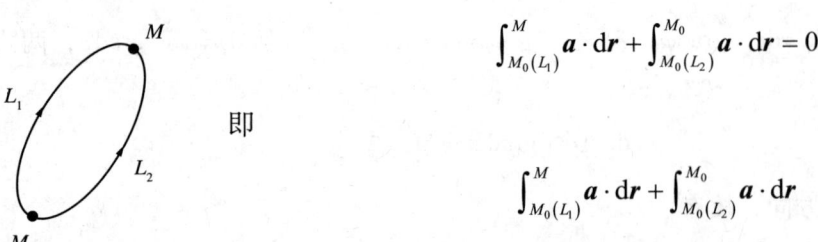

图 1-5 封闭曲线 L

因此从 M_0 到 $M(r)$ 的线积分与积分路线无关，因此积分值只是 r 的函数，以 $\varphi(r)$ 表之，于是

$$\varphi(r) = \int_{M_0}^{M} \boldsymbol{a} \cdot \mathrm{d}\boldsymbol{r}$$

由此得

$$\mathrm{d}\varphi = \boldsymbol{a} \cdot \mathrm{d}\boldsymbol{r}$$

根据上一定理的结果推出

$$\boldsymbol{a} = \mathrm{grad}\varphi$$

定理证毕。

定理 1 及定理 2 反映了梯度的同一个性质。定理 1 是微分形式，而定理 2 是积分形式。

定理 1 和定理 2 将单值函数 φ 的梯度和 φ 的全微分以及线积分联系起来，根据全微分及线积分的运算性质，就有可能利用定理 1 和定理 2，通过全微分和线积分求函数 φ 的梯度及研究梯度的某些性质。

下面举例说明如何利用梯度的性质求某给定函数的梯度。

【例 1-1】 计算仅与矢径大小 r 有关的标量 $\varphi(r)$ 的梯度 $\mathrm{grad}\varphi$。

下面利用梯度的不同性质求 $\varphi(r)$ 的梯度。

利用性质 (2)，标量函数 $\varphi=\varphi(r)$ 的等位面是以坐标原点为中心的球面，而球面的法线方向，即矢径 $\boldsymbol{r}$ 的方向，故 $\mathrm{grad}\varphi$ 的方向就是矢径 $\boldsymbol{r}$ 的方向；其次 $\mathrm{grad}\varphi$ 的大小是

$$\frac{\partial \varphi}{\partial r} = \varphi'(r)$$

于是

$$\mathrm{grad}\varphi = \varphi'(r)\frac{\boldsymbol{r}}{r}$$

利用性质 (5)，显然

$$\frac{\partial \varphi}{\partial x} = \frac{\mathrm{d}\varphi}{\mathrm{d}r}\frac{\partial r}{\partial x}, \quad \frac{\partial \varphi}{\partial y} = \frac{\mathrm{d}\varphi}{\mathrm{d}r}\frac{\partial r}{\partial y}, \quad \frac{\partial \varphi}{\partial z} = \frac{\mathrm{d}\varphi}{\mathrm{d}r}\frac{\partial r}{\partial z}$$

因

$$r = \sqrt{x^2 + y^2 + z^2}$$

故

$$\frac{\partial r}{\partial x} = \frac{x}{r}, \quad \frac{\partial r}{\partial y} = \frac{y}{r}, \quad \frac{\partial r}{\partial z} = \frac{z}{r}$$

于是

$$\frac{\partial \varphi}{\partial x} = \frac{x}{r}\frac{\mathrm{d}\varphi}{\mathrm{d}r}, \quad \frac{\partial \varphi}{\partial y} = \frac{y}{r}\frac{\mathrm{d}\varphi}{\mathrm{d}r}, \quad \frac{\partial \varphi}{\partial z} = \frac{z}{r}\frac{\mathrm{d}\varphi}{\mathrm{d}r}$$

而
$$\operatorname{grad}\varphi = i\frac{\partial \varphi}{\partial x} + j\frac{\partial \varphi}{\partial y} + k\frac{\partial \varphi}{\partial z} = \frac{xi + yj + zk}{r}\frac{\mathrm{d}\varphi}{\mathrm{d}r}$$
$$= \varphi'(r)\frac{\boldsymbol{r}}{r}$$

利用定理1，有
$$\mathrm{d}\varphi(r) = \varphi'(r)\,\mathrm{d}r = \frac{\varphi'(r)}{r}r\mathrm{d}r$$

因
$$\boldsymbol{r}\cdot\boldsymbol{r} = r^2$$

微分而得
$$2\boldsymbol{r}\cdot\mathrm{d}\boldsymbol{r} = 2r\mathrm{d}r$$

即
$$\boldsymbol{r}\cdot\mathrm{d}\boldsymbol{r} = r\mathrm{d}r$$

于是
$$\mathrm{d}\varphi = \frac{\varphi'(r)}{r}\boldsymbol{r}\mathrm{d}\boldsymbol{r}$$

根据定理1
$$\operatorname{grad}(\varphi) = \varphi'(r)\frac{\boldsymbol{r}}{r}$$

最后指出，写成 $\boldsymbol{a}=\operatorname{grad}\varphi$ 的矢量场也称位势场，φ 称为位势函数。

四、矢量 $\boldsymbol{a}$ 通过 S 面的通量、矢量 $\boldsymbol{a}$ 的散度、奥高定理

给定一矢量场 $\boldsymbol{a}(\boldsymbol{r}, t)$。在场内取一曲面 S（图1-6），它可以是封闭的也可以是不封闭的。在 S 面上取一面积元素 $\mathrm{d}S$，在 $\mathrm{d}S$ 上任取一点 M，作 S 面在 M 点的法线。若曲面是封闭的，则通常取外法线为正方向；若曲面是不封闭，则可约定取某一方向为法线正方向。

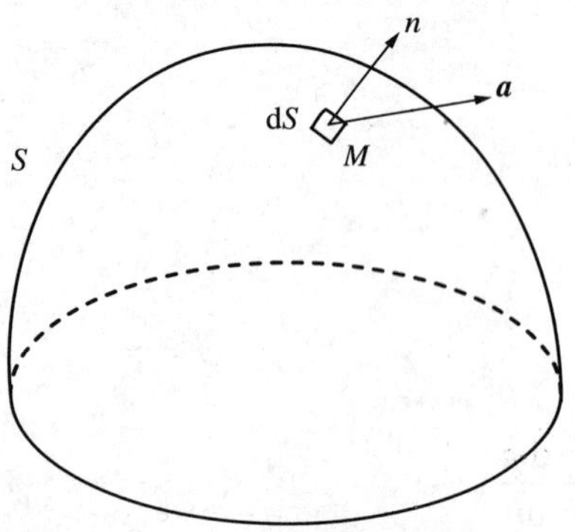

令 $\boldsymbol{n}$ 表示 S 面上法线方向的单位矢量，$\boldsymbol{a}$ 表 M 点上的矢量函数的值，则
$$a_n = \boldsymbol{a}\cdot\boldsymbol{n} = a_x\cos(n,x) + a_y\cos(n,y) + a_z\cos(n,z) \quad (1-11)$$

代表矢量 $\boldsymbol{a}$ 在法线方向的投影。定义
$$a_n\mathrm{d}S$$

为矢量 $\boldsymbol{a}$ 通过面积元 $\mathrm{d}S$ 的通量，将之沿曲面 S 积分得

图1-6 矢量场内一曲面

$$\int_s a_n \mathrm{d}S \tag{1-12}$$

称为矢量 a 通过 S 面的通量。定义面积矢量 $\mathrm{d}S$ 是大小为 $\mathrm{d}S$,方向为法线正方向的量,即

$$\mathrm{d}\boldsymbol{S} = \mathrm{d}S\boldsymbol{n}$$

考虑

$$\mathrm{d}S\cos(n,x) = \mathrm{d}y\mathrm{d}z$$
$$\mathrm{d}S\cos(n,y) = \mathrm{d}z\mathrm{d}x$$
$$\mathrm{d}S\cos(n,z) = \mathrm{d}x\mathrm{d}y$$

及式 (1-11),矢量 a 通过 S 面的通量还可以写成下列几种形式

$$\begin{aligned}\int_s a_n \mathrm{d}S &= \int_s \boldsymbol{a}\cdot\boldsymbol{n}\mathrm{d}S = \int_s \boldsymbol{a}\cdot\mathrm{d}\boldsymbol{S} \\ &= \int_s [a_x\cos(n,x) + a_y\cos(n,y) + a_z\cos(n,z)]\mathrm{d}S \\ &= \int_s (a_x\mathrm{d}y\mathrm{d}z + a_y\mathrm{d}z\mathrm{d}x + a_z\mathrm{d}x\mathrm{d}y) \end{aligned} \tag{1-13}$$

当 S 面是封闭曲面时,采用积分号上加一小圆圈表示矢量 a 通量 S 面的通量

$$\oint_s a_n\mathrm{d}S$$

在场内任取一点 M,以体积 V 包之。若 V 的界面为 S,作矢量 a 通过 S 面的通量,然后用体积 V 除之。令体积 V 向 M 点无限收缩,得极限

$$\lim_{V\to 0}\frac{\oint_s a_n\mathrm{d}S}{V}$$

设此极限值存在,将其定义为矢量 a 的散度,以 $\mathrm{div}\boldsymbol{a}$ 表示,于是

$$\mathrm{div}\boldsymbol{a} = \lim_{V\to 0}\frac{\oint_s a_n\mathrm{d}S}{V} \tag{1-14}$$

由此可见,矢量 a 的散度是对单位体积而言矢量 a 通过体积元 V 的界面 S 的通量。从散度的定义可以看出,它是一个不依赖于坐标系选取的数量,是一个标量。散度 $\mathrm{div}\boldsymbol{a}$ 组成一标量场。

设矢量函数 a 的三个分量函数 a_x、a_y、a_z 具有连续的一阶偏导数,现证此时由式 (1-14) 决定的极限值是存在的。在证明的过程中,还得到了散度 $\mathrm{div}\boldsymbol{a}$ 在直角坐标系中的具体表达式。

利用数学分析中的奥高定理,有

$$\begin{aligned}\oint_s a_n\mathrm{d}S &= \oint_s [a_x\cos(n,x) + a_y\cos(n,y) + a_z\cos(n,z)]\mathrm{d}S \\ &= \int_V\left(\frac{\partial a_x}{\partial x} + \frac{\partial a_y}{\partial y} + \frac{\partial a_z}{\partial z}\right)\mathrm{d}V \end{aligned} \tag{1-15}$$

因此积分中的被积函数是连续的，根据中值公式，式（1-15）可改写为

$$\oint_s a_n \mathrm{d}S = V\left(\frac{\partial a_x}{\partial x} + \frac{\partial a_y}{\partial y} + \frac{\partial a_z}{\partial z}\right)_Q$$

Q 是体积 V 中某一个点，下标 Q 表示函数在该点取值。将上式代入式（1-14）中，得

$$\mathrm{div}\boldsymbol{a} = \lim_{V\to 0}\frac{\oint_s a_n \mathrm{d}S}{V} = \lim_{V\to 0}\left(\frac{\partial a_x}{\partial x} + \frac{\partial a_y}{\partial y} + \frac{\partial a_z}{\partial z}\right)_Q$$

当 V 向 M 点收缩时，Q 点最后与 M 重合，故由 $\dfrac{\partial a_x}{\partial x}$、$\dfrac{\partial a_y}{\partial y}$、$\dfrac{\partial a_z}{\partial z}$ 是连续的假定得

$$\mathrm{div}\boldsymbol{a} = \frac{\partial a_x}{\partial x} + \frac{\partial a_y}{\partial y} + \frac{\partial a_z}{\partial z} \tag{1-16}$$

这样便证明了由式（1-14）所决定的极限值的确定存在，并且它在直角坐标系中采取式（1-16）的形式。

将 div$\boldsymbol{a}$ 在直角坐标系中的表达式式（1-16）代入式（1-15）中，得到下列不依赖于坐标系选择的奥高公式

$$\oint_s a_n \mathrm{d}S = \int_V \mathrm{div}\boldsymbol{a}\,\mathrm{d}V \tag{1-17}$$

式（1-14）和式（1-17）可看成奥高公式的微分和积分形式。

五、无源场及其性质

div$\boldsymbol{a}$=0 的矢量场称为无源场或管式场。

无源场具有下列几个主要的性质：

（1）无源矢量 $\boldsymbol{a}$ 经过矢量管任一横截面上的通量保持同一数值。

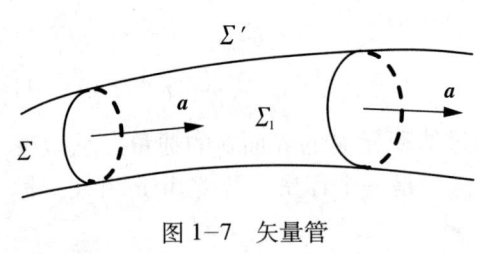

图 1-7　矢量管

给定一矢量管，如图 1-7 所示，任取此矢量管的两横截面 Σ 及 Σ_1，考虑由横截面 Σ，Σ_1，及 Σ，Σ_1 之间矢量管的侧面 Σ' 所组成的封闭曲面 S，以 V 表曲面 S 内的体积。对 S 及 V 写出奥高定理，有

$$\oint_s a_n \mathrm{d}S = \int_V \mathrm{div}\boldsymbol{a}\,\mathrm{d}V$$

因矢量场无源，故

$$\mathrm{div}\boldsymbol{a} = 0$$

由此得

$$\oint_s a_n \mathrm{d}S = 0$$

亦即

$$-\int_{\Sigma} a_n dS + \int_{\Sigma'} a_n dS + \int_{\Sigma_1} a_n dS = 0$$

式中 Σ 面上取得内法线方向，其他面上取外法线方向。在矢量管侧面 Σ' 上，$a_n=0$。于是

$$\int_{\Sigma'} a_n dS = 0$$

上式变为

$$\int_{\Sigma} a_n dS = \int_{\Sigma_1} a_n dS$$

于是，矢量 a 经过矢量管任一截面上的通量保持同一数值。

(2) 矢量管不能在场内发生或终止。一般来说它只能伸延至无穷，靠在区域的边界上或自成封闭管路。

这个性质是上一性质的推论。因为若矢量管在场内发生或终止，则容易证明第一个性质不能成立。

(3) 无源矢量 a 经过张于一已知周线 L 的所有曲面 S 上的通量均相同，亦即此通量只依赖于周线 L 而与所张曲面 S 的形状无关。

设 S 及 S_1 是任意两个张于周线 L 上的曲面，则 S，S_1 组成一封闭曲面。设此封闭曲面所包围的体积为 V。对 S 及 V 应用奥高定理有

$$\int_V \text{div} \boldsymbol{a} dV = \int_{S_1} a_n dS - \int_S a_n dS = 0$$

推出

$$\int_{S_1} a_n dS = \int_S a_n dS$$

式中对 S_1 面而言取的是外法线，对 S 面而言则取的是内法线。

应该指出，上述性质只在这样的区域内成立，在此区域内，任一球面形曲面能不超出此区域而缩成一点。

六、矢量 a 沿回线的环量、矢量 a 的旋度、斯托克斯定理

给定一矢量场 $\boldsymbol{a}(\boldsymbol{r}, t)$，在场内取任意一曲线 L，作线积分

$$\int_L \boldsymbol{a} \cdot d\boldsymbol{r} = \int_L (a_x dx + a_y dy + a_z dz) \tag{1-18}$$

称之为矢量 a 沿曲线 L 的环量。若 L 是一封闭曲线，在积分号中加一个小圆圈 $\oint$，并称之为矢量 a 沿封闭曲线 L 的环量。

设 M 是场内一点。在 M 点附近取无限小封闭回线 L，取定某一方向为 L 的正方向。设张于周线 L 上的曲面是 S，作 S 的法线方向 $\boldsymbol{n}_0$。选取这样的方向为法线的正方向，它在右手坐标系中与回线 L 的正方向形成右手螺旋系统。如图 1-8 所示，作矢量 a 沿曲线 L 的环量并除以曲面面积 S。另 L 这样地向 M 点收缩，使张于周线 L 的曲面矢量 $\boldsymbol{S}=S\boldsymbol{n}_0$，其大小趋于零，方向趋于某一固定的方向 $\boldsymbol{n}$。

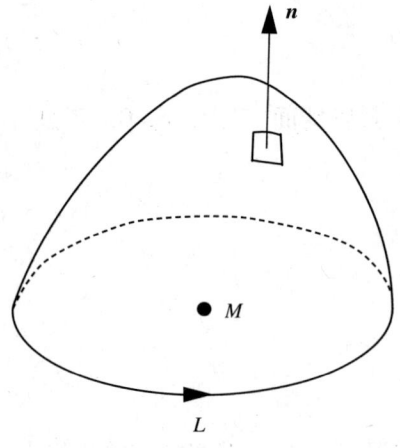

图 1-8 封闭回线 L

于是得到下列极限

$$\lim_{s \to 0} \frac{\oint_L \boldsymbol{a} \cdot \mathrm{d}\boldsymbol{r}}{S} \tag{1-19}$$

定义为矢量 $\boldsymbol{a}$ 的旋度矢量 rot$\boldsymbol{a}$ 在 $\boldsymbol{n}$ 方向的投影，即

$$\mathrm{rot}_n \boldsymbol{a} = \lim_{s \to 0} \frac{\oint_L \boldsymbol{a} \cdot \mathrm{d}\boldsymbol{r}}{S} \tag{1-20}$$

这里也存在这样的问题，即式（1-19）的极限是否存在？如果存在，它是否一定是某一矢量在 $\boldsymbol{n}$ 方向的投影？下面证明，如果矢量 $\boldsymbol{a}$ 的三个分量具有连续一级偏导数，则式（1-19）决定的极限值是存在的，而且它的确是某矢量在 $\boldsymbol{n}$ 方向的投影。在证明中还得到旋度 rot$\boldsymbol{a}$ 在直角坐标系中的表达式。

利用斯托克斯（Stokes）公式，有

$$\begin{aligned}\oint_L \boldsymbol{a} \cdot \mathrm{d}\boldsymbol{r} &= \oint_L (a_x \mathrm{d}x + a_y \mathrm{d}y + a_z \mathrm{d}z) \\ &= \int_s \left[\left(\frac{\partial a_z}{\partial y} - \frac{\partial a_y}{\partial z} \right) \cos(n,x) \right. \\ &\quad + \left(\frac{\partial a_x}{\partial z} - \frac{\partial a_z}{\partial x} \right) \cos(n,y) \\ &\quad \left. + \left(\frac{\partial a_y}{\partial x} - \frac{\partial a_x}{\partial y} \right) \cos(n,z) \right] \mathrm{d}S \end{aligned} \tag{1-21}$$

利用中值公式后，有

$$\oint_L \boldsymbol{a} \cdot \mathrm{d}\boldsymbol{r} = S \left[\left(\frac{\partial a_z}{\partial y} - \frac{\partial a_y}{\partial z} \right) \cos(n,x) + \left(\frac{\partial a_x}{\partial z} - \frac{\partial a_z}{\partial x} \right) \cos(n,y) + \left(\frac{\partial a_y}{\partial x} - \frac{\partial a_x}{\partial y} \right) \cos(n,z) \right]_Q$$

其中 Q 是曲面 S 上的某一点。将上式代入式（1-21）得

$$\begin{aligned}\mathrm{rot}_n \boldsymbol{a} &= \lim_{V \to 0} \frac{\oint_s \boldsymbol{a} \cdot \mathrm{d}\boldsymbol{r}}{S} \\ &= \left(\frac{\partial a_z}{\partial y} - \frac{\partial a_y}{\partial z} \right) \cos(n,x) + \left(\frac{\partial a_x}{\partial z} - \frac{\partial a_z}{\partial x} \right) \cos(n,y) + \left(\frac{\partial a_y}{\partial x} - \frac{\partial a_x}{\partial y} \right) \cos(n,z)\end{aligned}$$

即

$$\begin{aligned}&(\mathrm{rot}\boldsymbol{a})_x \cos(n,x) + (\mathrm{rot}\boldsymbol{a})_y \cos(n,y) + (\mathrm{rot}\boldsymbol{a})_z \cos(n,z) \\ &= \left(\frac{\partial a_z}{\partial y} - \frac{\partial a_y}{\partial z} \right) \cos(n,x) + \left(\frac{\partial a_x}{\partial z} - \frac{\partial a_z}{\partial x} \right) \cos(n,y) + \left(\frac{\partial a_y}{\partial x} - \frac{\partial a_x}{\partial y} \right) \cos(n,z)\end{aligned}$$

因方向 $\boldsymbol{n}$ 是任意的，推出

$$\begin{cases} \text{rot}_x\boldsymbol{a} = \dfrac{\partial a_z}{\partial y} - \dfrac{\partial a_y}{\partial z} \\ \text{rot}_y\boldsymbol{a} = \dfrac{\partial a_x}{\partial z} - \dfrac{\partial a_z}{\partial x} \\ \text{rot}_z\boldsymbol{a} = \dfrac{\partial a_y}{\partial x} - \dfrac{\partial a_x}{\partial y} \end{cases}$$

或写成

$$\text{rot}\boldsymbol{a} = \begin{vmatrix} \boldsymbol{i} & \boldsymbol{j} & \boldsymbol{k} \\ \dfrac{\partial}{\partial x} & \dfrac{\partial}{\partial y} & \dfrac{\partial}{\partial z} \\ a_x & a_y & a_z \end{vmatrix}$$

由此可看到，如果 $\boldsymbol{a}$ 具有连续一级偏导数，则式（1-19）的极限值是存在的，而且它是矢量 rot$\boldsymbol{a}$ 在 n 方向的投影，矢量 rot$\boldsymbol{a}$ 在 n 方向的投影，矢量 rot$\boldsymbol{a}$ 在直角坐标系的投影由式（1-22）确定。

式（1-20）给出矢量 rot$\boldsymbol{a}$ 在任意方向投影的定义，而且这个定义和坐标系的选择无关。

将 rot$_n\boldsymbol{a}$ 的直角坐标系中表达式代入式（1-21）得到下列不依赖坐标系选择的斯托克斯公式

$$\oint_L \boldsymbol{a} \cdot \text{d}\boldsymbol{r} = \int_s \text{rot}_n\boldsymbol{a}\text{d}S = \int_s \text{rot}\boldsymbol{a} \cdot \text{d}\boldsymbol{S} \tag{1-22}$$

式（1-20）和式（1-23）可以看成是斯托克斯公式的微分和积分形式。

七、无旋场及其性质

无旋场最主要的性质是无旋场和位势场的等价性，即若 $\boldsymbol{a}$ 是位势场，

$$\boldsymbol{a} = \text{grad}\varphi$$

则 $\boldsymbol{a}$ 必为无旋场，有

$$\text{rot}\boldsymbol{a} = 0$$

反之，若矢量 $\boldsymbol{a}$ 是无旋场，有

$$\text{rot}\boldsymbol{a} = 0$$

则 $\boldsymbol{a}$ 必为位势场，有

$$\boldsymbol{a} = \text{grad}\varphi$$

现证明之。

设 $\boldsymbol{a}=\text{grad}\varphi$，直接微分易证

$$\text{rot}\boldsymbol{a} = \text{rot grad}\varphi = 0$$

反之，设 rot$\boldsymbol{a}$=0，则据斯托克斯公式有

$$\oint_L \boldsymbol{a} \cdot \mathrm{d}\boldsymbol{r} = \int_s \mathrm{rot}\boldsymbol{a} \cdot \mathrm{d}\boldsymbol{S} = 0 \tag{1-23}$$

其中 L 是任意周界，于是矢量 $\boldsymbol{a}$ 沿任意封闭回线 L 的线积分为零。根据定理2推出

$$\boldsymbol{a} = \mathrm{grad}\varphi$$

等价性证毕。

八、基本运算公式

1. 微分公式

(1) $\mathrm{grad}(\varphi + \psi) = \mathrm{grad}\varphi + \mathrm{grad}\psi$

(2) $\mathrm{grad}(\varphi\psi) = \varphi\mathrm{grad}\psi + \psi\mathrm{grad}\varphi$

(3) $\mathrm{grad}F(\varphi) = F'(\varphi)\mathrm{grad}\varphi$, $\mathrm{grad}\varphi(r) = \varphi'(r)\dfrac{\boldsymbol{r}}{r}$

(4) $\mathrm{div}(\boldsymbol{a} + \boldsymbol{b}) = \mathrm{div}\boldsymbol{a} + \mathrm{div}\boldsymbol{b}$

(5) $\mathrm{div}(\varphi\boldsymbol{a}) = \varphi\mathrm{div}\boldsymbol{a} + \mathrm{div}\varphi \times \boldsymbol{a}$

(6) $\mathrm{div}(\boldsymbol{a} \times \boldsymbol{b}) = \boldsymbol{b} \cdot \mathrm{rot}\boldsymbol{a} - \boldsymbol{a} \cdot \mathrm{rot}\boldsymbol{b}$

(7) $\mathrm{rot}(\boldsymbol{a} + \boldsymbol{b}) = \mathrm{rot}\boldsymbol{a} + \mathrm{rot}\boldsymbol{b}$

(8) $\mathrm{rot}(\varphi\boldsymbol{a}) = \varphi\mathrm{rot}\boldsymbol{a} + \mathrm{grad}\varphi \times \boldsymbol{a}$

(9) $\mathrm{rot}(\boldsymbol{a} \times \boldsymbol{b}) = (\boldsymbol{b} \cdot \nabla)\boldsymbol{a} - (\boldsymbol{a} \cdot \nabla)\boldsymbol{b} + \boldsymbol{a}\mathrm{div}\boldsymbol{b} - \boldsymbol{b}\mathrm{div}\boldsymbol{a}$

(10) $\mathrm{grad}(\boldsymbol{a} \cdot \boldsymbol{b}) = (\boldsymbol{b} \cdot \nabla)\boldsymbol{a} + (\boldsymbol{a} \cdot \nabla)\boldsymbol{b} + \boldsymbol{b} \times \mathrm{rot}\boldsymbol{a} + \boldsymbol{a} \times \mathrm{rot}\boldsymbol{b}$

(11) $\mathrm{grad}\dfrac{a^2}{2} = (\boldsymbol{a} \cdot \nabla)\boldsymbol{a} + \boldsymbol{a} \times \mathrm{rot}\boldsymbol{a}$

或 $(\boldsymbol{a} \cdot \nabla)\boldsymbol{a} = \mathrm{grad}\dfrac{a^2}{2} - \boldsymbol{a} \times \mathrm{rot}\boldsymbol{a}$

(12) $\mathrm{div}\,\mathrm{grad}\varphi = \Delta\varphi$

(13) $\mathrm{div}\,\mathrm{rot}\boldsymbol{a} = 0$

(14) $\mathrm{rot}\,\mathrm{grad}\varphi = 0$

(15) $\mathrm{rot}\,\mathrm{rot}\boldsymbol{a} = \mathrm{grad}\,\mathrm{div}\boldsymbol{a} - \Delta\boldsymbol{a}$

(16) $\mathrm{div}(\varphi\mathrm{grad}\psi) = \varphi\Delta\psi + \mathrm{grad}\varphi \cdot \mathrm{grad}\psi$

(17) $\Delta(\varphi\psi) = \psi\Delta\varphi + \varphi\Delta\psi + 2\mathrm{grad}\varphi \cdot \mathrm{grad}\psi$

2. 积分公式

(18) $\int_V \mathrm{grad}\varphi\,\mathrm{d}V = \int_S \boldsymbol{n}\varphi\,\mathrm{d}S$

(19) $\int_V \mathrm{div}\boldsymbol{a}\,\mathrm{d}V = \int_S \boldsymbol{n} \cdot \boldsymbol{a}\,\mathrm{d}S$ （此式即奥高公式）

(20) $\int_V \mathrm{rot}\boldsymbol{a}\,\mathrm{d}V = \int_S \boldsymbol{n} \times \boldsymbol{a}\,\mathrm{d}S$

(21) $\int_V (\boldsymbol{v} \cdot \nabla)\boldsymbol{a}\,\mathrm{d}V = \int_S (\boldsymbol{v} \cdot \boldsymbol{n})\boldsymbol{a}\,\mathrm{d}S$，其中 $\boldsymbol{v}$ 是常矢量。

(22) $\int_V \Delta\varphi \mathrm{d}V = \int_S \frac{\partial \varphi}{\partial n}\mathrm{d}S = \int_S \boldsymbol{n}\cdot\nabla\varphi \mathrm{d}S$

(23) $\int_V \Delta\boldsymbol{a}\mathrm{d}V = \int_S \frac{\partial \boldsymbol{a}}{\partial n}\mathrm{d}S = \int_S (\boldsymbol{n}\cdot\nabla)\boldsymbol{a}\mathrm{d}S$

(24) 格林第一公式

$$\int_V (\varphi\Delta\psi + \mathrm{grad}\varphi\cdot\mathrm{grad}\psi)\mathrm{d}V = \int_S \varphi\frac{\partial \psi}{\partial n}\mathrm{d}S$$

$$\int_V (\psi\Delta\varphi + \mathrm{grad}\psi\cdot\mathrm{grad}\varphi)\mathrm{d}V = \int_S \psi\frac{\partial \varphi}{\partial n}\mathrm{d}S$$

(25) 格林第二公式：

$$\int_V (\varphi\Delta\psi - \psi\Delta\varphi)\mathrm{d}V = \int_S \left(\varphi\frac{\partial \psi}{\partial n} - \psi\frac{\partial \varphi}{\partial n}\right)\mathrm{d}S$$

(26) $\int_V (\mathrm{grad}\varphi)^2 \mathrm{d}V = \int_S \varphi\frac{\partial \varphi}{\partial n}\mathrm{d}S$，其中 φ 满足

$$\Delta\varphi = 0$$

(24) ~ (26) 中 V 是单联通区域。

在上述公式中出现的符号 Δ 称为拉普拉斯算子，它在直角坐标系中的表达式是

$$\Delta = \frac{\partial^2}{\partial x^2} + \frac{\partial^2}{\partial y^2} + \frac{\partial^2}{\partial z^2}$$

九、哈密顿算子

哈密顿算子是矢量分析中的一个非常重要的微分运算子，它的表达式为：

$$\nabla = \frac{\partial}{\partial x}\boldsymbol{i} + \frac{\partial}{\partial y}\boldsymbol{j} + \frac{\partial}{\partial z}\boldsymbol{k}$$

这是一个具有矢量和微分双重性质的符号。一方面它是一个矢量，因此在运算时可以利用矢量代数和矢量分析中的所有法则；另一方面它又是一个微分算子，因此可以按微分法则进行运算，但是必须注意它只对位于算子 ∇ 右边的量发生微分作用至于位于算子左边的量算子 ∇ 对它不起作用。

下面将 $\mathrm{grad}\varphi$，$\mathrm{div}\boldsymbol{a}$，$\mathrm{rot}\boldsymbol{a}$，$\Delta\varphi$ 及 $\frac{\partial \boldsymbol{a}}{\partial s}$ 写成哈密顿形式，并利用哈密顿算子来证明上节中几个较复杂的微分公式。

$$\nabla\varphi = \left(\boldsymbol{i}\frac{\partial}{\partial x} + \boldsymbol{j}\frac{\partial}{\partial y} + \boldsymbol{k}\frac{\partial}{\partial z}\right)\varphi$$

$$= \boldsymbol{i}\frac{\partial \varphi}{\partial x} + \boldsymbol{j}\frac{\partial \varphi}{\partial y} + \boldsymbol{k}\frac{\partial \varphi}{\partial z} = \mathrm{grad}\varphi$$

$$\nabla \cdot \boldsymbol{a} = \left(\boldsymbol{i}\frac{\partial}{\partial x} + \boldsymbol{j}\frac{\partial}{\partial y} + \boldsymbol{k}\frac{\partial}{\partial z} \right) \cdot (\boldsymbol{i}a_x + \boldsymbol{j}a_y + \boldsymbol{k}a_z)$$

$$= \frac{\partial a_x}{\partial x} + \frac{\partial a_y}{\partial y} + \frac{\partial a_z}{\partial z} = \mathrm{div}\boldsymbol{a}$$

$$\nabla \times \boldsymbol{a} = \left(\boldsymbol{i}\frac{\partial}{\partial x} + \boldsymbol{j}\frac{\partial}{\partial y} + \boldsymbol{k}\frac{\partial}{\partial z} \right) \times (\boldsymbol{i}a_x + \boldsymbol{j}a_y + \boldsymbol{k}a_z)$$

$$= \boldsymbol{i}\left(\frac{\partial a_z}{\partial y} - \frac{\partial a_y}{\partial z} \right) + \boldsymbol{j}\left(\frac{\partial a_x}{\partial z} - \frac{\partial a_z}{\partial x} \right) + \boldsymbol{k}\left(\frac{\partial a_y}{\partial x} - \frac{\partial a_x}{\partial y} \right) = \mathrm{rot}\boldsymbol{a}$$

$$(s_0 \cdot \nabla)\boldsymbol{a} = \left[(\boldsymbol{i}\cos(s,x) + \boldsymbol{j}\cos(s,y) + \boldsymbol{k}\cos(s,z)) \cdot \left(\boldsymbol{i}\frac{\partial}{\partial x} + \boldsymbol{j}\frac{\partial}{\partial y} + \boldsymbol{k}\frac{\partial}{\partial z} \right) \right]\boldsymbol{a}$$

$$= \left[\cos(s,x)\frac{\partial}{\partial x} + \cos(s,y)\frac{\partial}{\partial y} + \cos(s,z)\frac{\partial}{\partial z} \right]\boldsymbol{a}$$

$$= \cos(s,x)\frac{\partial \boldsymbol{a}}{\partial x} + \cos(s,y)\frac{\partial \boldsymbol{a}}{\partial y} + \cos(s,z)\frac{\partial \boldsymbol{a}}{\partial z} = \frac{\partial \boldsymbol{a}}{\partial s}$$

$$\nabla^2 \varphi = (\nabla \cdot \nabla)\varphi = \left(\boldsymbol{i}\frac{\partial}{\partial x} + \boldsymbol{j}\frac{\partial}{\partial y} + \boldsymbol{k}\frac{\partial}{\partial z} \right) \cdot \left(\boldsymbol{i}\frac{\partial}{\partial x} + \boldsymbol{j}\frac{\partial}{\partial y} + \boldsymbol{k}\frac{\partial}{\partial z} \right)\varphi = \frac{\partial^2 \varphi}{\partial x^2} + \frac{\partial^2 \varphi}{\partial y^2} + \frac{\partial^2 \varphi}{\partial z^2} = \Delta\varphi$$

以 $\nabla\varphi$，$\nabla \cdot \boldsymbol{a}$ 为例说明哈密顿算子是如何使用的，一方面 $\nabla\varphi$ 是矢量

$$\boldsymbol{i}\frac{\partial}{\partial x} + \boldsymbol{j}\frac{\partial}{\partial y} + \boldsymbol{k}\frac{\partial}{\partial z}$$

和标量 φ 的乘积，按矢量代数法则它是一个矢量，其分量是

$$\varphi \text{ 与 } \frac{\partial}{\partial x};\ \varphi \text{ 与 } \frac{\partial}{\partial y};\ \varphi \text{ 与 } \frac{\partial}{\partial z}$$

的乘积；另一方面 ∇ 是微分算子，它应该对 φ 起微分作用，这样 $\nabla\varphi$ 的三个分量必然是

$$\frac{\partial \varphi}{\partial x}, \frac{\partial \varphi}{\partial y}, \frac{\partial \varphi}{\partial z}$$

即

$$\nabla\varphi = \boldsymbol{i}\frac{\partial \varphi}{\partial x} + \boldsymbol{j}\frac{\partial \varphi}{\partial y} + \boldsymbol{k}\frac{\partial \varphi}{\partial z} = \mathrm{grad}\varphi$$

现在对 $\nabla \cdot \boldsymbol{a}$ 进行同样的讨论。$\nabla \cdot \boldsymbol{a}$ 是矢量 $\boldsymbol{i}\frac{\partial}{\partial x} + \boldsymbol{j}\frac{\partial}{\partial y} + \boldsymbol{k}\frac{\partial}{\partial z}$ 和矢量 $\boldsymbol{a} = \boldsymbol{i}a_x + \boldsymbol{j}a_y + \boldsymbol{k}a_z$ 的点乘，按点乘法则得标量

$$a_x\frac{\partial}{\partial x} + a_y\frac{\partial}{\partial y} + a_z\frac{\partial}{\partial z}$$

同时，∇ 应对 $\boldsymbol{a}$ 起微分作用，于是 a_x，a_y，a_z 应写在微分号内。这样

$$\nabla \cdot \boldsymbol{a} = \frac{\partial a_x}{\partial x} + \frac{\partial a_y}{\partial y} + \frac{\partial a_z}{\partial z} = \text{div}\boldsymbol{a}$$

同理，可以对 $\nabla \times \boldsymbol{a}$，$(\boldsymbol{s}_0 \cdot \nabla)\boldsymbol{a}$，$(\nabla \cdot \nabla)\varphi$ 进行同样的证明。

第二节　符号及求和约定

一、指标记法

本章所讨论的内容都限于直角坐标系。通常用 x、y、z 表示直角坐标系的坐标。空间某一点 $P(x, y, z)$ 的位置矢量可以写成

$$\boldsymbol{R} = x\boldsymbol{i} + y\boldsymbol{j} + z\boldsymbol{k} \tag{1-24}$$

式中，$\boldsymbol{i}$、$\boldsymbol{j}$、$\boldsymbol{k}$ 表示沿坐标轴方向的单位矢量 [图 1-9（a）]，称为单位基矢量。把 x, y, z 分别改写成 x_1, x_2, x_3，然后统一用 x_i ($i=1, 2, 3$) 来表示；类似地，把 $\boldsymbol{i}$、$\boldsymbol{j}$、$\boldsymbol{k}$ 分别改写成 $\boldsymbol{i}_1$、$\boldsymbol{i}_2$、$\boldsymbol{i}_3$ [图 1-9（b）]，然后统一地用 $\boldsymbol{i}_i$ ($i=1, 2, 3$) 来表示。于是式（1-24）可写成

$$\boldsymbol{R} = x_1\boldsymbol{i}_1 + x_2\boldsymbol{i}_2 + x_3\boldsymbol{i}_3 \tag{1-25}$$

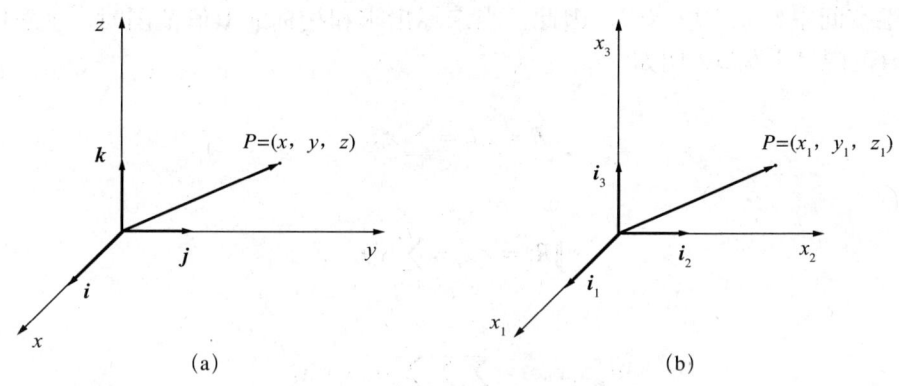

图 1-9　单位矢量示意图

在一般情况下，a_i ($i=1, 2, \cdots, N$) 代表 N 个量 a_1, a_2, $\cdots$, a_N；a_{ij} ($i=1, 2, \cdots, N$；$j=1, 2, \cdots, M$) 代表 $N \times M$ 个量

$$a_{11}, a_{12}, \cdots, a_{1M}$$
$$a_{21}, a_{22}, \cdots, a_{2M}$$
$$\cdots \quad \cdots \quad \cdots \quad \cdots$$
$$a_{N1}, a_{N2}, \cdots, a_{NM}$$

a_{ijk} ($i=1, 2, \cdots, L$；$j=1, 2, \cdots, M$；$k=1, 2, \cdots, N$) 代表 $L \times M \times N$ 个量；依次类推。这种采用赋值字母为指标的表示方法称为指标记法。

二、求和约定及哑标

设有求和表达式

$$S = a_1x_1 + a_2x_2 + \cdots + a_nx_n$$

利用求和符号 Σ，可将上式写成

$$S = \sum_{i=1}^{n} a_i x_i$$

将上式写成更紧凑的形式

$$S = a_i x_i \quad (i=1, 2, \cdots, n)$$

这里，略去了求和符号 Σ，并规定：若某个指标在某一项中重复出现，而且仅重复一次，则该项代表一个和式，按重复指标的取值范围求和。这就是爱因斯坦所提出的求和约定（Summation Convention）。例如：

当 $i=1, 2\cdots, N$ 时，a_{ii} 表示 $\sum_{i=1}^{N} a_{ii} = a_{11} + a_{11} + \cdots a_{NN}$；

当 $i, j=1, 2\cdots, N$ 时，$a_{ij}x_i x_j$ 表示 $\sum_{i=1}^{N}\sum_{j=1}^{N} a_{ij} x_i x_j$。

在三维空间中，通常取 $N=3$。因此，当未标出求和指标的取值范围时，就意味着求和指标的取值范围是 1 至 3。例如

$$\boldsymbol{R} = x_i \boldsymbol{i}_i = \sum_{i=1}^{3} x_i \boldsymbol{i}_i$$

$$\|\boldsymbol{R}\| = x_i x_i = \sum_{i=1}^{3} x_i x_i$$

$$a_{ijk} x_i x_j x_k = \sum_{i=1}^{3}\sum_{j=1}^{3}\sum_{k=1}^{3} a_{ijk} x_i x_j x_k$$

表示求和的重复指标称为哑标（Dummy Index）。显然，哑标采用什么字母来表示对结果没有影响。例如

$$a_i x_i = a_m x_m \quad (因为 \sum_{i=1}^{3} a_i x_i = \sum_{m=1}^{3} a_m x_m)$$

$$a_{ii} = a_{kk} \quad (因为 \sum_{i=1}^{3} a_{ii} = \sum_{k=1}^{3} a_{kk})$$

如果在某一项中，重复指标出现两次以上，则该指标便失去了求和的含义，它不再是哑标了。例如

$$a_{ij}x_ix_j = \sum_{i=1}^{3} a_{ij}x_ix_j \neq \sum_{i=1}^{3}\sum_{j=1}^{3} a_{ij}x_ix_j$$

上式左边 i 是哑标，j 不是哑标；又如

$$(a_ix_i)^2 = a_ix_ia_jx_j \neq a_ix_ia_ix_i$$

三、自由指标

设有方程组

$$\begin{cases} y_1 = a_{11}x_1 + a_{12}x_2 + a_{13}x_3 \\ y_2 = a_{21}x_1 + a_{22}x_2 + a_{23}x_3 \\ y_3 = a_{31}x_1 + a_{32}x_2 + a_{33}x_3 \end{cases}$$

按照求和约定，方程组可写成

$$\begin{cases} y_1 = a_{1m}x_m \\ y_2 = a_{2m}x_m \\ y_3 = a_{3m}x_m \end{cases}$$

或

$$y_i = a_{im}x_m \quad (i=1, 2, 3)$$

上式中的指标 i 不是哑标。凡不属于哑标的指标均称为自由指标（Free Index）。上式也可以写成

$$y_j = a_{jm}x_m \quad (j=1, 2, 3)$$

在同一方程中，每一项的自由指标必须相同。例如

$$a_i + b_i = c_i \quad (i=1, 2, 3)$$

$$a_i + b_ic_jd_j = 0 \quad (i=1, 2, 3)$$

$$T_{ij} = A_{im}A_{jm} \quad (i, j=1, 2, 3)$$

而方程 $a_i = b_{jm}x_m$ 是没有意义的。

四、克罗尼克尔符号

克罗尼克尔符号（Kronecker Delta）δ_{ij} 定义为

$$\delta_{ij} = \begin{cases} 1 & (i = j) \\ 0 & (i \neq j) \end{cases} \tag{1-26}$$

按此定义可导出下列结果：

(1) $\delta_{ij} = \delta_{ji}$ (1—27)

(2) $\delta_{ii} = \delta_{11} + \delta_{22} + \delta_{33} = 3$ (1—28)

(3) $\begin{cases} \delta_{1m}a_m = \delta_{11}a_1 + \delta_{12}a_2 + \delta_{13}a_3 = a_1 \\ \delta_{2m}a_m = a_2 \\ \delta_{3m}a_m = a_3 \end{cases}$

或
$$\delta_{im}a_m = a_i \quad (i=1,2,3) \tag{1—29a}$$

类似的有
$$\delta_{mi}a_m = a_i \tag{1—29b}$$

(4) $\begin{cases} \delta_{1m}T_{mj} = \delta_{11}T_{1j} + \delta_{12}T_{2j} + \delta_{13}T_{3j} = T_{1j} \\ \delta_{2m}T_{mj} = T_{2j} \\ \delta_{3m}T_{mj} = T_{3j} \end{cases}$

或
$$\delta_{im}T_{mj} = T_{ij} \tag{1—29c}$$

类似的有
$$\delta_{mi}T_{jm} = T_{ji} \tag{1—29d}$$

$$\delta_{im}\delta_{mj} = \delta_{ij} \tag{1—29e}$$

$$\delta_{im}\delta_{mj}\delta_{jk} = \delta_{ik} \tag{1—29f}$$

由式（1—29）可以看出，克罗尼克尔符号能起到改换自由指标的作用。

(5) $\delta_{ij} = \boldsymbol{i}_i \cdot \boldsymbol{i}_j$ (1—30)

式（1—30）表明 δ_{ij} 为单位基矢量 $\boldsymbol{i}_i$ 与 $\boldsymbol{i}_j$ 的点积。

五、置换符号

置换符号（permutation symbol）e_{ijk} 定义为

$$e_{ijk} = \begin{cases} 1 & \text{若} i,j,k \text{形成1,2,3的循环序列（或偶次置换）} \\ -1 & \text{若} i,j,k \text{形成1,2,3的逆循环序列（或偶次置换）} \\ 0 & \text{若} i,j,k \text{中有相同的指标} \end{cases} \tag{1—31}$$

例如
$$\begin{cases} e_{123} = e_{231} = e_{312} = 1 \\ e_{321} = e_{132} = e_{213} = -1 \\ e_{111} = e_{112} = e_{113} = \cdots = e_{333} = 0 \end{cases} \tag{1—32}$$

e_{ijk} 共代表 27 个量，其中 21 个为零。显然有

$$e_{ijk} = e_{kij} = e_{jki} = -e_{kji} = -e_{ikj} = -e_{jik}$$

利用置换符号 e_{ijk} 可将两矢量的矢积 $\boldsymbol{A} \times \boldsymbol{B}$ 表示成简单的分量形式。例如

$$A \times B = C = C_i i_i \tag{1-33}$$

则
$$C_i = e_{ijk} A_j B_k \tag{1-34}$$

即
$$\begin{cases} C_1 = e_{123} A_2 B_3 + e_{132} A_3 B_2 = A_2 B_3 - A_3 B_2 \\ C_2 = e_{231} A_3 B_1 + e_{213} A_1 B_3 = A_3 B_1 - A_1 B_3 \\ C_3 = e_{312} A_1 B_2 + e_{321} A_2 B_1 = A_1 B_2 - A_2 B_1 \end{cases}$$

将式（1-34）代入式（1-33），得

$$A \times B = e_{ijk} A_j B_k i_i \tag{1-35}$$

若令式（1-35）中的 A，B 分别为 i_j，i_k，可得

$$i_j \times i_k = e_{ijk} i_i$$

再将两边点乘 i_m，得

$$i_m \cdot i_j \times i_k = e_{ijk} i_i \cdot i_m = e_{ijk} \delta_{im} = e_{mjk}$$

即
$$e_{ijk} = i_i \cdot i_j \times i_k \tag{1-36}$$

可见 e_{ijk} 是直角坐标系中基矢量的混合积（数性二重积）。

置换符号 e_{ijk} 还可以用来定义三阶行列式，如行列式

$$|a_{ij}| = \begin{vmatrix} a_{11} & a_{12} & a_{13} \\ a_{21} & a_{22} & a_{23} \\ a_{31} & a_{32} & a_{33} \end{vmatrix} \tag{1-37}$$

代表 $\pm a_{i1} a_{j2} a_{k3}$ 的和式，该和式的每一项中 i，j，k 的值互不相等，而且当 i，j，k 为 1，2，3 的循环序列时取正号，为逆循环序列时取负号；因此，式（1-37）可写成

$$|a_{ij}| = \begin{vmatrix} a_{11} & a_{12} & a_{13} \\ a_{21} & a_{22} & a_{23} \\ a_{31} & a_{32} & a_{33} \end{vmatrix} = e_{ijk} a_{i1} a_{j2} a_{k3}$$

六、指标记法的运算特点

（1）求和：凡自由指标完全相同的项才能相加（或减），例如

$$a_{ij} + b_{ij} = C_{ij}, \quad a_i + \delta_{im} b_m = C_{ik} d_k \tag{1-38}$$

而 $a_{ij}+b_{ik}$，a_i+b_{ij} 都是无意义的。

（2）代入：设

$$a_i = U_{im} b_m \tag{I}$$

$$b_i = V_{im} C_m \tag{II}$$

若将（Ⅱ）式中的 b_i 代入（Ⅰ）式，必须先把（Ⅱ）式中的自由指标 i 改为 m，把哑标 m 改用其它字母，例如 n，即写成 $b_m = V_{mn} C_n$，然后将它代入（Ⅰ）式，得

$$a_i = U_{im} V_{mn} C_n$$

（3）乘积：设

$$p = a_m b_m \qquad (\text{Ⅲ})$$

$$q = C_m d_m \qquad (\text{Ⅳ})$$

则乘积 pq 的表达式不能直接写成

$$pq = a_m b_m c_n d_n$$

必须先将（Ⅲ）式或（Ⅳ）式中的哑标改用其它字母，例如 $q = c_n d_n$，然后将它与（Ⅲ）式相乘，得

$$pq = a_m b_m c_n d_n$$

（4）因子分解：设

$$T_{ij} n_j - \lambda n_i = 0$$

若要将 n_j 作为因子提出来，必须先把 n_i 写成 $\delta_{ij} n_j$，即

$$T_{ij} n_j - \lambda \delta_{ij} n_j = (T_{ij} - \lambda \delta_{ij}) n_j = 0 \qquad (\text{Ⅴ})$$

注意，上式中不能因 $n_j \neq 0$ 而断定 $(T_{ij} - \lambda \delta_{ij}) = 0$。上式相当于

$$(T_{i1} - \lambda \delta_{i1}) n_1 + (T_{i2} - \lambda \delta_{i2}) n_2 + (T_{i3} - \lambda \delta_{i3}) n_3 = 0 \qquad (\text{Ⅵ})$$

若 n_j 具有任意性，则由（Ⅴ）式可得 $T_{ij} - \lambda \delta_{ij} = 0$。例如，取 $n_1 = 1$，$n_2 = n_3 = 0$ 由（Ⅵ）式可得 $T_{i1} - \lambda \delta_{i1} = 0$；类似地，取 $n_2 = 1$，$n_1 = n_3 = 0$ 和 $n_3 = 1$，$n_1 = n_2 = 0$，可得 $T_{i2} - \lambda \delta_{i2} = 0$，$T_{i3} - \lambda \delta_{i3} = 0$；这三个等式可统一地写成 $T_{i1} - \lambda \delta_{i1} = 0$。

第三节 矢量的变换规律

一、坐标变换

设有直角坐标系 $Ox_1 x_2 x_3$ 和 $Ox_{1'} x_{2'} x_{3'}$，它们具有共同的原点 O [图 1–10 (a)]，$x_{i'}$ 坐标系相当于 x_i 坐标系旋转了一个角度。空间一点 P 在这两个坐标系中的位置矢量 $\boldsymbol{R}$ 可分别写成 [图 1–10 (b)、图 1–10 (c)]

$$\boldsymbol{R} = x_1 \boldsymbol{i}_1 + x_2 \boldsymbol{i}_2 + x_3 \boldsymbol{i}_3 = x_i \boldsymbol{i}_i \qquad (1\text{–}39)$$

$$\boldsymbol{R} = x_{1'} \boldsymbol{i}_{1'} + x_{2'} \boldsymbol{i}_{2'} + x_{3'} \boldsymbol{i}_{3'} = x_{j'} \boldsymbol{i}_{j'} \qquad (1\text{–}40)$$

原坐标 x_i 与新坐标 $x_{j'}$ 的变换关系的推导过程如下。

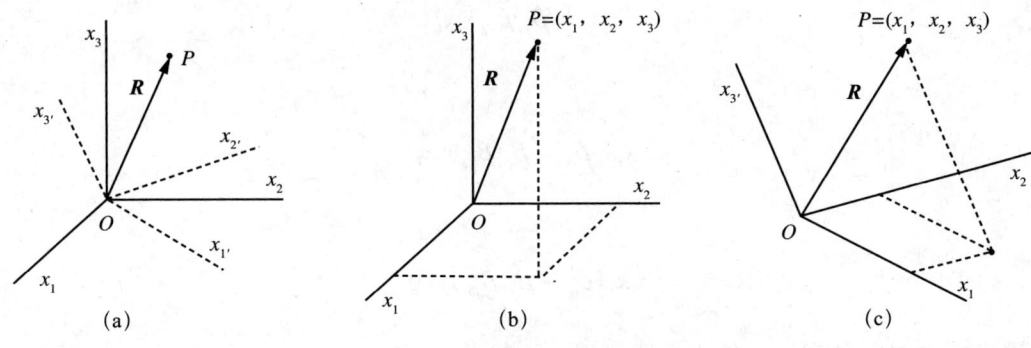

图 1–10 坐标轴变换示意图

设 $\beta_{ij'}$ 表示原坐标系中的 x_i 轴与新坐标系中的 $x_{j'}$ 轴夹角的余弦,即

$$\beta_{ij'} = \cos(\boldsymbol{i}_i, \boldsymbol{i}_{j'}) = \boldsymbol{i}_i \cdot \boldsymbol{i}_{j'} = \beta_{j'i} \tag{1-41}$$

由式（1–39）和式（1–40）可知

$$x_i \boldsymbol{i}_{i'} = x_j \boldsymbol{i}_j$$

上式两边点乘 $\boldsymbol{i}_{k'}$,得

$$x_i \boldsymbol{i}_{i'} \cdot \boldsymbol{i}_{k'} = x_j \boldsymbol{i}_j \cdot \boldsymbol{i}_{k'}$$

根据式（1–30）和式（1–41）,由上式可得

$$x_i \delta_{i'k'} = x_j \beta_{jk'}$$

即

$$x_{k'} = \beta_{jk'} x_j$$

改换指标 ($k' \to j'$, $j \to i$),上式可写成

$$x_{j'} = \beta_{ij'} x_i \tag{1-42}$$

类似地,可得式（1–42）的逆变换为

$$x_i = \beta_{ij'} x_{j'} \tag{1-43}$$

此处 $\beta_{ij'} = \beta_{j'i} = \boldsymbol{i}_i \cdot \boldsymbol{i}_{j'}$ 称为变换系数。

由于矢量 $\boldsymbol{R}$ 的长度不会因坐标变换而改变,在原坐标系中 $\|\boldsymbol{R}\|^2 = x_i x_i$,在新坐标系中 $\|\boldsymbol{R}\|^2 = x_{j'} x_{j'}$,由此得

$$x_i x_i = x_{j'} x_{j'} \tag{1-44}$$

根据式（1–42）,有

$$x_{j'} x_{j'} = \beta_{j'i} x_i \beta_{j'k} x_k$$

将上式代入式（1-44），得

$$x_i x_i = \beta_{j'i} \beta_{j'k} x_i x_k$$

即

$$x_i x_k \beta_{ik} = \beta_{j'i} \beta_{j'k} x_i x_k$$

或

$$x_i x_k (\delta_{ik} - \beta_{j'i} \beta_{j'k}) = 0$$

因点得坐标 x_i 具有任意性，故由上式可得

$$\beta_{j'i} \beta_{j'k} = \delta_{ik} \tag{1-45}$$

类似地，可得

$$\beta_{ij'} \beta_{ik'} = \delta_{j'k'} \tag{1-46}$$

具有这种性质的变换称为线性正交变换。

二、矢量的变换规律

设有矢量 $\boldsymbol{A}$，它在 x_j 坐标系中，沿 x_j 轴的分量为 A_j

$$\boldsymbol{A} = A_j \boldsymbol{i}_j \tag{1-47}$$

类似地，在 $x_{j'}$ 坐标系中有

$$\boldsymbol{A} = A_{j'} \boldsymbol{i}_{j'} \tag{1-48}$$

下面讨论 A_j 与 $A_{j'}$ 之间的变换关系。

将式（1-47）两边点乘 $\boldsymbol{i}_{i'}$，得

$$\boldsymbol{A} \cdot \boldsymbol{i}_{i'} = (A_j \boldsymbol{i}_j) \cdot \boldsymbol{i}_{i'}$$

上式左边为矢量 $\boldsymbol{A}$ 沿 $x_{i'}$ 轴的分量 $A_{i'}$，上式右边 $\boldsymbol{i}_j \cdot \boldsymbol{i}_{i'} = \beta_{i'j}$，由此得

$$A_{i'} = \beta_{ij} A_j \tag{1-49}$$

类似地，将式（1-48）两边点乘 $\boldsymbol{i}_i$，可得

$$A_i = \beta_{ij'} A_{j'} \tag{1-50}$$

可见，当坐标系通过旋转由 x_i 坐标系转到 $x_{j'}$ 坐标系时，矢量 $\boldsymbol{A}$ 沿坐标轴的分量将随着改变，由 A_i 变为 $A_{j'}$；它们之间的变换关系服从式（1-49）和式（1-50）。下面根据这一变换规律来定义矢量。

定义 1 矢量 $\boldsymbol{A}$ 是由三个分量 A_i 组成的量，A_i 在坐标变换时服从变换规律式（1-49）和式（1-50）。

这一定义与张量的定义具有统一的形式。在张量语言中，矢量是一阶张量，标量是零

阶张量。

标量可定义如下：

定义 2　凡是只有一个分量，而且当坐标变换时其分量始终保持不变的量称为标量。

【例 1-2】 设 $x_{i'} = \beta_{i'j} x_j$

$$(\beta_{i'j}) = \begin{bmatrix} \dfrac{\sqrt{2}}{2} & \dfrac{\sqrt{2}}{2} & 0 \\ \dfrac{\sqrt{3}}{3} & -\dfrac{\sqrt{3}}{3} & \dfrac{\sqrt{3}}{3} \\ -\dfrac{\sqrt{6}}{6} & \dfrac{\sqrt{6}}{6} & \dfrac{2\sqrt{6}}{6} \end{bmatrix}$$

在 x_j 坐标系中，矢量 $\boldsymbol{A}$ 的分量为 (1, 2, -1)。求 $\boldsymbol{A}$ 在 $x_{i'}$ 坐标系中的分量。

解：由式（1-49）得

$$A_{1'} = \beta_{1'1} A_1 + \beta_{1'2} A_2 + \beta_{1'3} A_3 = \dfrac{\sqrt{2}}{2} \cdot 1 + \dfrac{\sqrt{2}}{2} \cdot 2 + 0 \cdot (-1) = \dfrac{3\sqrt{2}}{2}$$

$$A_{2'} = \beta_{2'1} A_1 + \beta_{2'2} A_2 + \beta_{2'3} A_3 = \dfrac{\sqrt{3}}{3} \cdot 1 + \left(-\dfrac{\sqrt{3}}{3}\right) \cdot 2 + \dfrac{\sqrt{3}}{3} \cdot (-1) = -\dfrac{2\sqrt{3}}{3}$$

$$A_{3'} = \beta_{3'1} A_1 + \beta_{3'2} A_2 + \beta_{3'3} A_3 = \left(-\dfrac{\sqrt{6}}{6}\right) \cdot 1 + \dfrac{\sqrt{6}}{6} \cdot 2 + \dfrac{2\sqrt{6}}{6} \cdot (-1) = -\dfrac{\sqrt{6}}{6}$$

故

$$\boldsymbol{A} = A_{1'} i_{1'} + A_{2'} i_{2'} + A_{3'} i_{3'} = \dfrac{3\sqrt{2}}{2} i_{1'} - \dfrac{2\sqrt{3}}{3} i_{2'} - \dfrac{\sqrt{6}}{6} i_{3'}$$

【例 1-3】 设 A_i 和 B_i 是空间任意给定的两个矢量 $\boldsymbol{A}$ 和 $\boldsymbol{B}$ 在 x_i 坐标系中的分量。试证明 (A_i+B_i) 也是空间某个矢量的分量（即两矢量之和为矢量），而 $A_i B_i$ 为一标量（即两矢量的标积为标量）。

证：根据定义1，矢量的分量服从式（1-49），故有

$$A_{i'} = \beta_{i'j} A_j, \quad B_{i'} = \beta_{i'j} B_j$$

由此得

$$(A_{i'} + B_{i'}) = \beta_{i'j} (A_j + B_j)$$

可见 (A_i+B_i) 也服从变换规律式（1-49）。由定义1可知 (A_i+B_i) 是某个矢量的分量。

根据式（1-49）和式（1-45）可得

$$A_{i'} B_{i'} = (\beta_{i'j} A_j)(\beta_{i'k} B_k)$$
$$= \beta_{i'j} \beta_{i'k} A_j B_k$$
$$= \delta_{jk} A_j B_k = A_j B_j$$

由此可见，量 A_iB_i 在任何其它坐标系中数值保持不变，即 $A_{i'}B_{i'}=A_iB_i$，由定义 2 可知 A_iB_i 为一标量。

【例 1-4】 在 x_i 坐标系中，两矢量 $\boldsymbol{A}=A_j\boldsymbol{i}_j$ 和 $\boldsymbol{B}=B_k\boldsymbol{i}_k$ 的矢积为

$$\boldsymbol{A}\times\boldsymbol{B}=\boldsymbol{C}=C_i\boldsymbol{i}_i,\quad C_i=e_{ijk}A_jB_k$$

在 $x_{i'}$ 坐标系中 $x_{i'}=\beta_{i'j}x_j$，有 $\boldsymbol{A}=A_{j'}\boldsymbol{i}_{j'}$，$\boldsymbol{B}=B_{k'}\boldsymbol{i}_{k'}$，

$$\boldsymbol{A}\times\boldsymbol{B}=\boldsymbol{C}=C_{i'}\boldsymbol{i}_{i'},\quad C_{i'}=e_{i'j'k'}A_{j'}B_{k'}$$

若变换系数为

$$(\beta_{i'j})=\begin{pmatrix} 0 & 0 & 1 \\ -1 & 0 & 0 \\ 0 & 1 & 0 \end{pmatrix} \tag{1-51}$$

试证明

$$C_{i'}=-\beta_{i'j}C_j$$

证：因 $\boldsymbol{A}$、$\boldsymbol{B}$ 为矢量，由式（1-49）得

$$\begin{cases} A_{1'}=\beta_{1'1}A_1+\beta_{1'2}A_2+\beta_{1'3}A_3=A_3 \\ A_{2'}=\beta_{2'1}A_1+\beta_{2'2}A_2+\beta_{2'3}A_3=-A_1 \\ A_{3'}=\beta_{3'1}A_1+\beta_{3'2}A_2+\beta_{3'3}A_3=A_2 \end{cases}$$

$$\begin{cases} B_{1'}=\beta_{1'k}B_k=B_3 \\ B_{2'}=\beta_{2'k}B_k=-B_1 \\ B_{3'}=\beta_{3'k}B_k=B_2 \end{cases}$$

故

$$\begin{cases} C_{1'}=e_{1'j'k'}A_{j'}B_{k'}=A_{2'}B_{3'}-A_{3'}B_{2'}=-(A_1B_2-A_2B_1) \\ C_{2'}=e_{2'j'k'}A_{j'}B_{k'}=A_{3'}B_{1'}-A_{1'}B_{3'}=A_2B_3-A_3B_2 \\ C_{3'}=e_{3'j'k'}A_{j'}B_{k'}=A_{1'}B_{2'}-A_{2'}B_{1'}=-(A_3B_1-A_1B_3) \end{cases}$$

然而 $\beta_{i'j}C_j$ 的展开式为

$$\begin{cases} \beta_{1'j}C_j=C_3=e_{3jk}A_jB_k=A_1B_2-A_2B_1 \\ \beta_{2'j}C_j=-C_1=-e_{1jk}A_jB_k=-(A_2B_3-A_3B_2) \\ \beta_{3'j}C_j=C_2=e_{2jk}A_jB_k=A_3B_1-A_1B_3 \end{cases}$$

得

$$C_{i'}=-\beta_{i'j}C_j$$

这一结果表明，当进行上述的坐标变换时，矢积 $\boldsymbol{C}=\boldsymbol{A}\times\boldsymbol{B}$ 的分量不完全服从变换规律式（1-49），相差一个负号。因此，严格来说，矢积（$\boldsymbol{A}\times\boldsymbol{B}$）不符合上面所给出的矢量的

定义。这种矢量称为伪矢量（Pseudo Vector）。完全符合定义 1 的矢量称为真矢量（True Vector）或绝对矢量（Absolute Vector）。

倘若取变换系数为

$$(\beta_{i'j}) = \begin{pmatrix} 1 & 0 & 0 \\ 0 & 0 & -1 \\ 0 & 1 & 0 \end{pmatrix} \tag{1-52}$$

便可以得到 $C_{i'} = \beta_{i'j} C_j$（读者可自行证明）。这是因为式（1-52）的变换仅是旋转变换，即坐标轴作为一个整体绕原点转过一个角度，如图 1-11(a) 所示。这种变换不会使坐标轴由右手系变为左手系（或相反）。但是式（1-51）的变换不仅是旋转变换，还包含反射变换，即两轴不动，另一轴转过 180°，如图 1-11(b) 所示。反射变换使坐标轴由右手系变为左手系（或相反）。当坐标系进行反射变换时要改变正负号的矢量，称为伪矢量。例如，两矢量 **A**、**B** 构成的平行四边形的面积（$S = A \times B$），以及力矩、动量矩等都是两矢量的矢积，这些由矢积形成的矢量均属于伪矢量。当坐标系进行反射变换时，这些矢量的大小不变，但指向则转为相反方向。

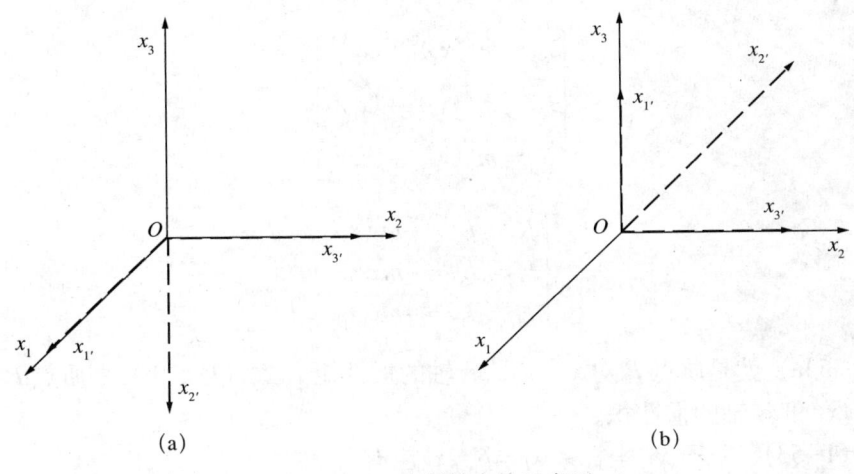

图 1-11 坐标轴变换示意图

第四节 笛卡儿张量

前面几节讨论了标量和矢量。标量是只有数值大小而无方向的量，如温度、密度、长度等；矢量则是既有大小、又有方向的量，如速度、力、电场强度等。标量只有一个分量，因而只需要一个实数来表示；矢量（在三维空间中）有三个分量，需要用三个实数来表示。在物理领域中，仅用标量和矢量还不足以描述某些物理量的特征，例如质点对于某定点的惯性矩、连续体内的应力和应变、速度场的梯度等。它们是比标量和矢量更为复杂的量，属于张量。

不同阶的张量，其分量的数目也不同。在三维空间中，r 阶张量具有 3^r 个分量，例如

零阶张量（即标量）有 $3^0 = 1$ 个分量；

一阶张量（即矢量）有 $3^1 = 3$ 个分量；

二阶张量有 $3^2=9$ 个分量；

三阶张量有 $3^3=27$ 个分量；

r 阶张量有 3^r 个分量。

在 n 维空间中，r 阶张量具有 n^r 个分量。

对于张量的讨论，可以采用直角坐标系，也可以采用一般曲线坐标系。如果张量用直角坐标系中的分量来表示，这种形式的张量称为笛卡儿张量（Cartesian Tensor）；如果张量用一般曲线坐标系中的分量来表示，则称为一般张量（General Tensor）。因为直角坐标系是一般曲线坐标系的特殊情况，所以笛卡儿张量是一般张量的特殊情况。在这一章里，只讨论笛卡儿张量。

下面通过一个简单的例子来说明二阶张量的定义。

设有质量为 m 的一个质点 P，在 x_i 坐标系中其中位置为 $P(x_1, x_2, x_3)$。现在定义一个量 I_{ij} 如下：

$$I_{ij} = m(\delta_{ij} x_k x_k - x_i x_j) \quad (i, j=1, 2, 3) \tag{1-53}$$

即

$$\begin{cases} I_{11} = m\left[(x_2)^2 + (x_3)^2\right] \\ I_{22} = m\left[(x_3)^2 + (x_1)^2\right] \\ I_{33} = m\left[(x_1)^2 + (x_2)^2\right] \end{cases} \tag{1-54a}$$

$$\begin{cases} I_{12} = I_{21} = -m x_1 x_2 \\ I_{23} = I_{32} = -m x_2 x_3 \\ I_{31} = I_{13} = -m x_3 x_1 \end{cases} \tag{1-54b}$$

显然，式（1-54a）就是质点 P 对 x_1，x_2，x_3 轴的惯性矩；式（1-54b）是质点 P 对 x_1 和 x_2 轴，x_2 和 x_3，x_3 和 x_1 轴的惯性积。

根据式（1-53），对于 $x_{i'}$ 坐标系 $x_{i'} = \beta_{i'p} x_p$ 应有

$$I_{i'j'} = m(\delta_{i'j'} x_{k'} x_{k'} - x_{i'} x_{j'}) \tag{1-55}$$

下面考察 $I_{i'j'}$ 与 I_{ij} 的关系。因为

$$x_{i'} x_{j'} = \beta_{i'p} x_p \beta_{j'q} x_q$$

而且，根据式（1-44）和式（1-46），得

$$x_{k'} x_{k'} = x_k x_k$$

$$\delta_{i'j'} = \beta_{i'p} \beta_{j'p} = \beta_{i'p} (\beta_{j'q} \delta_{pq})$$

将以上三式代入式（1-55），得

$$\begin{aligned}I_{i'j'} &= m(\beta_{i'p}\beta_{j'q}\delta_{pq}x_k x_k - \beta_{i'p}\beta_{j'q}x_p x_q) \\ &= \beta_{i'p}\beta_{j'q}m(\delta_{pq}x_k x_k - x_p x_q) \\ &= \beta_{i'p}\beta_{j'q}I_{pq}\end{aligned} \qquad (1-56)$$

这就是二阶笛卡儿张量的交换规律。

定义 3 在三维空间中，二阶笛卡儿张量 A 是由 3^2 个分量 A_{ij} 组成的量，当坐标变换时，它们服从下面的变换规律

$$A_{i'j'} = \beta_{i'p}\beta_{j'q}A_{pq} \quad (i',j'=1,2,3) \qquad (1-57)$$

若将上式两边乘以 $\beta_{i'r}\beta_{j's}$，并对 i'，j' 求和，得

$$\begin{aligned}\beta_{i'r}\beta_{j's}A_{i'j'} &= \beta_{i'r}\beta_{j's}\beta_{i'p}\beta_{j'q}A_{pq} \\ &= \delta_{rp}\delta_{sq}A_{pq} \\ &= A_{rs}\end{aligned}$$

即

$$A_{rs} = \beta_{ri'}\beta_{sj'}A_{i'j'} \qquad (1-58)$$

式（1-58）是式（1-57）的逆变换。

类似地，可以定义 n 维空间中的 r 阶张量（$r=0,1,2,\cdots$）。

定义 4 在 n 维空间中，r 阶笛卡儿张量 A 是由 n^r 个分量 $A_{i_1 i_2 \cdots i_r}$（$i_1,i_2,\cdots i_r=1,2,\cdots,n$）组成的量，当坐标变换时，它们服从下面的变换规律

$$A_{i'_1 i'_2 \cdots i'_r} = \beta_{i'_1 j_1}\beta_{i'_2 j_2}\cdots \beta_{i'_r j_r}A_{j_1 j_2 \cdots j_r} \qquad (1-59)$$

式中

$$i'_1,i'_2,\cdots,i'_r=1,2,\cdots,n;\ j_1,j_2,\cdots j_r=1,2,\cdots,n$$

$$A_{i_1 i_2 \cdots i_r} = \beta_{i_1 j_1}\beta_{i_2 j_2}\cdots \beta_{i_r j_r}A_{j'_1 j'_2 \cdots j'_r} \qquad (1-60)$$

式中

$$i_1,i_2,\cdots,i_r=1,2,\cdots,n;\ j'_1,j'_2,\cdots j'_r=1,2,\cdots,n$$

例如，在三维空间中，三阶笛卡儿张量 A 由 27 个分量 A_{ijk} 组成，它们在坐标变换时服从下面的变换规律

$$A_{i'j'k'} = \beta_{i'p}\beta_{j'q}\beta_{k'r}A_{pqr} \qquad (1-61)$$

【例 1-5】 试证明 δ_{ij} 为二阶笛卡儿张量的分量。

证：根据式（1-46）

$$\beta_{i'p}\beta_{j'p} = \delta_{i'j'}$$

而

$$\beta_{j'p} = \beta_{j'q}\delta_{pq}$$

故

$$\delta_{ij'} = \beta_{i'p}\beta_{j'q}\delta_{pq} \quad (\text{符合定义 3})$$

【例 1-6】 设 A_i，B_i 分别为两矢量的分量，试证明 $C_{ij}=A_iB_j$ 为二阶张量的分量。

证：因为 A_i、B_i 为矢量的分量，它们服从变换规律式 (1-49)，即

$$A_{i'} = \beta_{i'p}A_p, \quad B_{j'} = \beta_{j'q}B_q$$

故

$$C_{i'j'} = A_{i'}B_{j'} = \beta_{i'p}\beta_{j'q}A_pB_q$$
$$= \beta_{i'p}\beta_{j'q}C_{pq} \quad (\text{符合定义 3})。$$

【例 1-7】 二阶张量 A 在 x_i 坐标系中的分量为

$$(A_{ij}) = \begin{Bmatrix} 0 & -1 & 3 \\ 1 & 0 & 2 \\ -3 & -2 & 0 \end{Bmatrix}$$

求该张量在 $x_{i'}$ 坐标系中的分量。

$$x_{i'}=\beta_{i'j}x_j, \quad (\beta_{i'j}) = \begin{pmatrix} 0 & 0 & 1 \\ -1 & 0 & 0 \\ 0 & 1 & 0 \end{pmatrix}$$

解：

$$A_{1'1'} = \beta_{1'p}\beta_{1'q}A_{pq} = \beta_{1'3}\beta_{1'3}A_{33} = 0$$

$$A_{1'2'} = \beta_{1'p}\beta_{2'q}A_{pq} = \beta_{1'3}\beta_{2'1}A_{31} = 3$$

$$A_{1'3'} = \beta_{1'p}\beta_{3'q}A_{pq} = \beta_{1'3}\beta_{3'2}A_{32} = -2$$

$$A_{2'1'} = \beta_{2'p}\beta_{1'q}A_{pq} = \beta_{2'1}\beta_{1'3}A_{13} = -3$$

$$A_{2'2'} = \beta_{2'p}\beta_{1'q}A_{pq} = \beta_{2'1}\beta_{2'1}A_{11} = 0$$

$$A_{2'3'} = \beta_{2'p}\beta_{3'q}A_{pq} = \beta_{2'1}\beta_{3'2}A_{12} = 1$$

$$A_{3'1'} = \beta_{3'p}\beta_{1'q}A_{pq} = \beta_{3'2}\beta_{1'3}A_{23} = 2$$

$$A_{3'2'} = \beta_{3'p}\beta_{2'q}A_{pq} = \beta_{3'2}\beta_{2'1}A_{21} = -1$$

$$A_{3'3'} = \beta_{3'p}\beta_{3'q}A_{pq} = \beta_{3'2}\beta_{3'2}A_{22} = 0$$

故

$$(A_{i'j'}) = \begin{pmatrix} 0 & 3 & -2 \\ -3 & 0 & 1 \\ 2 & -1 & 0 \end{pmatrix}$$

【例 1-8】 单位质量的质点在 x_i 坐标系中位于 $P(1, 1, 0)$ 点，按定义

$$I_{ij} = m(\delta_{ij}x_k x_k - x_i x_j)$$

有

$$(I_{ij}) = \begin{pmatrix} 1 & -1 & 0 \\ -1 & 1 & 0 \\ 0 & 0 & 2 \end{pmatrix}$$

若将坐标轴绕 x_3 轴旋转，使 x_1 轴经过 P 点（图 1-12），求惯性张量在 $x_{i'}$ 坐标系中的分量 $I_{i'j'}$。

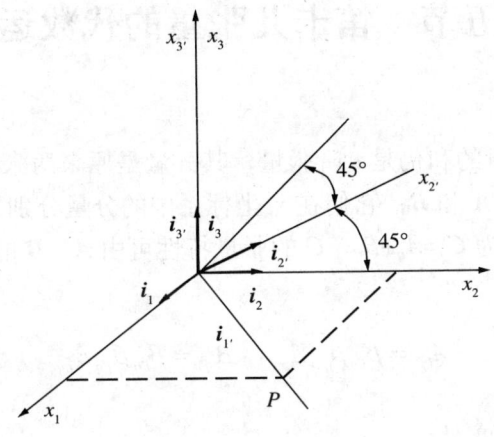

图 1-12 例 1-8 图

解：由图 1-4 可以看出

$$\begin{cases} \boldsymbol{i}_{1'} = (\boldsymbol{i}_1 + \boldsymbol{i}_2)/\sqrt{2} \\ \boldsymbol{i}_{2'} = (-\boldsymbol{i}_1 + \boldsymbol{i}_2)/\sqrt{2} \\ \boldsymbol{i}_{3'} = \boldsymbol{i}_3 \end{cases}$$

而 $\beta_{i'j'} = \boldsymbol{i}_i \cdot \boldsymbol{i}_{j'}$，故

$$(\beta_{i'j'}) = \begin{pmatrix} \dfrac{\sqrt{2}}{2} & \dfrac{\sqrt{2}}{2} & 0 \\ -\dfrac{\sqrt{2}}{2} & \dfrac{\sqrt{2}}{2} & 0 \\ 0 & 0 & 1 \end{pmatrix}$$

由 $I_{i'j'} = \beta_{i'p}\beta_{j'q}I_{pq}$ 得

$$(I_{i'j'}) = \begin{pmatrix} 0 & 0 & 0 \\ 0 & 2 & 0 \\ 0 & 0 & 2 \end{pmatrix}$$

结果表明，在新坐标系中，所有的惯性积均为零。凡是 $I_{ij}=0$（$i' \neq j'$）的坐标轴称为惯性张量的主轴，对于主轴的惯性矩称为惯性张量的主值。在上面的问题里，惯性张量的主值为

$$I_{1'1'} = 0, \quad I_{2'2'} = 2, \quad I_{3'3'} = 2$$

第五节　笛卡儿张量的代数运算

一、张量的和

定义 5　两个 r 阶张量的和仍是 r 阶张量，其分量是原来两张量分量之和。

例如：两个二阶张量 **A** 和 **B**，它们在 x_i 坐标系中的分量分别为 A_{ij} 和 B_{ij}，则 **C=A+B** 也是一个二阶张量，其分量为 $C_{ij}=A_{ij}+B_{ij}$，**C** 的张量特性可由 **A**、**B** 的张量特性导出。

因为

$$A_{i'j'} = \beta_{i'p}\beta_{j'q}A_{pq}, \quad B_{i'j'} = \beta_{i'p}\beta_{j'q}B_{pq}$$

故在 $x_{i'}$ 坐标系中，**C** 的分量为

$$\begin{aligned} C_{i'j'} &= A_{i'j'} + B_{i'j'} \\ &= \beta_{i'p}\beta_{j'q}(A_{pq} + B_{pq}) \\ &= \beta_{i'p}\beta_{j'q}C_{pq}（符合定义3）。\end{aligned}$$

注意：张量的求和运算仅在各张量的分量为同型（自由指标完全相同）的情况下才能进行。

二、张量的外积

定义 6　一个 r 阶张量和一个 s 阶张量的外积是一个 $r+s$ 阶张量，其分量由原来两个张量各个分量的乘积组成。

例如：二阶张量 A_{ij} 与三阶张量 B_{kmn} 的外积为五阶张量 $C_{ijkmn}=A_{ij}B_{kmn}$，C_{ijkmn} 的张量特性可由 A_{ij} 和 B_{kmn} 的张量特性导出。因为

$$A_{i'j'} = \beta_{i'p}\beta_{j'q}A_{pq}, \quad B_{k'm'n'} = \beta_{k'r}\beta_{m's}\beta_{n't}B_{rst}$$

故在 x_i 坐标系中，C 的分量为

$$\begin{aligned}C_{i'j'k'm'n'} &= A_{i'j'}B_{k'm'n'}\\ &= \beta_{i'p}\beta_{j'q}\beta_{k'r}\beta_{m's}\beta_{n't}A_{pq}B_{rst}\\ &= \beta_{i'p}\beta_{j'q}\beta_{k'r}\beta_{m's}\beta_{n't}C_{pqrst} \text{（符合定义4）。}\end{aligned}$$

三、张量的缩并

定义 7 使 $r(\geqslant 2)$ 阶张量分量的两个指标相同，并对该重复指标求和，这种运算称为缩并。

例如：对二阶张量的分量 A_{ij} 进行缩并，就是使两个指标相同，得 $A_{ii}=A_{jj}=A_{11}+A_{22}+A_{33}$。又如，将三阶张量的分量 A_{ijk}，对其前两个指标进行缩并得

$$C_k = A_{iik} = A_{11k} + A_{22k} + A_{33k}$$

对于 A_{ijk} 还有另外两种缩并方式，即 A_{iji} 和 A_{ikk}。

若将 $r(r\geqslant 2)$ 阶张量进行一次缩并，结果仍是张量，但降为 $r-2$ 阶。通过三阶张量来证明这一结论。

设 A_{ijk} 为三阶张量的分量，则 $A_{i'j'k'}=\beta_{i'p}\beta_{j'q}\beta_{k'r}A_{pqr}$。将 $A_{i'j'k'}$ 对其两个指标进行缩并，得

$$\begin{aligned}A_{jj'k'} &= \beta_{j'p}\beta_{j'q}\beta_{k'r}A_{pqr}\\ &= \delta_{pq}\beta_{k'r}A_{pqr}\\ &= \beta_{k'r}A_{qqr}\end{aligned}$$

若令 $C_k=A_{jjk}$，$C_r=A_{qqr}$，则上式可写成

$$C_{k'} = \beta_{k'r}C_r \text{（符合定义1）。}$$

上面的证明可推广到任意阶张量。

显然，张量的缩并可反复进行，直到运算的结果降为一阶张量（矢量）或零阶张量（标量）。

四、张量的内积

定义 8 两个张量的内积就是将这两个张量的外积进行缩并。

例如：两矢量 A_i 与 B_j 的外积为 A_iB_j，通过缩并使得 A_i 与 B_j 的内积为 A_iB_i。又如二阶张量 C_{ij} 和 D_{mn}，它们可构成四种内积，即

$$E_{jn} = C_{ij}D_{in}, \quad F_{in} = C_{ij}D_{jn}, \quad G_{jm} = C_{ij}D_{mi}, \quad H_{im} = C_{ij}D_{mj}$$

因为张量的外积运算和缩并运算均不破坏张量的特性，故张量的内积仍是张量。

五、对称张量和反对称张量

设 T_{ij} 为二阶张量的分量,若 $T_{ij}=T_{ji}$,则称该张量为对称张量,若 $T_{ij}=-T_{ji}$,则称该张量为反对称张量。

上述对称(或反对称)张量的定义可推广到 $r(>2)$ 阶张量。例如,设 T_{ijk} 为三阶张量的分量,则当 $T_{ijk}=T_{jik}$ 时,称 T_{ijk} 对于前两个指标对称;当 $T_{ijk}=-T_{jik}$ 时,称 T_{ijk} 对于前两个指标反对称,容易看出,如果 T_{ijk} 对于前两个指标为反对称,则 $T_{iik}=0$(不对 i 求和),即 $T_{11k}=0$,$T_{22k}=0$,$T_{33k}=0$($k=1$,2,3)。

任何 $r \geqslant 2$ 阶张量均可进行分解,成为同阶的两个张量之和,其中一个是对称的,另一个是反对称的。例如,设 T_{ijk} 为三阶张量的分量,令 $A_{ijk}=(1/2)(T_{ijk}+T_{jik})$、$B_{ijk}=(1/2)(T_{ijk}-T_{jik})$

$$T_{ijk} = A_{ijk} + B_{ijk} \tag{1-62}$$

此处 $A_{ijk}(=A_{jik})$ 为对称张量,$B_{ijk}(=-B_{jik})$ 为反对称张量。

如果一个张量在某一坐标系中是对称的(或反对称的),那么这种性质在一切坐标系中都成立。通过二阶张量来证明这一结论。对于 $r(>2)$ 阶张量,可用类似的方法来证明。

设二阶张量 T 在 x_i 坐标系中是对称的,即 $T_{ij}=T_{ji}$,则在 $x_{i'}$ 坐标系中有

$$T_{i'j'} = \beta_{i'p}\beta_{j'q}T_{pq} = \beta_{i'p}\beta_{j'q}T_{qp} = \beta_{j'p}\beta_{i'q}T_{qp} = T_{j'i'} \tag{1-63}$$

六、关于张量和矩阵

矩阵与张量有许多相似的性质,张量的一些运算法则可通过矩阵来表示,例如

$$A_{ij} + B_{ij} = C_{ij} \rightarrow (A_{ij}) + (B_{ij}) = (C_{ij})$$

$$A_i B_j = D_{ij} \rightarrow \{A_i\}[B_j] = (D_{ij})$$

$$A_{ij} B_j = E_i \rightarrow (A_{ij})\{B_j\} = \{E_i\}$$

$$A_{i'j'} = \beta_{i'p}\beta_{j'q}A_{pq} \rightarrow (A_{i'j'}) = (\beta_{i'p})(A_{pq})(\beta_{j'q})^T \tag{1-64}$$

$$A_{ij} = \frac{1}{2}(A_{ij}+A_{ij}) + \frac{1}{2}(A_{ij}-A_{ij}) \rightarrow (A_{ij}) = \frac{1}{2}(A_{ij}+A_{ij}) + \frac{1}{2}(A_{ij}-A_{ij})$$

每个二阶(或低于二阶)的张量都可以用矩阵来表示。例如二阶张量 T_{ij} 在形式上可用方阵 (T_{ij}) 来表示,一阶张量 A_i 可用行阵 $[A_i]$ 或 $\{A_i\}$ 来表示。但是张量与矩阵有不同的含义。张量必须满足一定的条件,即当坐标变换时,其分量服从变换规律式(1-49)或式(1-57),而矩阵只是一组依一定顺序(按行和列)排列起来的元素的集合。

七、张量判别法则(商律)

若给出 3^r 个量 $X_{i1i2\cdots ir}$,用什么方法来判别?其是否具有张量特性(或者说,它们是否是张量的分量),当然,一个直接的判别法就是检验它们是否服从张量分量的变换规律。然

后有时这种检验十分累赘。现在介绍另一种判别法则,称为商律(Quotient Rule)。

如果一组量 $X_{i_1 i_2 \cdots i_r}$ 与任意一个 3 阶张量的外积(或内积)构成一个相应阶数(对于外积为 $r+s$ 阶,对于缩并 m 对指标的内积为 $r+s-2m$ 阶)的张量,则 $X_{i_1 i_2 \cdots i_r}$ 是 r 阶张量的分量。通过 $r=2$, $s=1$ 的情况来证明这一法则,所用的证明方法可推广到 $r \neq 2$ 和 $s \neq 1$ 的情况。

设有 9 个量 X_{ij},它们与任意一个矢量 A_k 的外积构成三阶张量,即 $X_{ij}A_k = B_{ijk}$。这一关系式在 $x_{i'}$ 坐标系中应是

$$X_{i'j'}A_{k'} = B_{i'j'k'} \tag{1-65}$$

因为 $B_{i'j'k'}$ 与 $A_{k'}$ 均为张量分量,故

$$\begin{aligned}
B_{i'j'k'} &= \beta_{i'p}\beta_{j'q}\beta_{k'r}B_{pqr} \\
&= \beta_{i'p}\beta_{j'q}\beta_{k'r}(X_{pq}A_r) \\
&= \beta_{i'p}\beta_{j'q}\beta_{k'r}(X_{pq}\beta_{rm'}A_{m'}) \\
&= \beta_{i'p}\beta_{j'q}\delta_{k'm'}X_{pq}A_{m'} \\
&= \beta_{i'p}\beta_{j'q}X_{pq}A_{k'}
\end{aligned}$$

将上式代入式(1-65)得

$$(X_{i'j'} - \beta_{i'p}\beta_{j'q}X_{pq})A_{k'} = 0$$

因 $A_{k'}$ 具有任意性,故上式括号中的量应当为零,即

$$X_{i'j'} = \beta_{i'p}\beta_{j'q}X_{pq} \quad (\text{符合定义 3})。$$

对于内积,也可用类似的方法来证明。设 A_{jk} 为任意二阶张量的分量,内积 $X_{ij}A_{jk}$ 构成二阶张量的分量 B_{ik},即 $X_{ij}A_{jk} = B_{ik}$,这一关系式在 x_i 坐标系中应是

$$X_{i'j'}A_{j'k'} = B_{i'k'} \tag{1-66}$$

因 B_{ik} 和 A_{jk} 均为张量的分量,故

$$\begin{aligned}
B_{i'k'} &= \beta_{i'p}\beta_{k'r}B_{pr} \\
&= \beta_{i'p}\beta_{k'r}X_{pq}A_{qr} \\
&= \beta_{i'p}\beta_{k'r}X_{pq}(\beta_{qj'}\beta_{rm'}A_{j'm'}) \\
&= \beta_{i'p}\beta_{qj'}X_{pq}A_{j'm'}\delta_{k'm'} \\
&= \beta_{i'p}\beta_{qj'}X_{pq}A_{j'k'}
\end{aligned}$$

将上式代入式(1-66),得

$$(X_{i'j'} - \beta_{i'p}\beta_{j'q}X_{pq})A_{j'k'} = 0$$

因 $A_{j'k'}$ 具有任意性,故上式括号中的量应当为零,即

$$X_{i'j'} = \beta_{i'p}\beta_{j'q}X_{pq} \quad (\text{符合定义 3})$$

【例 1-9】 试证明克洛尼克尔符号 δ_{ij} 为二阶笛卡儿张量的分量。

证：设 A_i 为任意一个矢量的分量，由于

$$\delta_{ij}A_j = A_i$$

根据商律可以判定 δ_{ij} 为二阶张量的分量。

【例 1-10】 设 σ_{ij} 表示连续体内一点的应力分量，试证明 σ_{ij} 是二阶张量的分量。

证：在弹性力学（或流体力学）中有关系式

$$\sigma_{ij}n_j = p_i \quad (i=1,\ 2,\ 3) \tag{1-67}$$

式中　p_i——连续体某一点处作用于某个斜面上的面力 **p** 的分量；

n_j——该斜面外法线的方向余弦。

上式表达了 σ_{ij} 与 p_i 的关系。因为对于任何方向的斜面，上式均成立；也就是说，n_j 是任一单位矢量的分量，所以根据商律便可以由式（1-48）判定 σ_{ij} 为二阶张量的分量；或者说，应力是二阶张量。

最后说明一点，对于变换系数 $\beta_{i'j}$，虽然存在关系式

$$\beta_{ij}A_j = A_{i'}$$

似乎可以根据商律来断定 $\beta_{i'j}$ 为二阶张量的分量，其实不然，因为张量是通过给定的变换规律来定义的，并且附在给定的空间上，其分量都与一个给定的坐标系相联系，不能同时跨两个或两个以上的坐标系。因此，$\beta_{i'j}$ 不是二阶张量的分量。

第六节　二阶张量的主轴和主值

一、二阶张量的特征方程

由于一个二阶张量与任一个矢量进行内积运算，结果是一个矢量，因此，可把二阶张量看成一个算子，它使空间任一个矢量 **L** 有另一矢量 **P** 与之对应，即

$$T_{ij}L_j = p_i$$

倘若 **P** 与 **L** 共线，即 **P**=λ**L**（此处 λ 为一标量），则上式可写成

$$T_{ij}L_j = \lambda L_i \tag{1-68}$$

或

$$(T_{ij} - \lambda \delta_{ij})L_j = 0 \tag{1-69}$$

这是一个齐次的代数方程组。凡满足这一方程组的任何非零矢量 **L** 称为张量 **T** 的特征矢量；相应的 λ 值称为特征值。方程式（1-50）的展开式为

$$\begin{cases}(T_{11}-\lambda)L_1 + T_{12}L_2 + T_{13}L_3 = 0 \\ T_{21}L_1 + (T_{22}-\lambda)L_2 + T_{23}L_3 = 0 \\ T_{31}L_1 + T_{32}L_2 + (T_{33}-\lambda)L_3 = 0\end{cases} \tag{1-70}$$

上面齐次方程组有非零解的充分必要条件是系数行列式为零，即

$$\begin{vmatrix} T_{11}-\lambda & T_{12} & T_{13} \\ T_{21} & (T_{22}-\lambda) & T_{23} \\ T_{31} & T_{32} & (T_{33}-\lambda) \end{vmatrix} = 0 \tag{1-71}$$

展开后得三次方程

$$\lambda^3 - I_1\lambda^2 + I_2\lambda - I_3 = 0 \tag{1-72}$$

式中

$$\begin{cases} I_1 = T_{11} + T_{22} + T_{33} = T_{ii} \\ I_2 = \begin{vmatrix} T_{22} & T_{23} \\ T_{32} & T_{33} \end{vmatrix} + \begin{vmatrix} T_{11} & T_{13} \\ T_{31} & T_{33} \end{vmatrix} + \begin{vmatrix} T_{11} & T_{12} \\ T_{21} & T_{22} \end{vmatrix} \\ \quad = \dfrac{1}{2}(T_{ii}T_{jj} - T_{ij}T_{ji}) \\ I_3 = \begin{vmatrix} T_{11} & T_{12} & T_{13} \\ T_{21} & T_{22} & T_{23} \\ T_{31} & T_{32} & T_{33} \end{vmatrix} = e_{ijk}T_{i1}T_{j2}T_{k3} \end{cases} \tag{1-73}$$

式（1-72）称为二阶张量 T 的特征方程。给定 T_{ij} 后，便可由式（1-73）解出特征值 λ 的三个根 $\lambda^{(1)}$，$\lambda^{(2)}$，$\lambda^{(3)}$。方程式（1-72）可写成

$$(\lambda - \lambda^{(1)})(\lambda - \lambda^{(2)})(\lambda - \lambda^{(3)}) = 0$$

通过方程的根与系数的关系，可知

$$\begin{cases} I_1 = \lambda^{(1)} + \lambda^{(2)} + \lambda^{(3)} \\ I_2 = \lambda^{(1)}\lambda^{(2)} + \lambda^{(2)}\lambda^{(3)} + \lambda^{(3)}\lambda^{(1)} \\ I_3 = \lambda^{(1)}\lambda^{(2)}\lambda^{(3)} \end{cases}$$

由于特征值 λ 不随坐标变换而改变，因此由上式可以看出，I_1、I_2、I_3 也不随坐标变换面改变，它们分别称为张量 T 的第一、第二、第三属性不变量。

可以证明，当 T_{ij} 为对称时，特征方程式（1-72）的三个根 $\lambda^{(1)}$，$\lambda^{(2)}$，$\lambda^{(3)}$ 都是实根。有了特征值 $\lambda^{(k)}$ 便可由方程组式（1-70）求得相应的特征矢量 $\boldsymbol{L}^{(k)}$。可以证明，当 T_{ij} 为对称时，三个特征矢量 $\boldsymbol{L}^{(1)}$，$\boldsymbol{L}^{(2)}$，$\boldsymbol{L}^{(3)}$ 是互相正交的。

二、二阶张量的特征值

现在来证明，当 T_{ij} 为对称时，方程式（1-72）的三个根都是实根。

采用反证法来证明。设 λ 可能为复数，对应的 L_i 也为复数（如为实数，则其虚部为零），它们的共轭量分别为 $\overline{\lambda}$ 和 $\overline{L_i}$。

将方程式（1-68）的两边乘以 $\overline{L_i}$ 并对 i 求和，得

$$\overline{L_i}T_{ij}L_j = \lambda\overline{L_i}L_i$$

对上式两边取其共轭量，得（注意 T_{ij} 恒为实数）

$$L_i T_{ij} \overline{L_j} = \overline{\lambda} L_i \overline{L_i} \tag{1-74}$$

将上式左边更换哑标，并考虑到 $T_{ij}=T_{ji}$ 和式（1-68），得

$$L_i T_{ij} \overline{L_j} = L_j T_{ji} \overline{L_i} = L_j T_{ij} \overline{L_i} = \lambda L_i \overline{L_i}$$

将上式代回式（1-74）的左边，得

$$\lambda L_i \overline{L_i} = \overline{\lambda} L_i \overline{L_i}$$

即

$$(\lambda - \overline{\lambda}) L_i \overline{L_i} = 0$$

因 $L_i \overline{L_i} = \|\boldsymbol{L}\|^2 \neq 0$，故 $\lambda - \overline{\lambda} = 0$，即 λ 为实数。

三、二阶对称张量的特征矢量

设方程式（1-72）的三个根为 $\lambda^{(1)}$、$\lambda^{(2)}$、$\lambda^{(3)}$。先取 $\lambda = \lambda^{(1)}$ 代入方程式（1-70），相应的特征矢量用 $\boldsymbol{L}^{(1)}$ 表示，其分量为 $L_1^{(1)} = \|\boldsymbol{L}^{(1)}\| l_1^{(1)}$，此处 $l_1^{(1)}$ 为矢量 $\boldsymbol{L}^{(1)}$ 的方向余弦。由方程组式（1-70）中任意两个方程可求得 $L_1^{(1)}/L_3^{(1)}$ 和 $L_2^{(1)}/L_3^{(1)}$，即 $l_1^{(1)}/l_3^{(1)}$ 和 $l_2^{(1)}/l_3^{(1)}$。由这两个比值和方程 $\left[l_1^{(1)}\right]^2 + \left[l_2^{(1)}\right]^2 + \left[l_3^{(1)}\right]^2 = 1$ 便可解出 $l_1^{(1)}$、$l_2^{(1)}$、$l_3^{(1)}$，从而定出 $\boldsymbol{L}^{(1)}$ 的方向。

容易看出，如果 $L_j^{(k)}$ 满足方程式（1-69），则 $cL_j^{(k)}$ 也必满足此方程（此处 c 为标量常数因子）。这说明特征矢量 $\boldsymbol{L}^{(k)}$ 的方向是唯一确定的，但是大小是不确定的。

倘若 T_{ij} 为对称，可以证明特征矢量 $\boldsymbol{L}^{(1)}$、$\boldsymbol{L}^{(2)}$、$\boldsymbol{L}^{(3)}$ 是互相正交的。下面就 $\lambda^{(1)}$、$\lambda^{(2)}$、$\lambda^{(3)}$ 无重根的情况来证明这一结论（如果 $\lambda^{(k)}$ 有重根，也同样可以证明）。

将 $\lambda^{(1)}$ 和 $\lambda^{(2)}$ 分别代入方程式（1-68），得

$$T_{ij} L_j^{(1)} = \lambda^{(1)} L_i^{(1)}, \quad T_{ij} L_j^{(2)} = \lambda^{(2)} L_i^{(2)} \tag{1-75}$$

将第一式乘以 $L_i^{(2)}$ 并对 i 求和，得

$$T_{ij} L_j^{(1)} L_i^{(2)} = \lambda^{(1)} L_i^{(1)} L_i^{(2)} \tag{1-76}$$

将式（1-76）第二式乘以 $L_i^{(1)}$ 并对 i 求和，得

$$T_{ij} L_j^{(2)} L_i^{(1)} = \lambda^{(2)} L_i^{(2)} L_i^{(1)} \tag{1-77}$$

上式左边，通过更换哑标并考虑到 $T_{ij}=T_{ji}$，得

$$T_{ij} L_j^{(2)} L_i^{(1)} = T_{ji} L_i^{(2)} L_j^{(1)} = T_{ij} L_i^{(2)} L_j^{(1)}$$

将上式代回式（1-77）的左边，得

$$T_{ij} L_i^{(2)} L_j^{(1)} = \lambda^{(2)} L_i^{(2)} L_i^{(1)} \tag{1-78}$$

对比式 (1-76) 和式 (1-78)，得

$$\left[\lambda^{(1)} - \lambda^{(2)}\right] L_i^{(1)} L_i^{(2)} = 0$$

因 $\lambda^{(k)}$ 无重根，故 $\lambda^{(1)} - \lambda^{(2)} \neq 0$，由此得

$$L_i^{(1)} L_i^{(2)} = 0$$

即

$$\boldsymbol{L}^{(1)} \cdot \boldsymbol{L}^{(2)} = 0$$

类似地，可得 $L_i^{(2)} L_i^{(3)} = 0$，$L_i^{(3)} L_i^{(1)} = 0$。可见三个特征矢量 $\boldsymbol{L}^{(k)}$ 是互相正交的。

四、二阶对称张量的主轴和主值

若将坐标轴旋转，使之与特征矢量 $\boldsymbol{L}^{(k)}$ 重合，则新坐标系（用 $x_{i'}$ 表示）的单位基矢量为

$$\boldsymbol{i}_{k'} = \boldsymbol{l}^{(k)} = \boldsymbol{L}^{(k)} / \left\| \boldsymbol{L}^{(k)} \right\| \quad (k=1, 2, 3) \tag{1-79}$$

式中 $\boldsymbol{l}^{(k)}$ 为单位特征矢量。显然，在 $x_{i'}$ 坐标系中

$$\begin{cases} \boldsymbol{l}^{(1)} = l_{j'}^{(1)} \boldsymbol{i}_{j'} = 1\boldsymbol{i}_{1'} + 0\boldsymbol{i}_{2'} + 0\boldsymbol{i}_{3'} \\ \boldsymbol{l}^{(2)} = l_{j'}^{(2)} \boldsymbol{i}_{j'} = 0\boldsymbol{i}_{1'} + 1\boldsymbol{i}_{2'} + 0\boldsymbol{i}_{3'} \\ \boldsymbol{l}^{(1)} = l_{j'}^{(1)} \boldsymbol{i}_{j'} = 0\boldsymbol{i}_{1'} + 0\boldsymbol{i}_{2'} + 1\boldsymbol{i}_{3'} \end{cases} \tag{1-80}$$

另一方面，在 $x_{i'}$ 坐标系中，式 (1-68) 可写成

$$\begin{cases} T_{i'j'} l_{j'}^{(1)} = \lambda^{(1)} l_{i'}^{(1)} \\ T_{i'j'} l_{j'}^{(2)} = \lambda^{(2)} l_{i'}^{(2)} \\ T_{i'j'} l_{j'}^{(3)} = \lambda^{(3)} l_{i'}^{(3)} \end{cases} \tag{1-81}$$

将式 (1-61) 中的 $l_{j'}^{(k)}$ 代入式 (1-81)，得

$$T_{1'1'} = \lambda^{(1)}, \quad T_{2'1'} = 0, \quad T_{3'1'} = 0$$

$$T_{1'2'} = 0, \quad T_{2'2'} = \lambda^{(2)}, \quad T_{3'2'} = 0$$

$$T_{1'3'} = 0, \quad T_{2'3'} = 0, \quad T_{3'3'} = \lambda^{(3)}$$

即

$$(T_{i'j'}) = \begin{pmatrix} \lambda^{(1)} & 0 & 0 \\ 0 & \lambda^{(2)} & 0 \\ 0 & 0 & \lambda^{(3)} \end{pmatrix} \tag{1-82}$$

由此可见，当坐标轴与张量 $\boldsymbol{T}$ 的特征矢量重合时，张量的分量具有下面的特性

$$T_{i'j'} = 0 \quad (i' \neq j') \tag{1-83}$$

这种坐标轴称为张量 **T** 的主轴。这时，不为零的张量分量 T_{11}，T_{22}，T_{33} 分别等于特征值 $\lambda^{(1)}$、$\lambda^{(2)}$、$\lambda^{(3)}$，称为张量 **T** 的主值。凡属于二阶对称张量的物理量，例如应力张量、应变张量、应变半张量、惯性张量，均具有上述特性。

【例 1-11】 设二阶对称张量的分量为

$$(T_{ij}) = \begin{pmatrix} 1 & 1 & 0 \\ 1 & 2 & 1 \\ 0 & 1 & 1 \end{pmatrix} \tag{1-84}$$

求特征值 $\lambda^{(k)}$ 和特征矢量 $\boldsymbol{L}^{(k)}$。

解：由式（1-84）可导出张量的特征方程为

$$\begin{vmatrix} 1-\lambda & 1 & 0 \\ 1 & 2-\lambda & 1 \\ 0 & 1 & 1-\lambda \end{vmatrix} = \lambda(1-\lambda)(3-\lambda) = 0$$

显然，特征值为 $\lambda^{(1)} = 0$，$\lambda^{(2)} = 1$，$\lambda^{(3)} = 3$。

将 $\lambda^{(1)} = 0$ 代入方程组 $T_{ij} L_j^{(1)} = \lambda^{(1)} L_i^{(1)}$，得

$$\begin{cases} L_1^{(1)} + L_2^{(1)} = 0 \\ L_1^{(1)} + 2L_2^{(1)} + L_3^{(1)} = 0 \\ L_2^{(1)} + L_3^{(1)} = 0 \end{cases}$$

由上列方程组得：$L_1^{(1)} = -L_2^{(1)}$，$L_3^{(1)} = -L_2^{(1)}$。
如取 $L_2^{(1)} = -1$，则 $L_1^{(1)} = 1$，$L_3^{(1)} = 1$，故 $\boldsymbol{L}^{(1)} = \boldsymbol{i}_1 - \boldsymbol{i}_2 + \boldsymbol{i}_3$。

将 $\lambda^{(2)} = 1$ 代入 $T_{ij} L_j^{(2)} = \lambda^{(2)} L_i^{(2)}$，得

$$\begin{cases} L_2^{(2)} = 0 \\ L_1^{(2)} + L_2^{(2)} + L_3^{(2)} = 0 \\ L_2^{(2)} = 0 \end{cases}$$

由上列方程组得：$L_1^{(2)} = -L_3^{(2)}$，$L_2^{(2)} = 0$。
如取 $L_1^{(3)} = 1$，则 $L_2^{(3)} = -1$，故 $\boldsymbol{L}^{(2)} = \boldsymbol{i}_1 - \boldsymbol{i}_3$。

将 $\lambda^{(3)} = 3$ 代入 $T_{ij} L_j^{(3)} = \lambda^{(3)} L_i^{(3)}$，得

$$\begin{cases} -2L_1^{(3)} + L_2^{(3)} = 0 \\ L_1^{(3)} - L_2^{(3)} + L_3^{(3)} = 0 \\ L_2^{(3)} - 2L_3^{(3)} = 0 \end{cases}$$

由上列方程组得：$L_2^{(3)} = 2L_1^{(3)}$，$L_1^{(3)} = L_3^{(3)}$。如取 $L_1^{(3)} = 1$、$L_2^{(3)} = 2$、$L_3^{(3)} = -1$，故

$$L^{(3)} = i_1 + 2i_2 + i_3。$$

显然，所得 $L^{(1)}$，$L^{(2)}$，$L^{(3)}$ 满足正交条件 $L^{(k)} \cdot L^{(m)} = 0 (k \neq m)$。

【例 1-12】 设二阶对称张量的分量为

$$(T_{ij}) = \begin{pmatrix} 3 & 0 & 0 \\ 0 & 4 & \sqrt{3} \\ 0 & \sqrt{3} & 6 \end{pmatrix} \tag{1-85}$$

求该张量的主值和主轴。

解： 由式（1-85）得特征方程为

$$\begin{vmatrix} 3-\lambda & 0 & 0 \\ 0 & 4-\lambda & \sqrt{3} \\ 0 & \sqrt{3} & 6-\lambda \end{vmatrix} = (3-\lambda)(\lambda-7)(\lambda-3) = 0$$

故特征值为 $\lambda^{(1)} = 3$，$\lambda^{(2)} = 3$，$\lambda^{(3)} = 7$（此处 $\lambda = 3$ 为重根），由此得张量的主值为

$$T_{1'1'} = \lambda^{(1)} = 3, \quad T_{2'2'} = \lambda^{(2)} = 3, \quad T_{3'3'} = \lambda^{(3)} = 7$$

将 $\lambda^{(1)} = 3$ 代入方程组 $T_{ij}L_j^{(1)} = \lambda^{(1)}L_i^{(1)}$，得

$$\begin{cases} L_1^{(1)} = L_1^{(1)} \\ L_2^{(1)} = -\sqrt{3}L_3^{(1)} \\ \sqrt{3}L_2^{(1)} = -3L_3^{(1)} \end{cases}$$

由此得，$L_1^{(1)}$ 为任意，$L_2^{(1)} = -\sqrt{3}L_3^{(1)}$。如设 $L_1^{(1)} = N$、$L_2^{(1)} = M$（M，N 为任意值）则 $L_3^{(1)} = -(1/\sqrt{3})M$，于是 $L^{(1)} = Ni_1 + Mi_2 - (1/\sqrt{3})Mi_3$。

对于 $\lambda^{(2)} = 3$，设 $L_1^{(1)} = n$，$L_2^{(2)} = m$，$L_2^{(2)} = -(1/\sqrt{3})m$（$m$，$n$ 可为任意值），于是 $L^{(2)} = ni_1 + mi_2 - (1/\sqrt{3})i_3$。

由正交条件 $L^{(1)} \cdot L^{(2)} = 0$，可得

$$nN + \frac{4}{3}mM = 0$$

根据上式，取 $N=1$，$M=0$，$n=0$，$m=\sqrt{3}$，于是 $L^{(1)} = i_1$，$L^{(2)} = \sqrt{3}i_2 - i_3$。

将 $\lambda^{(2)} = 7$ 代入方程组 $T_{ij}L_j^{(3)} = \lambda^{(3)}L_i^{(3)}$，得

$$\begin{cases} -4L_1^{(3)} = 0 \\ -3L_2^{(3)} + \sqrt{3}L_3^{(3)} = 0 \\ \sqrt{3}L_2^{(3)} - L_3^{(3)} = 0 \end{cases}$$

由此得：$L_1^{(3)} = 0$，$L_2^{(3)} = (1/\sqrt{3})L_3^{(3)}$。如取 $L_2^{(3)} = 1$，则 $L_3^{(3)} = \sqrt{3}$。故 $L^{(3)} = i_2 + \sqrt{3}i_3$。

由 $L^{(3)}$ 可得张量主轴的单位基矢量为 $i_{k'} = L^{(k)}/\|L^{(k)}\|$，即

$$i_{1'} = i_1, \quad i_{2'} = \frac{1}{2}(\sqrt{3}i_2 - i_3), \quad i_{3'} = \frac{1}{2}(i_2 + \sqrt{3}i_3)$$

第七节 笛卡儿张量的微分

一、张量场的定义

标量场或矢量场由给定区域的点组成，并且在每一点上有该标量或矢量的对应值。例如，一个连续体内的温度分布 $T(x_1, x_2, x_3)$ 是标量场（通常称为温度场）；一个流场中的速度分布 $v(x_1, x_2, x_3)$ 是矢量场（通常称为速度场）。如果给定区域的每一点上定义一个张量，那就是张量场。例如，一个连续体内的应力分布 $\sigma(x_1, x_2, x_3)$ 便是二阶张量场（通常称为应力场）。标量场和矢量场分别为零阶和一阶的张量场。限于直角坐标系中的张量场称为笛卡儿张量场。

一般情况下，张量是空间点的坐标 x_i ($i=1, 2, 3$) 的函数，也可能还是时间 t 的函数。不依赖于时间 t 的张量场称为定常张量场；否则，称为非定常张量场。如用分量来表示，标量场 φ 可写成 $\varphi(x_k)$ 或 $\varphi(x_k, t)$，矢量场 A 可写成 $A_i(x_k)$ 或 $A_i(x_k, t)$，二阶张量场 T 可写成 $T_{ij}(x_k)$ 或 $T_{ij}(x_k, t)$。

张量分量的变换规律对于张量场同样适用。当由 x_i 坐标系转到 $x_{i'}$ 坐标系（$x_{i'} = \beta_{i'j}x_j$）时：对于标量场 $\varphi(x_k)$ 有

$$\varphi'(x_{k'}) = \varphi(x_k) \tag{1-86}$$

对于矢量场 $A_i(x_k)$ 有

$$A_{i'}(x_{k'}) = \beta_{i'p}A_p(x_k) \tag{1-87}$$

对于二阶张量场 $T_{ij}(x_k)$ 有

$$T_{i'j'}(x_{k'}) = \beta_{i'p}\beta_{j'q}T_{pq}(x_k) \tag{1-88}$$

在以下讨论中，假定所有张量场（除非加以说明）都是可以求导的，而且其导数在定义域内连续。

二、张量场的梯度

先讨论标量场的偏导数。在 x_i 坐标系中，标量场 $\varphi(x_k)$ 对坐标 x_j 的偏导数为 $\partial\varphi(x_k)/\partial x_j$；在 $x_{i'}$ 坐标系中，该标量场对坐标 $x_{j'}$ 的偏导数为 $\partial\varphi'(x_{k'})/\partial x_{j'}$。由式（1-67）得

$$\frac{\partial\varphi'(x_{k'})}{\partial x_{j'}} = \frac{\partial\varphi(x_k)}{\partial x_{j'}} \tag{1-89}$$

根据链法则

$$\frac{\partial \varphi(x_k)}{\partial x_{j'}} = \frac{\partial \varphi(x_k)}{\partial x_i} \cdot \frac{x_i}{\partial x_{j'}}$$

因 $x_i = \beta_{ij'} x_{j'}$，故 $\dfrac{\partial x_i}{\partial x_{j'}} = \beta_{ij'} = \beta_{j'i}$。 (1-90)

于是式（1-89）可写成

$$\frac{\partial \varphi'(x_{k'})}{\partial x_{j'}} = \beta_{j'i} \frac{\partial \varphi(x_k)}{\partial x_i} \tag{1-91}$$

或

$$A_{j'} = \beta_{j'i} A_i \quad （符合定义 1）$$

此处 $A_{j'} = \dfrac{\partial \varphi'(x_{k'})}{\partial x_{j'}}$，$A_i = \dfrac{\partial \varphi(x_k)}{\partial x_i}$。这表明 $\dfrac{\partial \varphi(x_k)}{\partial x_i}$ 为矢量场的分量。事实上，$\dfrac{\partial \varphi(x_k)}{\partial x_i}$ 就是矢量场 $\mathrm{grad}(x_k) = (\partial \varphi / \partial x_i) \boldsymbol{i}_i$ 的分量。

现讨论矢量场的偏导数。在 x_i 坐标系中，矢量场 $A_i(x_k)$ 对坐标 x_j 的偏导数 $\partial A_i(x_k)/\partial x_j$；在 $x_{i'}$ 坐标系中，该矢量场对坐标 $x_{j'}$ 的偏导数为 $\partial A_{j'}(x_{k'})/\partial x_{j'}$，由式（1-87）得

$$\frac{\partial A_{i'}(x_{k'})}{\partial x_{j'}} = \beta_{i'p} \frac{\partial A_p(x_k)}{\partial x_{j'}} \tag{1-92}$$

根据链法则

$$\frac{\partial A_p(x_k)}{\partial x_{j'}} = \frac{\partial A_p(x_k)}{\partial x_q} \cdot \frac{\partial x_q}{\partial x_{j'}}$$

将式（1-90）代入上式，得

$$\frac{\partial A_p(x_k)}{\partial x_{j'}} = \beta_{j'q} \frac{\partial A_p(x_k)}{\partial x_q}$$

于是式（1-92）可写成

$$\frac{\partial A_{i'}(x_{k'})}{\partial x_{j'}} = \beta_{i'p} \beta_{j'q} \frac{\partial A_p(x_k)}{\partial x_q} \tag{1-93}$$

或

$$T_{i'j'} = \beta_{i'p} \beta_{j'q} T_{pq} \quad （符合定义 3）$$

此处 $T_{i'j'} = \partial A_{i'}(x_{k'})/\partial x_{j'}$，$T_{pq} = \partial A_p(x_k)/\partial x_q$。这表明 $T_{pq} = \partial A_p(x_k)/\partial x_q$ 为二阶张量场的分量。类似地，若 $A_{pqr}(x_k)$ 为三阶张量场的分量，则 $\partial A_{pqr}/\partial x_s = B_{pqrs}$ 为四阶张量场的分量。依

次类似，可得以下结论：一个 r 阶笛卡儿张量场对坐标 x_i 的偏导数构成一个 $r+1$ 阶的张量场。应当注意，这一结论仅适用于笛卡儿张量场。

张量场的导数称为张量梯度。例如：

零阶张量场 φ 的梯度分量为 $\partial \varphi / \partial x_i$；

一阶张量场 A 的梯度分量为 $\partial A_i / \partial x_j$；

二阶张量场 T 的梯度分量为 $\partial T_{ij} / \partial x_k$。

显然，张量场可以多次求导，每求导一次，便得出高一阶的张量场。

三、张量场的散度

对张量场的梯度分量进行缩并，便得该张量场的散度。例如：将矢量场的梯度分量 $\partial A_i / \partial x_j$ 进行缩并，得

$$\frac{\partial A_i}{\partial x_i} = \frac{\partial A_1}{\partial x_1} + \frac{\partial A_2}{\partial x_2} + \frac{\partial A_3}{\partial x_3} \tag{1-94}$$

这就是矢量场 $A(x_k)$ 的散度 $\mathrm{div}A$。它是一个标量场。又如，将二阶张量场 A_{ij} 的梯度分量 $\partial A_{ij} / \partial x_k$ 对 i，k 进行缩并，得

$$B_j = \frac{\partial A_{ij}}{\partial x_i} \tag{1-95}$$

因为

$$B_{j'} = \frac{\partial A_{i'j'}}{\partial x_{i'}} = \frac{\partial}{\partial x_{i'}}(\beta_{i'p}\beta_{j'q}A_{pq}) = \beta_{i'p}\beta_{j'p}\frac{\partial A_{pq}}{\partial x_{i'}}$$

$$= \beta_{i'p}\beta_{j'q}\left(\beta_{i'k}\frac{\partial A_{pq}}{\partial x_k}\right) = \beta_{j'q}\delta_{pk}\frac{\partial A_{pq}}{\partial x_k}$$

$$= \beta_{j'q}\frac{\partial A_{pq}}{\partial x_p} = \beta_{j'q}B_q \text{（符合定义1）}$$

故 B_q 为一阶张量场的分量。类似地，若将 $\partial A_{ij} / \partial x_k$ 对 j，k 进行缩并，也得出一阶张量场的分量 $\partial A_{ij} / \partial x_j$，量 $\partial A_{ij} / \partial x_i$ 和 $\partial A_{ij} / \partial x_j$ 分别称为 A_{ij} 对 i 和对 j 的散度分量。应注意，在一般情况下 $\partial A_{ij} / \partial x_i \neq \partial A_{ij} / \partial x_j$（见例2）。

根据以上讨论，可以得出结论：r 阶张量场的散度为 $r-1$ 阶张量场。

在张量分析中，有时用 "',i'" 表示对坐标 x_i 的偏导数。例如

$$f,_i = \frac{\partial f}{\partial x_i}, \quad f,_{ij} = \frac{\partial^2 f}{\partial x_i \partial x_j}, \quad A_i,_j = \frac{\partial A_i}{\partial x_j}, \cdots$$

故式（1-91）、式（1-93）、式（1-94）、式（1-95）可分别写成

$$\varphi'_{,i'} = \beta_{j'i}\varphi_{,i}, \quad A_{i',j'} = \beta_{i'p}\beta_{j'q}A_p,_q, \quad A_{i,i} = A_{1,1} + A_{2,2} + A_{3,3}, \quad B_j = A_{ij,i}$$

【例 1-13】 设 D 域中矢量场 $A(x_k)$ 的分量为 $A_1 = x_2 x_3$，$A_2 = (x_1)^2 x_3$，$A_3 = x_2 (x_3)^2 x_3$。求该矢量场的梯度和散度。

解：$A(x_k)$ 的梯度分量为

$$A_{i,j} = \begin{bmatrix} A_{1,1} & A_{1,2} & A_{1,3} \\ A_{2,1} & A_{2,2} & A_{2,1} \\ A_{3,1} & A_{3,1} & A_{3,3} \end{bmatrix} = \begin{bmatrix} 0 & x_3 & x_2 \\ 2x_1x_2 & 0 & (x_1)^2 \\ 0 & (x_3)^2 & 2x_2x_3 \end{bmatrix}$$

其散度为 $A_{i,i} = A_{1,1} + A_{2,2} + A_{3,3} = 2x_2x_3$。

【例 1-14】 设二阶张量场的分量为

$$(A_{ij}) = \begin{pmatrix} 0 & x_1x_2 & (x_3)^2 \\ (x_1)^2 & x_2x_3 & 0 \\ x_3x_1 & 0 & x_2x_3 \end{pmatrix}$$

求该张量场对 i 和 j 的散度分量。

解：对 i 的散度分量为

$$B_j = A_{ij},_i = A_{1j},_1 + A_{2j},_2 + A_{3j},_3$$

$$B_1 = A_{i1},_i = x_1, \quad B_2 = A_{i2},_i = x_2 + x_3, \quad B_3 = A_{i3},_i = x_2$$

对 j 的散度分量为

$$C_i = A_{ij},_j = A_{i1},_1 + A_{i2},_2 + A_{i3},_3$$

$$C_1 = A_{1j},_j = x_1 + 2x_3, \quad C_2 = A_{2j},_j = 2x_1 + x_3, \quad C_3 = A_{3j},_j = x_1 + x_2$$

可见这两种散度分量是不同的。

第二章 非牛顿流体与非牛顿流体力学

第一节 非牛顿流体及其分类

一、非牛顿流体概述

按照流体力学的观点,流体可分为理想流体和实际流体两大类。理想流体是指黏度等于 0 的流体,也称为无黏性流体,这种流体在流动过程中其内部不存在黏性切应力;实际流体流动是指黏度不等于 0 的流体,也称为黏性流体,这种流体在流动过程中其内部由于黏性的存在导致流体内部存在黏性切应力。

根据作用于流体上的剪切应力与产生的剪切速率之间的关系,黏性流体又可分为牛顿流体和非牛顿流体。牛顿于 1687 年发表了以水为介质的一维剪切流动的实验结果。实验是在如图 2–1 所示的两平行平板间充满水时进行的,A、B 为宽度和长度都足够大的平行平板,其间充满着流体。以拉力 T 向右拉动平板 B,当平板间距 y 和速度 u_0 不是很大时,A、B 平板之间的流体会产生图示的线性速度分布。结果表明,运动平板所受到的阻力与其运动速度、面积成正比,与两平板的间距成反比,即

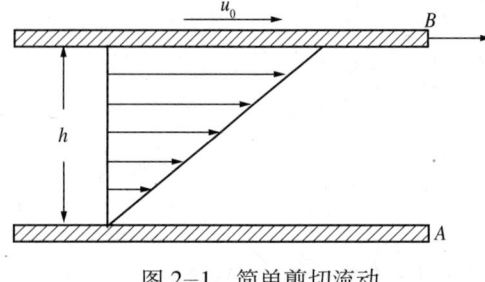

图 2–1 简单剪切流动

$$T = \mu \frac{u_0}{h} A \tag{2-1}$$

式中 T——平板受到的黏性力,N;

u_0——平板的运动速度,m/s;

h——平板的间距,m;

A——平板与流体的接触面积,m^2;

μ——由流体性质决定的物质常数,称为黏滞系数或动力黏度(简称黏度),$N \cdot s/m^2$ 或 $Pa \cdot s$。

作用在单位面积上的黏性力称为黏性切应力,以 τ 表示,单位为 Pa。由式(2–1)可以得到作用在平板上的黏性切应力为

$$\tau = \frac{T}{A} = \mu \frac{u}{h} \tag{2-2}$$

将其推广到更普遍的流动中,可得牛顿内摩擦定律的数学表达式为

$$\tau = \mu \left| \frac{du}{dy} \right| = \pm \mu \frac{du}{dy} \tag{2-3}$$

式中 du/dy——单位距离上的速度差,称为速度梯度或剪切速率,s^{-1}。

牛顿内摩擦定律表明：黏性切应力与流场的速度梯度成正比。日常生活中最常见的空气、水、酒精等符合牛顿内摩擦定律的流体称为牛顿流体。而黏性切应力与流场的速度梯度不满足牛顿内摩擦定律的流体称为非牛顿流体，工业上中常见的原油、钻井液、完井液、聚合物溶液、油漆、油墨、感光材料的涂液等流体都是非牛顿流体。

非牛顿流体的流动行为与牛顿流体的流动行为有着明显的差别，下面简单介绍一下几种奇特的非牛顿流体流动行为。

1. Weissenberg 效应

Weissenberg 于 1984 年在英国帝国工学院公开表演了一个十分有趣的实验。将一根杆插入如图 2-2 所示的两个烧杯中，一个烧杯盛有牛顿流体，另一个烧杯盛有黏弹性流体。将两个烧杯中的棒旋转后，两个烧杯中的流动呈现出了截然不同的现象。牛顿流体在离心力作用下液面为凹形，如图 2-2(a) 所示；黏弹性流体的液面成凸形，黏弹性流体的爬杆现象便是著名的 Weissenberg 效应，如图 2-2(b) 所示。后来的理论分析表明，Weissenberg 效应的产生原因是黏弹性流体中存在法向应力差。

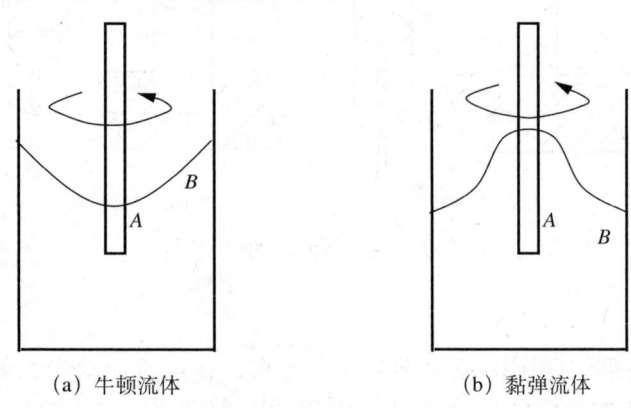

(a) 牛顿流体　　　　　　　　(b) 黏弹流体

图 2-2　Weissenberg 效应

2. Barus 效应

高分子聚合物熔体射流胀大是法向应力差所引起的另一个特殊流动现象。当高分子聚合物熔体由较大容器流入一根毛细管流，再由毛细管流出时，会产生射流胀大现象，如图 2-3(a) 所示，这就是 Barus 效应或 Merrington 效应。实验表明，射流直径与毛细管的直径之比—模片胀大率是流动速度和毛细管几何参数的函数。因此，在模具设计时考虑到 Barus 效应，必须将模具出口设计成图 2-3(b) 所示的形状。

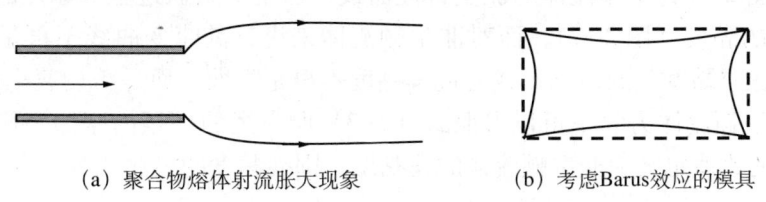

(a) 聚合物熔体射流胀大现象　　　　(b) 考虑Barus效应的模具

图 2-3　Barus 效应

3. Fano 效应

黏弹性流体具有很高的拉伸黏度，图 2-4 所示的开口虹吸效应是由高拉伸黏度引起的。

当虹吸管的吸入口高于容器内的自由液面时，流体仍由容器经过虹吸管流出，这便是非牛顿流体的 Fano 效应。牛顿流体则不存在类似现象，Fano 效应常被用于拉伸黏度的测量。

4. 剪切稀化

取两个垂直相同尺寸的管道，底部覆盖一个平板，如图 2-5 所示。两个管内充满不同的液体，其中一个是牛顿流体，另一个是幂律流体（高分子聚合物溶液）。同时移走两个管道底部的平板后会发现，非牛顿流体比牛顿流体以更快

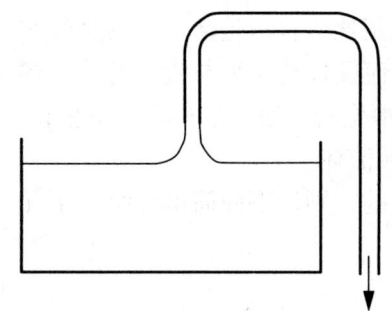

图 2-4　Fano 效应

的速度从底部流出。这一现象的原因是，在一定剪切作用下，非牛顿流体的黏度小于同一剪切作用下的牛顿流体黏度。非牛顿的幂律流体的黏度随剪切速率增加而下降，称为剪切稀化。

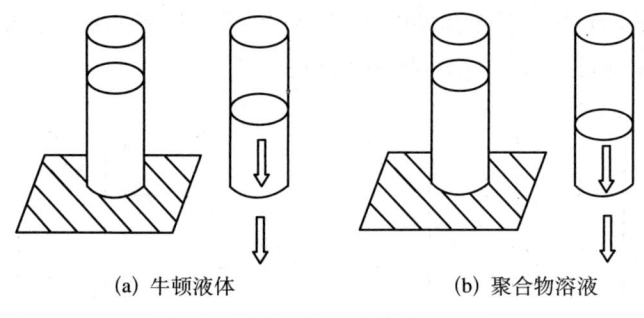

(a) 牛顿液体　　　　　(b) 聚合物溶液

图 2-5　聚合物溶液的剪切稀化

5. Toms 效应

1984 年 Toms 在第一届国际流变学会议上宣布，在紊流流动中，如果在牛顿流体里加入少量的聚合物，则在给定的速度下，管内流动阻力显著下降。这一现象称为减阻现象。许多高聚物溶剂系统均显示出减阻现象。研究表明在非牛顿流体湍流中，减阻主要与壁面湍流附面层内的层流底层厚度有关，当耗散微涡的尺寸增大时，湍流涡能量耗散率减小，粘性底层厚度也增大。因此，在相同应力下，产生更大的平均速度，随之阻力系数减小，即发生减阻现象。

二、非牛顿流体的分类

非牛顿流体力学中，将利用简单剪切流动所测得的切应力—应变速率关系曲线称为流变特性曲线。图 2-6 为牛顿流体的流变特性曲线，这是一条通过坐标原点的斜线，其斜率等于牛顿流体的黏度（图 2-7）。而对非牛顿流体来讲，其流变曲线不再是通过原点斜直线，因而不存在"黏度"的概念，或者说其黏度不再是常数，而是剪切速率或时间的函数。幸运的是，非牛顿流体力学中可以参照式（2-3）所表述的牛顿内摩擦定律，把黏性切应力与应变速率的比值定义为非牛顿流体的视黏度，则视黏度的表达式为

$$\eta(\dot{\gamma}, t) = \frac{\tau}{\dot{\gamma}} \tag{2-4}$$

式中　$\dot{\gamma}$——剪切速率，其数值在简单剪切流动中等于速度梯度，s^{-1}；

τ——黏性切应力，Pa。

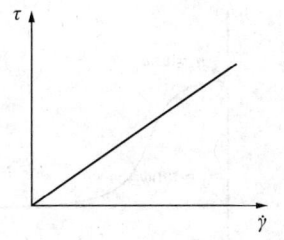
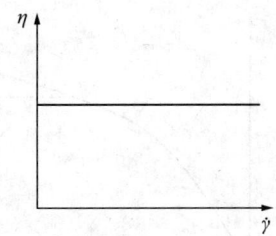

图 2-6　牛顿流体流变特性曲线　　　　图 2-7　牛顿流体的黏度函数

视黏度也称表观黏度，相对于牛顿流体而言，非牛顿流体的流变特性要复杂得多。按照流体是否具有弹性，非牛顿流体可以分为弹性流体和非弹性流体两大类，非弹性流体又可细分为时变流体和非时变流体两类，具体的分类结果如图 2-8 所示。

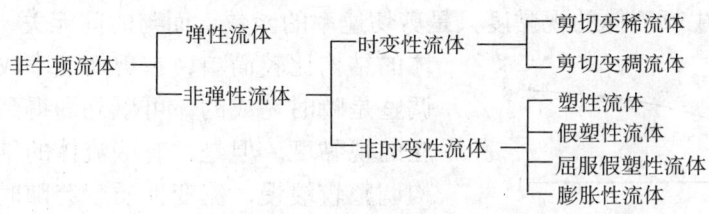

图 2-8　非牛顿流体的分类

1. 非时变性非牛顿流体

非时变流体是指流体的视黏度仅与剪切速率有关，而与时间无关。非时变流体按照流变曲线的形状特点可以划分为牛顿型、塑性型、假塑型、屈服假塑型、膨胀型 5 种类型，如图 2-9 所示；按照黏度曲线的形状又可划分为剪切稀化流体和剪切稠化流体，如图 2-10 所示。

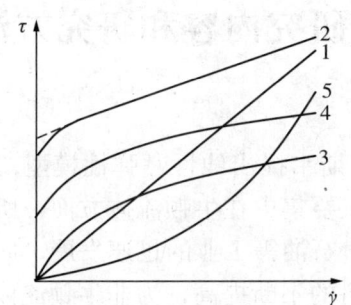
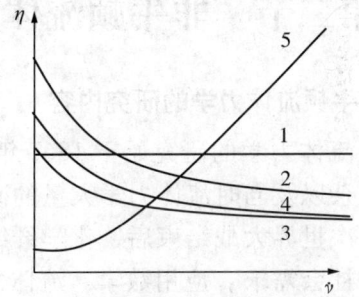

图 2-9　非时变性流体的流变曲线　　　图 2-10　非时变性流体的黏度曲线

1—牛顿型；2—塑性型；3—假塑性；　　　1—牛顿流体；2，3，4—剪切稀化流体；
4—屈服假塑性；5—膨胀型　　　　　　　5—剪切稠化流体

剪切稀化流体的流变特性曲线如图 2-11 所示，在 $\dot{\gamma}$ 较小时呈现出牛顿流体的特性，在 $\dot{\gamma}$ 较大时又呈现出塑性流体的特性；剪切稀化流体的黏度曲线如图 2-12 所示，当 $\dot{\gamma}$ 较低和较高时，剪切稀化流体的视黏度接近于常数值，$\dot{\gamma} \to 0$ 时的视黏度 η_0 称为零剪切黏度，$\dot{\gamma} \to \infty$ 时的视黏度 η_∞ 称极限黏度，且 η_∞ 小于 η_0。

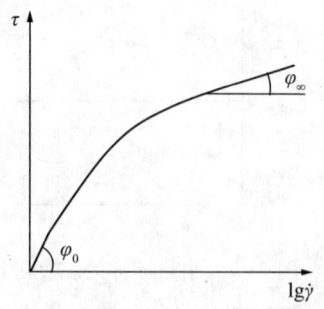
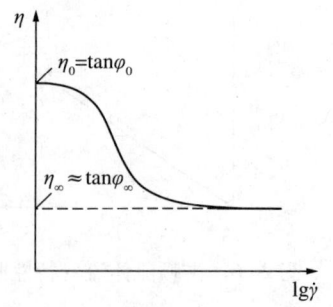

图 2-11　剪切稀化流体的流变特性曲线　　图 2-12　剪切稀化流体的黏度曲线

2. 时变性非牛顿流体

非时变性非牛顿流体的视黏度只是剪切速率的函数,而与时间无关,这是因为这类流体的结构比较简单,在剪切速率改变后流体结构的调整是瞬时完成的,可以立即得到与剪切速率相对应的视黏度。但是,有些流体的结构比较复杂,结构调整较缓慢,流变性质就会随时间变化,其视黏度与剪切持续时间有关,称为时变性非牛顿流体。时变性非牛顿流体按照视黏度随时间变化趋势的不同可分为触变性流体和震凝性流体,如图 2-13 所示。在一定的剪切速率下,触变性流体的黏度函数随时间减小;震凝性流体则相反,视黏度随时间而增大。

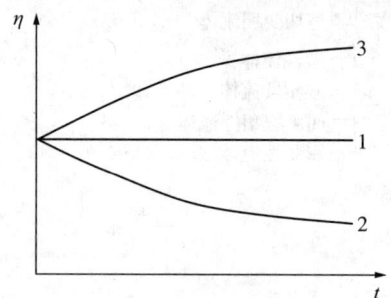

图 2-13　时变性非牛顿流体的黏度函数
1—牛顿流体;2—触变性流体;3—震凝性流体

第二节　非牛顿流体力学的研究内容和研究方法

一、非牛顿流体力学的研究内容

非牛顿流体力学的研究始于 1867 年 J.C. 麦克斯韦提出线性黏弹性模型,由于黏弹性流体问题复杂以及当时流体力学大量的研究工作主要集中在牛顿流体方面,所以进展十分缓慢。第二次世界大战结束后,化学纤维、塑料、石油等工业的迅速发展,向非牛顿流体力学提出了社会需求;应用数学、流体力学等学科的不断提高,为非牛顿流体力学提供理论基础。1950 年 J.G. 奥尔德罗伊德提出建立非牛顿流体本构方程的基本原理,把线性黏弹性理论推广到非线性范围。此后,W. 诺尔、J.L. 埃里克森、R.S. 里夫林、C. 特鲁斯德尔等人对非线性黏弹性理论的发展也做出贡献。1976 年 K. 沃尔特斯等人创办国际性专门刊物《非牛顿流体力学杂志》。20 世纪 70 年代后期,非牛顿流体力学、聚合物加工、流变技术等非牛顿流体力学的专著相继出版。至此,非牛顿流体力学已发展成为一个独立的学科。

非牛顿流体力学作为流体力学的一个重要的分支,主要研究非牛顿流体的流变行为及流动规律,研究内容主要包括非牛顿流体流变参数的测定方法、非牛顿流体的本构方程以及非牛顿流体在复杂流场中的流动规律等内容。

（1）流变测定法就是希望能够将工业条件下材料的行为与简单的行为联系起来。例如将简单剪切流动、小振幅振荡剪切流动或拉伸流动中反映出来的材料流变特性直接应用到工业流动中去。

（2）本构方程也称为流变学状态方程式，现代流变学中将其定义为：在某些假定条件下，流体的力学行为的数学描述。著名的牛顿内摩擦定律、斯托克斯模型和麦克斯韦模型都属于的流体及弹性体的本构方程。

（3）复杂流体流动规律又包括复杂几何条件下流变行为的测定和复杂流场中流动的求解两方面的内容。这里所说的复杂流场流动的复杂性，一方面是由于描述流体流动的流动方程和本构方程的复杂性形成的，另一方面是由于流畅边界的复杂性形成的，还有可能是由于紊流惯性附加引起的。幸运的是，数值技术和计算机技术的不断发展使得这类复杂问题的求解成为可能。

在石油工程领域，钻井液和完井液的循环过程，油井采出液在泵或井筒内的流动过程，聚合物驱油的微观机理，压裂液和驱替液的注入过程，以及油井采出液的集输和处理等工艺流程都涉及非牛顿流体流动问题，这就要求从事石油工程技术的科学工作者必须具备非牛顿流体力学方面的知识，以便在石油工程的建设和管理中更好地发挥作用。

二、非牛顿流体力学的研究方法

同物理学等其他自然科学学科的研究方法一样，非牛顿流体力学的研究方法包括理论方法和实验方法。理论方法就是根据流动的物理模型和物理定律建立描写流体运动规律的封闭方程组以及相应初始条件和边界条件，运用数学方法准确或近似地求解流场，揭示流动规律；实验方法就是运用模型实验理论设计试验装置和流程，直接观察流动现象，测量流体的流动参数并加以分析和处理，然后从中得到流动规律。

在非牛顿流体力学的发展过程中，实验方法是最先采用的方法，也是最基本的方法。即使到现在，不使用实验方法，航空航天、大型水利枢纽、聚合物驱油等复杂系统的研究几乎是不可能的。实验方法主要包括以下几个步骤：

（1）运用相似理论，针对具体的研究对象确定相似准数和相似准则；

（2）依据模型律来设计和制造模型，确定测量参数，选择相应的仪器仪表，建立实验装置；

（3）制订实验方案并进行实验，观察流动现象，测量流动参数；

（4）运用量纲分析等方法整理和分析实验数据，与其他方法或著作所得的结果进行比较，从中总结出流动规律。

实验研究方法的优点：能够直接解决工程实际中较为复杂的流动问题，能够根据观察到的流动现象，发现新问题和新原理，所得的结果可以作为检验其他方法的正确性和准确性。实验研究方法的缺点主要是对于不同的流动需要进行不同的实验，实验结果的普遍性稍差。

解析方法是非牛顿流体力学各种研究方法中最为准确的和最为理想的方法。解析方法主要包括：

（1）详细分析问题的物理学本质，通过适当的简化建立物理模型；

（2）运用物理定律建立数学模型，通常是建立起微分方程或微分方程组，确定流动方程边界条件和初始条件；

（3）运用数学方法求解出流动方程的解析解；

（4）列举计算实例，然后再与其他方法所得的结果进行比较，以检验物理模型和数学模型的合理性。

解析方法的优点是：所得到的流动方程的解是精确解，可以明确地给出各个流动参数之间的函数关系。解析方法的缺点是：数学上的困难比较大，只能对少数比较简单的流动给出解析解，所能得到的解析解的数目是非常有限的。

数值方法是 20 世纪中叶随着电子计算机的问世发展起来的一种求解流动方程的方法。这种方法的前两个步骤与解析方法相同，所不同的是：

（1）数值方法要将流场按照一定的规则离散成若干个计算点，即网格节点；

（2）将流动方程转化为关于各个节点上流动参数的代数方程；

（3）运用计算机技术求解出各个节点上的流动参数。

由于数值方法所得的结果不是连续函数的表达式，而是流动参数在各个节点上的数值，所以这种方法属于一种近似解法。

数值方法的优点是：可以求解解析方法无能为力的复杂流动。数值方法的缺点是：对于复杂而又缺乏完整数学模型的流动仍然无能为力，其结果仍然需要与实验研究结果进行对比和验证。

第三章　非牛顿流体力学基本方程

非牛顿流体力学是连续介质力学的一个重要的分支,其基本理论完全是建立在连续介质力学理论基础之上的。在研究非牛顿流体流动之前,简单地介绍有关连续介质力学的一些基本概念和原理。

第一节　连续介质力学的基本概念

任何实际的流体都是由大量微小的分子构成的,而且每个分子都在不断地作无规则的热运动。但是,连续介质力学的任务是采用宏观方法来研究连续介质的运动规律。所以,在连续介质力学的研究范畴中,一般不考虑流体的微观结构,而是采用一种简化的模型来代替流体的真实微观结构。按照这种假设,连续介质充满一个空间时是不留任何空隙的——连续介质假设。由连续介质假设所带来的最大简化是:不必研究大量分子的瞬间运动状态,而只要研究描述连续介质质点的宏观状态物理量,如密度、速度、变形和应力等就行了。

连续介质力学主要研究质量连续分布的可变形物体的运动规律,讨论一切连续介质普遍遵从的力学规律。例如,质量守恒、动量和角动量定理、能量守恒等。流体力学和弹性体力学均属于连续介质力学。

在连续介质力学中,可以把这些物理量看作是空间坐标和时间的连续函数。因此,就可以把一个本来是大量的离散分子或原子的运动问题近似为连续充满整个空间的质点的运动问题。而且每个空间点和每个时刻都有确定的物理量,它们都是空间坐标和时间的连续函数,从而可以利用数学分析中连续函数的理论分析流体的流动。

连续介质力学的主要目的在于建立各种物质的力学模型和把各种物质的本构关系用数学形式确定下来,并在给定的初始条件和边界条件下求出问题的解答。通常包括下述基本内容:

(1) 变形几何学,研究连续介质变形的几何性质,确定变形所引起物体各部分空间位置和方向的变化以及各邻近点相互距离的变化,包括运动、应变张量、变形的基本定理等重要概念;

(2) 运动学,主要研究连续介质力学中各种量的时间率,包括速度梯度、变形速率和旋转速率;

(3) 本构关系,在某些假定条件下连续介质力学行为的数学描述;

(4) 基本方程,根据适用于所有物质的守恒定律建立的方程,例如,连续性方程、运动方程、能量方程等;

(5) 复杂条件下基本方程的求解。

第二节 应力张量

作用在流体上的力可以分为质量力和表面力两大类。作用在连续介质表面上的表面力通常用作用在单位面积上的表面力——应力来表示，即

$$p_n = \lim_{\Delta A \to 0} \frac{\Delta P}{\Delta A} \tag{3-1}$$

式中 n——表面积 ΔA 的外法线方向；

ΔP——作用在表面积 ΔA 上的表面力，N。

p_n 除了与空间位置和时间有关外，还与作用面的取向有关。因此，有

$$p_n = p_n(M, t, n)$$

需要特别指出：

（1）应力 p_n 表示的是作用在以 n 为外法线方向的作用面上应力，其下标 n 并不表示应力的方向，而是受力面的外法线方向，如图 3-1 所示。

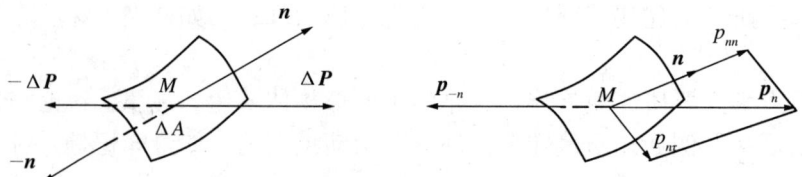

图 3-1　p_n 与 n 的关系

（2）一般来说，应力 p_n 的方向并不与作用面的外法线 n 一致，p_n 除了有 n 方向的分量 p_{nn} 外，还有 τ 方向的分量 $p_{n\tau}$。只有当 $p_{n\tau}=0$ 时 p_n 才与 n 的方向一致，如图 3-1 所示。

（3）图 3-1 中 ΔA 右侧的流体通过 ΔA 作用在左侧流体上的力为 $\Delta P = p_n \Delta A$，而 ΔA 左侧的流体通过 ΔA 作用在右侧流体上的力为 $\Delta P = p_{-n} \Delta A$，这两个力互为作用力和反作用力，所以有

$$p_n \Delta A = -p_{-n} \Delta A$$

可得

$$p_n = -p_{-n} \tag{3-2}$$

为了研究一点处微元面积上的表面力，选在流体中以 M 为顶点取一个微四面体，如图 3-2 所示。设 $MA=\Delta x$，$MB=\Delta y$，$MC=\Delta z$，ΔABC 的法向单位矢量为 n，则

$$n = \cos(n,x)\bm{i} + \cos(n,y)\bm{j} + \cos(n,z)\bm{k}$$

或简写为

$$n = n_x \bm{i} + n_y \bm{j} + n_z \bm{k} \tag{3-3}$$

设 ΔABC 的面积为 ΔS，于是 ΔMBC、ΔMCA、ΔMAB 的面积可分别以 ΔS_x、ΔS_y、

ΔS_z 表示为

$$\begin{cases} \Delta S_x = \Delta S n_x \\ \Delta S_y = \Delta S n_y \\ \Delta S_z = \Delta S n_z \end{cases} \quad (3-4)$$

四面体的体积可表示为

$$\Delta V = \frac{1}{3} \Delta S h$$

式中 h——M 点到 $\triangle ABC$ 的距离。

根据达朗贝尔原理,可给出四面体受力的平衡方程为

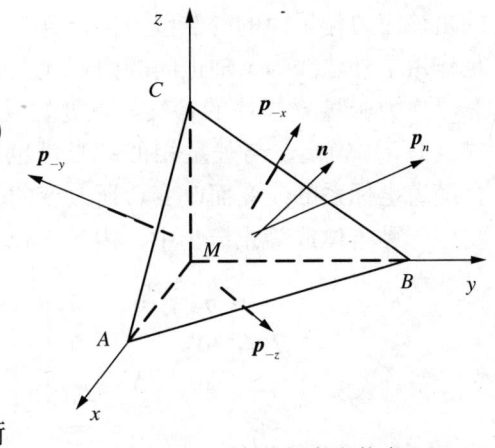

图 3-2 一点处的应力状态

$$\boldsymbol{p}_{-x} \Delta S_x + \boldsymbol{p}_{-y} \Delta S_y + \boldsymbol{p}_{-z} \Delta S_z + \boldsymbol{p}_n \Delta S + \boldsymbol{f} \Delta V = 0$$

当四面体趋近于 M 点时,h 为一阶小量,ΔS 为二阶小量,ΔV 为三阶小量,略去高阶小量后可得

$$\boldsymbol{p}_{-x} \Delta S_x + \boldsymbol{p}_{-y} \Delta S_y + \boldsymbol{p}_{-z} \Delta S_z + \boldsymbol{p}_n \Delta S = 0$$

再考虑式(3-2)和式(3-4)可得

$$\boldsymbol{p}_n = \boldsymbol{p}_x n_x + \boldsymbol{p}_y n_y + \boldsymbol{p}_z n_z \quad (3-5)$$

式(3-5)在直角坐标系中的投影可表示为

$$\begin{aligned} p_{nx} &= n_x p_{xx} + n_y p_{yx} + n_z p_{zx} \\ p_{ny} &= n_x p_{xy} + n_y p_{yy} + n_z p_{zy} \\ p_{nz} &= n_x p_{xz} + n_y p_{yz} + n_z p_{zz} \end{aligned} \quad (3-6)$$

式(3-6)也可以用矩阵形式表示为

$$\begin{bmatrix} p_{nx} & p_{ny} & p_{nz} \end{bmatrix} = \begin{bmatrix} n_x & n_y & n_z \end{bmatrix} \begin{bmatrix} p_{xx} & p_{xy} & p_{xz} \\ p_{yx} & p_{yy} & p_{yz} \\ p_{zx} & p_{zy} & p_{zz} \end{bmatrix} \quad (3-7)$$

也可以表示为

$$\boldsymbol{p}_n = \boldsymbol{n} \cdot \boldsymbol{P} \quad (3-8)$$

式中

$$\boldsymbol{P} = \begin{bmatrix} p_{xx} & p_{xy} & p_{xz} \\ p_{yx} & p_{yy} & p_{yz} \\ p_{zx} & p_{zy} & p_{zz} \end{bmatrix}$$

称为应力张量。这里需要着重指出的是,应力张量各分量的两个下标中,第一个下标表示

的是该应力作用面的外法线方向；第二个下标表示的是该应力的投影方向，例如 p_{xy} 表示它是作用于外法线为 x 轴正向的面积元上的应力 p_x 在 y 轴上的投影分量。

应力张量 P 描述的是某一点处的应力状态，过该点的任意一个曲面上的应力 p_n 均可由式（3-7）确定。与矢量相似，张量也是客观的，正如矢量确定以后，它的大小和方向不会随着坐标系的改变而改变，所改变的只是在不同坐标系下其分量的大小。

无黏流体或静止流场中，由于不存在切向应力，即 $p_{ij}=0$（$i \neq j$），此时有

$$P = \begin{bmatrix} p_{xx} & 0 & 0 \\ 0 & p_{yy} & 0 \\ 0 & 0 & p_{zz} \end{bmatrix} = \begin{bmatrix} -p & 0 & 0 \\ 0 & -p & 0 \\ 0 & 0 & -p \end{bmatrix} = -p\begin{bmatrix} 1 & 0 & 0 \\ 0 & 1 & 0 \\ 0 & 0 & 1 \end{bmatrix} = -p\boldsymbol{I}$$

式中　I——单位张量。

流体力学中，常将应力张量表示为

$$P = -p\boldsymbol{I} + \boldsymbol{T} \tag{3-9}$$

式中 p 为静压力或平均压力，由于其作用方向与应力定义的方向相反，所以取负值；T 称为偏应力张量，即

$$\boldsymbol{T} = \begin{bmatrix} \tau_{xx} & \tau_{xy} & \tau_{xz} \\ \tau_{yx} & \tau_{yy} & \tau_{yz} \\ \tau_{zx} & \tau_{zy} & \tau_{zz} \end{bmatrix} \tag{3-10}$$

偏应力张量的分量与应力张量各分量的关系为：$i=j$ 时 p_{ij} 为法向应力，$\tau_{ii}=p_{ii}-p$；当 $i \neq j$ 时 p_{ij} 为黏性剪切应力，$\tau_{ij}=p_{ij}$。

第三节　应变张量

与刚体相比，连续介质运动过程中还有可能发生变形，因此连续介质的运动比刚体的运动要复杂得多。在这里，首先回顾一下刚体运动速度分解定理。刚体的运动可以分解为随质心的平动和绕质心的转动，即

$$\boldsymbol{u} = \boldsymbol{u}_0 + \boldsymbol{\omega} \times \delta \boldsymbol{r}$$

式中　$\boldsymbol{u}_0$——刚体质心的平动速度；

　　　$\boldsymbol{u}$——刚体内部任意一点处的运动速度；

　　　$\boldsymbol{\omega}$——刚体绕质心的旋转角速度；

　　　$\delta \boldsymbol{r}$——质心至某点的微元矢量。

在 t 时刻的连续介质中取出包括点 $M_0(x, y, z)$ 的任意微元体积，同时取微元体积内的另一点 $M(x+\delta x, y+\delta y, z+\delta z)$，如图 3-3 所示。假设点 M_0 的速度为 $\boldsymbol{u}(x, y, z)$，当 $\delta \boldsymbol{r} = (\delta x, \delta y, \delta z)$ 为小量时，M 点的速度可用 M_0 的速度的泰勒展开式来表示，即

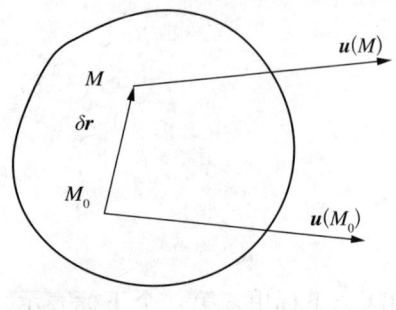

图 3-3　一点邻域的速度

$$u(M) = u(M_0) + \delta u = u(M_0) + \frac{\partial u}{\partial x}dx + \frac{\partial u}{\partial y}dy + \frac{\partial u}{\partial z}dz \qquad (3-11)$$

或分量形式

$$u(M) = u(M_0) + \delta u = u(M_0) + \frac{\partial u}{\partial x}dx + \frac{\partial u}{\partial y}dy + \frac{\partial u}{\partial z}dz$$

$$v(M) = v(M_0) + \delta v = v(M_0) + \frac{\partial v}{\partial x}dx + \frac{\partial v}{\partial y}dy + \frac{\partial v}{\partial z}dz$$

$$w(M) = w(M_0) + \delta w = w(M_0) + \frac{\partial w}{\partial x}dx + \frac{\partial w}{\partial y}dy + \frac{\partial w}{\partial z}dz$$

显然，$\delta \boldsymbol{u}$ 或 (δu, δv, δw) 是 M 点相对于 M_0 点的相对运动速度，它可以用矩阵的形式为

$$\begin{bmatrix} \delta u \\ \delta v \\ \delta w \end{bmatrix} = \begin{bmatrix} \frac{\partial u}{\partial x} & \frac{\partial u}{\partial y} & \frac{\partial u}{\partial z} \\ \frac{\partial v}{\partial x} & \frac{\partial v}{\partial y} & \frac{\partial v}{\partial z} \\ \frac{\partial w}{\partial x} & \frac{\partial w}{\partial y} & \frac{\partial w}{\partial z} \end{bmatrix} \begin{bmatrix} \delta x \\ \delta y \\ \delta z \end{bmatrix} \qquad (3-12)$$

式 (3-12) 中的方形矩阵可分解为

$$\begin{bmatrix} \frac{\partial u}{\partial x} & \frac{\partial u}{\partial y} & \frac{\partial u}{\partial z} \\ \frac{\partial v}{\partial x} & \frac{\partial v}{\partial y} & \frac{\partial v}{\partial z} \\ \frac{\partial w}{\partial x} & \frac{\partial w}{\partial y} & \frac{\partial w}{\partial z} \end{bmatrix} = \begin{bmatrix} 0 & \frac{1}{2}\left(\frac{\partial u}{\partial y} - \frac{\partial v}{\partial x}\right) & \frac{1}{2}\left(\frac{\partial u}{\partial z} - \frac{\partial w}{\partial x}\right) \\ \frac{1}{2}\left(\frac{\partial v}{\partial x} - \frac{\partial u}{\partial y}\right) & 0 & \frac{1}{2}\left(\frac{\partial v}{\partial z} - \frac{\partial w}{\partial y}\right) \\ \frac{1}{2}\left(\frac{\partial w}{\partial x} - \frac{\partial u}{\partial z}\right) & \frac{1}{2}\left(\frac{\partial w}{\partial y} - \frac{\partial v}{\partial z}\right) & 0 \end{bmatrix}$$

$$+ \begin{bmatrix} \frac{\partial u}{\partial x} & \frac{1}{2}\left(\frac{\partial u}{\partial y} + \frac{\partial v}{\partial x}\right) & \frac{1}{2}\left(\frac{\partial u}{\partial z} + \frac{\partial w}{\partial x}\right) \\ \frac{1}{2}\left(\frac{\partial u}{\partial y} + \frac{\partial v}{\partial x}\right) & \frac{\partial v}{\partial y} & \frac{1}{2}\left(\frac{\partial v}{\partial z} + \frac{\partial w}{\partial y}\right) \\ \frac{1}{2}\left(\frac{\partial u}{\partial z} + \frac{\partial w}{\partial x}\right) & \frac{1}{2}\left(\frac{\partial v}{\partial z} + \frac{\partial w}{\partial y}\right) & \frac{\partial w}{\partial z} \end{bmatrix}$$

$$= \boldsymbol{R} + \boldsymbol{D} \qquad (3-13)$$

式 (3-13) 中第一个矩阵 $\boldsymbol{D}$ 是反对称的，第二个矩阵 $\boldsymbol{D}$ 是对称的，这两个矩阵在流体力学中也称为二阶张量，下面就来具体分析这两个张量的物理意义。

反对称矩阵 $\boldsymbol{R}$ 中的九个分量中只有三个独立分量，即

$$\omega_1 = \frac{1}{2}\left(\frac{\partial w}{\partial y} - \frac{\partial v}{\partial z}\right), \quad \omega_2 = \frac{1}{2}\left(\frac{\partial u}{\partial z} - \frac{\partial w}{\partial x}\right), \quad \omega_3 = \frac{1}{2}\left(\frac{\partial v}{\partial x} - \frac{\partial u}{\partial y}\right) \qquad (3-14)$$

这三个分量恰好就是流体微团旋转角速度矢量的三个分量，同时 $\boldsymbol{\omega} = \omega_1\boldsymbol{i} + \omega_2\boldsymbol{j} + \omega_3\boldsymbol{k}$ 也就是速度矢量的旋度的一半，即

$$\boldsymbol{\omega} = \frac{1}{2}\nabla \times \boldsymbol{u} \tag{3-15}$$

对称矩阵 $\boldsymbol{D}$ 中的九个分量中只有六个独立分量，即

$$D_{xx} = \frac{\partial u}{\partial x}, \quad D_{xx} = \frac{\partial u}{\partial x}, \quad D_{xx} = \frac{\partial u}{\partial x}, \quad D_{xy} = D_{yx} = \frac{1}{2}\left(\frac{\partial u}{\partial y} + \frac{\partial v}{\partial x}\right)$$

$$D_{yz} = D_{zy} = \frac{1}{2}\left(\frac{\partial v}{\partial z} + \frac{\partial w}{\partial y}\right), \quad D_{xz} = D_{zx} = \frac{1}{2}\left(\frac{\partial u}{\partial z} + \frac{\partial w}{\partial x}\right) \tag{3-16}$$

D_{ii} ($i=x, y, z$) 和恰好是流体力学中研究过的流体微团在三个坐标轴方向上的线应变速率，而 D_{ij} ($i=x, y, z$; $j=x, y, z$ 且 $i \neq j$) 也恰好是其角变形速度。因此，连续介质力学中将张量 $\boldsymbol{D}$ 称为应变速率张量，或简称为应变张量；将 $\boldsymbol{R}$ 称为旋转张量；将 $\boldsymbol{R}+\boldsymbol{D}$ 称为速度梯度张量。

在非牛顿流体力学中，也常用一阶 Rivlin–Ericksen 张量 $\boldsymbol{A}$ 来表述应变速率的大小，它与 $\boldsymbol{D}$ 的关系为

$$\boldsymbol{A} = 2\boldsymbol{D} \tag{3-17}$$

一阶 Rivlin–Ericksen 张量 $\boldsymbol{A}$ 的分量直角坐标系中的表达式可由式（3-16）和式（3-17）得出，其在柱坐标系和球坐标系中的表达式的推导比较复杂，其结果见表 3-1。

表 3-1 一阶 Rivlin–Ericksen 张量 $\boldsymbol{A}$ 的分量在柱坐标系和球坐标系中的表达式

柱坐标系 (r, θ, z)	球坐标系 (r, θ, ϕ)
$A_{\theta\theta} = \dfrac{2}{r}\left(\dfrac{\partial v}{\partial \theta} + u\right)$ $A_{zz} = 2\dfrac{\partial w}{\partial z}$ $A_{r\theta} = \dfrac{\partial u}{r\partial \theta} + \dfrac{\partial v}{\partial r} - \dfrac{v}{r}$ $A_{rz} = \dfrac{\partial u}{\partial z} + \dfrac{\partial w}{\partial r}$ $A_{\theta z} = \dfrac{\partial v}{\partial z} + \dfrac{\partial w}{r\partial \theta}$	$A_{rr} = 2\dfrac{\partial u}{\partial r}$ $A_{\theta\theta} = \dfrac{2}{r}\left(\dfrac{\partial v}{\partial \theta} + ru\right)$ $A_{\varphi\varphi} = \dfrac{2}{r\sin\theta}\left(\dfrac{\partial w}{\partial \varphi} + u\sin\theta + v\cos\theta\right)$ $A_{r\theta} = \dfrac{1}{r}\left(\dfrac{\partial u}{\partial \theta} + \dfrac{\partial rv}{\partial r} - 2v\right)$ $A_{r\varphi} = \dfrac{1}{r\sin\theta}\left(\dfrac{\partial u}{\partial \varphi} + r\sin\theta\dfrac{\partial w}{\partial r} - w\sin\theta\right)$ $A_{\theta\varphi} = \dfrac{1}{r\sin\theta}\left(\dfrac{\partial v}{\partial \varphi} + \dfrac{\partial w\sin\theta}{\partial \theta} - 2w\cos\theta\right)$

由矩阵分析可知，对称张量 $\boldsymbol{A}$ 有三个不变量，即

$$\mathrm{I} = \mathrm{tr}\,\boldsymbol{A} = A_{ii}$$

$$\text{II} = \left(\frac{1}{2}\text{tr}\,\boldsymbol{A}^2\right)^{\frac{1}{2}} = \left(\frac{1}{2}A_{ij}A_{ij}\right)^{\frac{1}{2}} \tag{3-18}$$

$$\text{III} = \det \boldsymbol{A} = |A_{ij}|$$

其中最常用的是第二不变量。

例2-1 试分析下板不动上板做匀速运动的两个无限大平板间的简单剪切流动（图3-4）

$$u=ky,\quad v=0,\quad w=0$$

式中 k 为常数，且 $k=u_0/b$。

解：由速度分布及式（3-14）和式（3-17）可得

$$\boldsymbol{R} = \begin{bmatrix} 0 & k/2 & 0 \\ -k/2 & 0 & 0 \\ 0 & 0 & 0 \end{bmatrix}$$

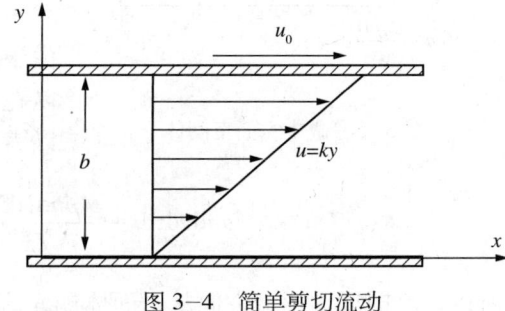

图3-4 简单剪切流动

$$\boldsymbol{A} = 2\boldsymbol{D} = \begin{bmatrix} 0 & k & 0 \\ k & 0 & 0 \\ 0 & 0 & 0 \end{bmatrix}$$

再由式（3-18）可得

$$\text{I} = \text{tr}\,\boldsymbol{A} = A_{ii} = A_{xx} + A_{yy} + A_{zz} = 0$$

$$\text{II} = \left(\frac{1}{2}\text{tr}\,\boldsymbol{A}^2\right)^{\frac{1}{2}} = \left(\frac{1}{2}\text{tr}\left(\begin{vmatrix} 0 & k & 0 \\ k & 0 & 0 \\ 0 & 0 & 0 \end{vmatrix}\begin{vmatrix} 0 & k & 0 \\ k & 0 & 0 \\ 0 & 0 & 0 \end{vmatrix}\right)\right)^{\frac{1}{2}} = \left(\frac{1}{2}\text{tr}\begin{vmatrix} k^2 & 0 & 0 \\ 0 & k^2 & 0 \\ 0 & 0 & 0 \end{vmatrix}\right)^{\frac{1}{2}} = k = \frac{u_0}{b}$$

所以 $\text{II}=k=u_0/b$。

$$\text{III} = \det \boldsymbol{A} = \begin{vmatrix} 0 & k & 0 \\ k & 0 & 0 \\ 0 & 0 & 0 \end{vmatrix} = 0$$

流动的旋转张量 $\boldsymbol{R}$ 的分量不全为零说明流动是有旋流动；$\text{I}=\text{tr}\,\boldsymbol{A}=0$ 表明流动为不可压缩流动；$\text{II}=k$ 表明了流场的剪切速率为常数。

第四节 连续性方程和运动方程

一、连续性方程

连续性方程是将于质量守恒定律改写为适用于控制体的形式后所得到的数学表达式。

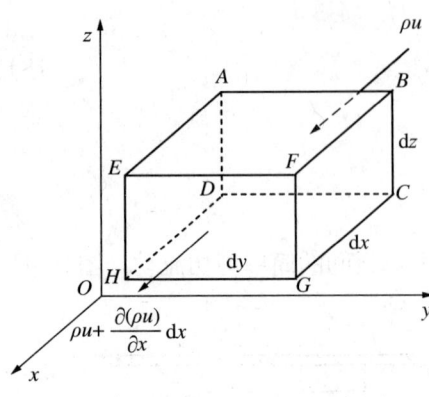

图 3-5 微小六面空间体

为了建立连续性方程，在流场中取图 3-5 所示的微元正六面体为控制体，其棱长分别为 dx，dy，dz，并建立图 3-5 所示的坐标系。

首先分析流体流入与流出微元六面体的质量。令 u，v，w，代表速度在三个坐标方向的分量，那么在 dt 时间内从控制体侧面 ABCD 流入的质量是

$$\rho u \mathrm{d}y \mathrm{d}z \mathrm{d}t$$

由于 ABCD 与 EFGH 之间仅仅是 x 坐标变化了 dx，所以在 dt 时间内从控制体侧面 EFGH 流出的流体质量可以表示为

$$\rho u \mathrm{d}y \mathrm{d}z \mathrm{d}t + \frac{\partial(\rho u \mathrm{d}y \mathrm{d}z \mathrm{d}t)}{\partial x} \mathrm{d}x = \left[\rho u + \frac{\partial}{\partial x}(\rho u)\right] \mathrm{d}y \mathrm{d}z \mathrm{d}t$$

所以，dt 时间内沿 x 方向从六面体侧面流出与流入的质量差，称为 x 方向的净流量，即

$$\left[\rho u + \frac{\partial(\rho u)}{\partial x} \mathrm{d}x\right] \mathrm{d}y \mathrm{d}z \mathrm{d}t - \rho u \mathrm{d}y \mathrm{d}z \mathrm{d}t = \frac{\partial(\rho u)}{\partial x} \mathrm{d}x \mathrm{d}y \mathrm{d}z \mathrm{d}t$$

同理，沿 y，z 两方向 dt 时间内的净流量可分别表示为

$$\frac{\partial(\rho v)}{\partial y} \mathrm{d}x \mathrm{d}z \mathrm{d}y \mathrm{d}t，\quad \frac{\partial(\rho w)}{\partial z} \mathrm{d}x \mathrm{d}z \mathrm{d}y \mathrm{d}t$$

因此，dt 时间内整个六面体总的净流量应为

$$\left[\frac{\partial(\rho u)}{\partial x} + \frac{\partial(\rho v)}{\partial y} + \frac{\partial(\rho w)}{\partial z}\right] \mathrm{d}x \mathrm{d}z \mathrm{d}y \mathrm{d}t \tag{3-19}$$

然后分析 dt 时间前后微元六面体的流体质量变化。dt 时间开始时流体的密度为 ρ，则 dt 时间后密度为 $\rho + \frac{\partial \rho}{\partial t} \mathrm{d}t$。这样，d$t$ 时间内六面体内流体密度变化而引起的质量变化值为

$$\left(\rho + \frac{\partial \rho}{\partial t} \mathrm{d}t\right) \mathrm{d}x \mathrm{d}z \mathrm{d}y - \rho \mathrm{d}x \mathrm{d}z \mathrm{d}y = \frac{\partial \rho}{\partial t} \mathrm{d}x \mathrm{d}z \mathrm{d}y \mathrm{d}t$$

按质量守恒定律，净流量应与控制体内流体质量的变化值的代数和为 0，即

$$\left[\frac{\partial(\rho u)}{\partial x} + \frac{\partial(\rho v)}{\partial y} + \frac{\partial(\rho w)}{\partial z}\right] \mathrm{d}x \mathrm{d}z \mathrm{d}y \mathrm{d}t + \frac{\partial \rho}{\partial t} \mathrm{d}x \mathrm{d}z \mathrm{d}y \mathrm{d}t = 0$$

或

$$\frac{\partial \rho}{\partial t} + \frac{\partial(\rho u_x)}{\partial x} + \frac{\partial(\rho u_y)}{\partial y} + \frac{\partial(\rho u_z)}{\partial z} = 0 \tag{3-20a}$$

式（3-20a）也可以改写为

$$\frac{\partial \rho}{\partial t} + u_x \frac{\partial \rho}{\partial x} + u_y \frac{\partial \rho}{\partial y} + u_z \frac{\partial \rho}{\partial z} + \rho \left(\frac{\partial u_x}{\partial x} + \frac{\partial u_y}{\partial y} + \frac{\partial u_z}{\partial z} \right) = 0$$

再由

$$\frac{\mathrm{d}\rho}{\mathrm{d}t} = \frac{\partial \rho}{\partial t} + u_x \frac{\partial \rho}{\partial x} + u_y \frac{\partial \rho}{\partial y} + u_z \frac{\partial \rho}{\partial z}$$

及

$$\mathrm{div}\,\boldsymbol{u} = \nabla \cdot \boldsymbol{u} = \frac{\partial u_x}{\partial x} + \frac{\partial u_y}{\partial y} + \frac{\partial u_z}{\partial z}$$

式（3-20a）可写为

$$\frac{\mathrm{d}\rho}{\mathrm{d}t} + \rho\,\mathrm{div}\,\boldsymbol{u} = 0 \tag{3-20b}$$

式（3-20）便是流体空间运动的连续性方程，适用于所有的流动。下面考虑几种特殊情况：

（1）对于稳定流动，流体的密度不随时间变化，即 $\partial \rho / \partial t = 0$。则式（3-20a）变为

$$\frac{\partial (\rho u_x)}{\partial x} + \frac{\partial (\rho u_y)}{\partial y} + \frac{\partial (\rho u_z)}{\partial z} = 0 \tag{3-21a}$$

或

$$\mathrm{div}(\rho \boldsymbol{u}) = 0 \tag{3-21b}$$

（2）对不可压缩流体，流体的密度为常数，即 $\mathrm{d}\rho/\mathrm{d}t = 0$。则式（3-20a）可表达为

$$\frac{\partial u_x}{\partial x} + \frac{\partial u_y}{\partial y} + \frac{\partial u_z}{\partial z} = 0 \tag{3-22a}$$

或

$$\mathrm{div}\,\boldsymbol{u} = 0 \tag{3-22b}$$

二、运动方程

与连续性方程相似，以应力表示的运动方程是将于动量定理改写为适用于控制体的形式后所得到的数学表达式。

在连续介质中取一个微元体，如图 3-6 所示。假设微元体中心处的应力张量为

$$\boldsymbol{P} = \begin{bmatrix} p_{xx} & p_{xy} & p_{xz} \\ p_{yx} & p_{yy} & p_{yz} \\ p_{zx} & p_{zy} & p_{zz} \end{bmatrix}$$

则作用在图 3-6 中右、前和上三个侧面的应力分量如图所示。作用在微元体上的所有表面力在 x 方向上的合力为

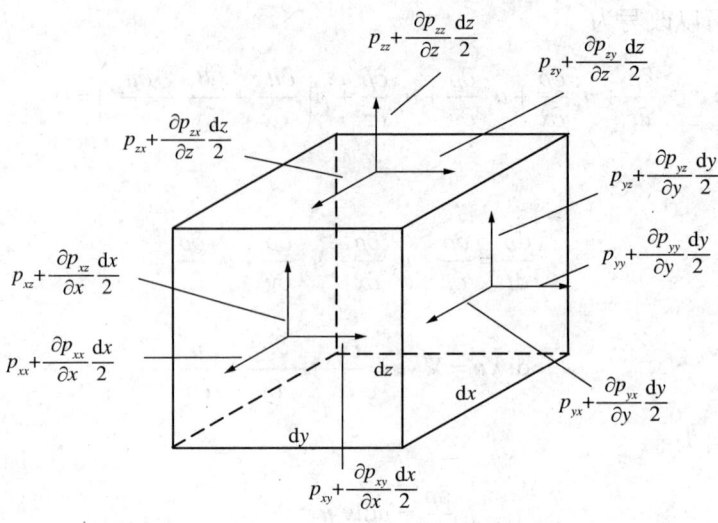

图 3-6 微元体受力示意图

$$\left[\left(p_{xx}+\frac{\partial p_{xx}}{\partial x}\frac{dx}{2}\right)-\left(p_{xx}-\frac{\partial p_{xx}}{\partial x}\frac{dx}{2}\right)\right]dydz \quad （在垂直于 x 轴的面上的合力）$$

$$\left[\left(p_{yx}+\frac{\partial p_{yx}}{\partial z}\frac{dy}{2}\right)-\left(p_{yx}-\frac{\partial p_{yx}}{\partial z}\frac{dy}{2}\right)\right]dxdz \quad （在垂直于 y 轴的面上的合力）$$

$$\left[\left(p_{zx}+\frac{\partial p_{zx}}{\partial z}\frac{dz}{2}\right)-\left(p_{zx}-\frac{\partial p_{zx}}{\partial z}\frac{dz}{2}\right)\right]dxdy \quad （在垂直于 z 轴的面上的合力）$$

简化后可得控制体内的流体所受的表面力的合力在 x 方向的分量为

$$F_x=\left(\frac{\partial p_{xx}}{\partial x}+\frac{\partial p_{yx}}{\partial y}+\frac{\partial p_{zx}}{\partial z}\right)dxdydz$$

作用在微元体上的动量变化率在 x 方向上的分量为

$$\frac{dM_x}{dt}=\frac{dmu}{dt}=\rho dxdydz\frac{du}{dt}$$

代入动量定理后两端同除以微元体内的流体的质量 $\rho dxdydz$ 后，可得

$$X+\frac{1}{\rho}\left(\frac{\partial p_{xx}}{\partial x}+\frac{\partial p_{yx}}{\partial y}+\frac{\partial p_{zx}}{\partial z}\right)=\frac{du}{dt} \qquad (3-23a)$$

同理，利用 y、z 两个方向上的动量定理可得

$$Y+\frac{1}{\rho}\left(\frac{\partial p_{xy}}{\partial x}+\frac{\partial p_{yy}}{\partial y}+\frac{\partial p_{zy}}{\partial z}\right)=\frac{dv}{dt} \qquad (3-23b)$$

$$Z + \frac{1}{\rho}\left(\frac{\partial p_{xz}}{\partial x} + \frac{\partial p_{yz}}{\partial y} + \frac{\partial p_{zz}}{\partial z}\right) = \frac{\mathrm{d}w}{\mathrm{d}t} \qquad (3\text{-}23\mathrm{c})$$

式中 X，Y，Z——作用在单位质量流体上的质量力在 x，y 和 z 三个坐标轴方向上的分量。

这便是以应力表示的黏性流体运动方程，也称为柯西应力方程，其矢量形式为

$$\frac{\mathrm{d}\boldsymbol{u}}{\mathrm{d}t} = \boldsymbol{f} + \frac{1}{\rho}\nabla \cdot \boldsymbol{P} \qquad (3\text{-}24)$$

式中 $\nabla \cdot \boldsymbol{P}$——拉普拉斯算符与应力张量的内积。

式（3-23）是柯西应力方程在直角坐标系中的表达式，它们在柱坐标系中的表达式见表 3-2。

表 3-2 柱坐标系中的连续方程和运动方程

连续方程	$\dfrac{1}{r}\dfrac{\partial}{\partial r}(ru_r) + \dfrac{1}{r}\dfrac{\partial u_\theta}{\partial \theta} + \dfrac{\partial u_z}{\partial z} = 0$
运动方程	r 分量：$\dfrac{\partial u_r}{\partial t} + u_r\dfrac{\partial u_r}{\partial x} + \dfrac{u_\theta}{r}\dfrac{\partial u_r}{\partial \theta} - \dfrac{u_\theta^2}{r} + u_z\dfrac{\partial u_z}{\partial z} = f_r + \dfrac{1}{\rho}\left(\dfrac{\partial(rT_{rr})}{r\partial r} + \dfrac{\partial T_{r\theta}}{r\partial \theta} + \dfrac{T_{\theta\theta}}{r} + \dfrac{\partial T_{rz}}{\partial z}\right)$ θ 分量：$\dfrac{\partial u_\theta}{\partial t} + u_r\dfrac{\partial u_\theta}{\partial x} + \dfrac{u_\theta}{r}\dfrac{\partial u_\theta}{\partial \theta} - \dfrac{u_r u_\theta}{r} + u_z\dfrac{\partial u_{\theta2}}{\partial z} = f_\theta + \dfrac{1}{\rho}\left(\dfrac{\partial(r^2 T_{r\theta})}{r^2\partial r} + \dfrac{\partial T_{\theta\theta}}{r\partial \theta} + \dfrac{\partial T_{\theta x}}{\partial z}\right)$ z 分量：$\dfrac{\partial u_z}{\partial t} + u_r\dfrac{\partial u_z}{\partial x} + \dfrac{u_\theta}{r}\dfrac{\partial u_z}{\partial \theta} + u_z\dfrac{\partial u_z}{\partial z} = f_z + \dfrac{1}{\rho}\left(\dfrac{\partial(rT_{rz})}{r\partial r} + \dfrac{\partial T_{\theta z}}{r\partial \theta} + \dfrac{\partial T_{zz}}{\partial z}\right)$

注：f_r，f_θ 和 f_z 分别是作用在单位质量流体上的质量力在 r、θ 和 z 三个坐标轴方向上的分量。

柯西应力方程对任何黏性流体、任何运动状态都适用。很容易看出，柯西应力方程只包含三个方程，加上一个连续性方程也不过 4 个方程，而其中未知变量却有 9 个（6 个应力分量和 3 个速度分量），所以，这组方程是不封闭的。为使该方程组在理论上可解，必须进一步考虑应力和应变率之间的关系——本构方程，作为补充方程以获得封闭的方程组。

第五节 本 构 方 程

流变学中对本构方程的定义是：在某些假定条件下，材料力学行为的数学描述，著名的牛顿内摩擦定律、虎克定律便是最原始形式的流体及弹性体的本构方程。在非牛顿流体力学中，本构方程特指应力张量与应变张量之间的关系方程，非牛顿流体不同于牛顿流体，它没有一个单一的本构方程，因为非牛顿流体类型繁多，特性各异，不能指望用一个本构方程来描述，下面就简单介绍几种常用的本构方程。

一、纯黏流体的本构方程

在连续介质力学中的本构方程，是在某些假设下连续介质的力学行为的数学描述，如弹性力学中的虎克定律和流体力学中的牛顿内摩擦定律等。在非牛顿流体力学中，本构方程给出的是偏应力张量和应变张量之间的函数关系，即间接地给出了偏应力张量与速度之间的关系，本构方程、连续性方程和以应力表示的运动方程便可构成封闭的方程组。本构

方程是流变学的重要研究内容，本节中主要着重介绍石油工程中常用的几种本构方程。

1. 平均压力的引入

将流体静力学中的静压力引入到应力张量后，得到了以式（3-10）表示的应力张量，其中的偏应力张量可表示为

$$\boldsymbol{P} = \begin{bmatrix} p_{xx} & p_{xy} & p_{xz} \\ p_{yx} & p_{yy} & p_{yz} \\ p_{zx} & p_{zy} & p_{zz} \end{bmatrix} \tag{3-25}$$

严格意义上讲，只有在静止流体和理想流体中才存在静压力 p，在实际流体的流场中不存在静压力，这是因为在实际流体的流场中 p_{xx}、p_{yy} 和 p_{zz} 会随着坐标系方向的不同而变化。幸运的是，对于各项同性的流体，应力张量的第一不变量为常数，将这个不变量定义为平均压力，即

$$p = -\frac{1}{3}(p_{xx} + p_{yy} + p_{zz})$$

因此，可以把平均压力看作是静压力。引入压力后，式（3-21）可写作

$$\frac{\mathrm{d}\boldsymbol{u}}{\mathrm{d}t} = \boldsymbol{f} - \frac{1}{\rho}\nabla p + \frac{1}{\rho}\nabla \cdot \boldsymbol{T} \tag{3-26}$$

至此，连续性方程式（3-22）和运动方程式（3-26）中，一共有 $\boldsymbol{u}$、p、$\boldsymbol{T}$ 三个未知数，如果再加上本构方程 $\boldsymbol{T}=f(\boldsymbol{u})$ 后便可构成一个封闭的方程组。

2. 纯黏流体的本构方程

假设或直接说希望存在一种流体，它满足

$$\boldsymbol{T} = \mu \boldsymbol{A} \tag{3-27}$$

或以分量的形式表示为

$$\tau_{ij} = \mu A_{ij} \tag{3-28}$$

式中 μ 是一标量函数。式（3-28）所定义的一类流体确定存在，比如牛顿流体。

下面仍以图 3-7 所示的稳定库特流为例来研究黏性流体的本构方程，流场的边界条件为

$$u = \begin{cases} 0 & \text{当 } y = 0 \text{ 时} \\ u_0 & \text{当 } y = b \text{ 时} \end{cases}$$

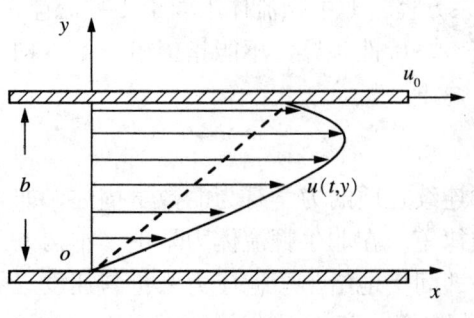

图 3-7 库特流

将以式（3-28）表示的应力分量 T_{ij} 代入柯西应力方程式（3-23），并利用连续方程可得到

$$-\frac{\partial p}{\partial x} + \mu \frac{\partial^2 u}{\partial y^2} = 0 \tag{3-29}$$

$$\frac{\partial p}{\partial y} = 0 \tag{3-30}$$

式（3-30）表明 p 不是 y 的函数。再假设体系在 x 方向压力梯度为 0，则可得到

$$\mu \frac{d^2 u}{dy^2} = 0 \tag{3-31}$$

解之可得

$$u = \frac{u_0}{b} y \tag{3-32}$$

由式（3-16）、式（3-17）和式（3-18）可知 A 的非零分量只有

$$A_{xy} = A_{yx} = \frac{u_0}{b} = \mathrm{II} = \dot{\gamma} \tag{3-33}$$

因为应力 τ_{ij} 正比于 A_{ij} 对应的分量，所以由式（3-28）可以得到，应力张量 $\boldsymbol{T}$ 的非零分量为

$$\tau_{xy} = \tau_{yx} = \mu \frac{u_0}{b} \tag{3-34}$$

这就是牛顿内摩擦定律在初等流体力学中一般采用的形式。比较严格的定义是通过方程式（3-27），其中使 μ 等于常数。

现在再回到方程式（3-27），μ 是一个标量系数的情形。特别是这意味着 μ 可能是某个函数，而不像牛顿流体那样 μ 为常数。在这种情况下，把 μ 称为非牛顿视黏度或黏度系数。

对于其他流体而言，其视黏度 μ 究竟是哪些变量的函数呢？这里不准备去验证某些想法，而是假设 μ 只依赖于由应变张量 A 的分量定义的流变学量。由于 μ 是一个标量，而 A 的却是一个张量，所以标量 μ 不能直接表示成张量 A 的函数，若想在两者之间建立起函数关系，必然要先引入一种变换或者运算将张量 A 的转换成标量。

首先讨论一个比较熟悉的问题，质点的动能依赖于它的速度矢量的大小。但动能是一个标量，而速度却是矢量。这个问题的解决方法在于，存在着一个矢量的标量函数，即

$$|\boldsymbol{u}|^2 = \boldsymbol{u} \cdot \boldsymbol{u} = u_x^2 + u_y^2 + u_z^2 \tag{3-35}$$

速度的平方 u^2 是一个标量，它与坐标系的选择无关，这类与坐标系无关的矢量函数称为不变量。任何矢量 $\boldsymbol{V}$ 都可以组成唯一的标量函数 $\boldsymbol{V} \cdot \boldsymbol{V}$。由此可以推广到，任何张量 $\boldsymbol{V}$ 也都可以组成唯一的标量函数 $\boldsymbol{V} \cdot \boldsymbol{V}$。前面已经分析过的平板间的简单剪切流动，其应变张量的三个不变量中只有第二不变量 II 不为零，由此得出，对于不满足式（3-27）的非牛顿流体，其视黏度函数必然是应变张量 A 的第二不变量 II 的函数，即

$$\eta = \eta(\mathrm{II}) = \eta(\dot{\gamma}) \tag{3-36}$$

因此，对于满足式（3-27）的非牛顿流体简单剪切流动而言，偏应力张量中不为 0 的两个分量为

$$\tau_{xy} = \tau_{yx} = \eta(\mathrm{II}) \dot{\gamma} \tag{3-37}$$

由于满足式（3-27）或式（3-28）的流体的法向应力 $\tau_{ii}=0$，称之为纯黏流体或广义牛顿流体。

二、几种常用的本构模型

前面讨论的纯黏流体或广义牛顿流体的视黏度为常数，其本构关系比较简单，即黏性切应力与应变张量成正比例关系。但是，石油工程中常见的非牛顿流体的本构方程比纯黏流体复杂，大致可以按照图1-8所示的分类方法划分为塑性型、假塑型、屈服假塑型和膨胀型等不同的类型。下面探讨这几种类型流体的本构方程。

1. 宾汉模型

尤金·库克·宾汉，美国化学家，曾任拉法耶特学院化学系教授与系主任。宾汉和马尔克斯·雷纳一起开创了流变学这一学科，并于1929年创造了"rheology"（流变学）这一词汇。宾汉在流变学的理论研究和实际应用方面均有较多贡献，最著名的是提出宾汉模型：在该模型中，当应力小于某一临界值时，流体呈现弹性体特征，应变速率为零；当应力大于临界值时，流体呈现为牛顿流体。符合这一描述的流体称为宾汉流体。1948年宾汉逝世后，流变学协会每年颁发宾汉奖章，为流变学领域的最高奖赏之一。

由图1-8所示不同类型非牛顿流体的流变曲线中，单独将塑性流体流变曲线拿出来分析，由图3-8所示的流变曲线可以看出，当所流体受到的切应力低于某一数值时不会流动，而当所受到的切应力超过这一数值时才开始流动，这一数值称为塑性流体的极限静切应力；当应变速率较小时，黏性切应力与剪切速率成曲线关系；当应变速率较大时，黏性切应力与剪切速率成线性关系。流变曲线的直线段的斜率，称为塑性黏度或结构黏度，该直线段的延长线与切应力轴的交点，称为屈服应力或极限动切应力。因此，塑性流体符合宾汉模型，其本构方程可以用宾汉公式表示为

$$\tau = \tau_0 + \eta_p \dot{\gamma} \tag{3-38}$$

或

$$\tau - \tau_0 = \eta_p \dot{\gamma} \tag{3-39}$$

式中　τ_0——屈服应力或极限动切应力，Pa；
　　　η_p——塑性黏度或结构黏度，Pa·s。

宾汉流体的视黏度为

$$\eta = \frac{\tau}{\dot{\gamma}} = \eta_p + \frac{\tau_0}{\dot{\gamma}}\bigg|_{\tau>\tau_0} \tag{3-40}$$

式（3-40）表明，视黏度 η 是剪切速率 $\dot{\gamma}$ 的单调减函数，且随着剪切速率 $\dot{\gamma}$ 的增大逐渐趋于塑性黏度 η_p。

2. 幂律模型

符合幂律模型的流体简称幂律流体，其流变曲线如图3-9所示，幂律模型常被用来描述拟塑性型流体和膨胀型流体的流变性，其本构方程为

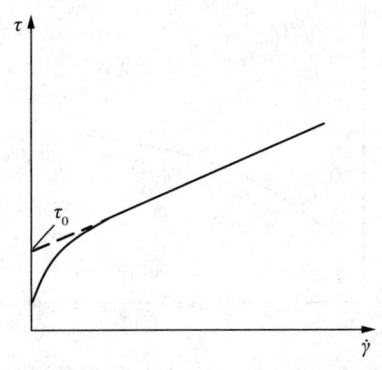
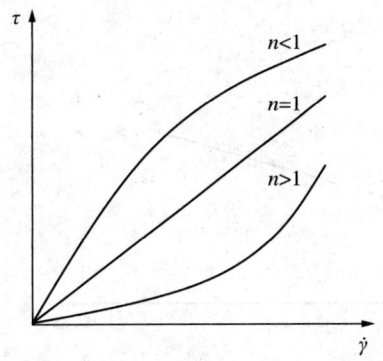

图 3-8　塑性型流体的流变特性曲线　　　图 3-9　幂律流体的流变特性曲线

$$\tau = k\dot{\gamma}^n \tag{3-41}$$

式中　k——稠度系数，$Pa \cdot s^n$；

　　　n——流性指数，无量纲。

对于拟塑性型（剪切稀化）流体来说，$n < 1$；对于膨胀型（剪切稠化）流体来说，$n > 1$；当 $n=1$ 时则为牛顿流体；n 与 1 的差值越大则流体的非牛顿特性越强。

幂律流体的视黏度为

$$\eta = \frac{\tau}{\dot{\gamma}} = k\dot{\gamma}^{n-1} \tag{3-42}$$

由此可见，幂律流体的视黏度与稠度系数 k 成正比，当 $n > 1$ 时为剪切速率 $\dot{\gamma}$ 的单增函数，当 $n < 1$ 时为剪切速率 $\dot{\gamma}$ 的单减函数。

3．卡森模型

石油工程中的另一个常用的带屈服值的流变模型为卡森模型，是卡森于 1959 年提出的。其本构方程为

$$\tau^{\frac{1}{2}} = \tau_c^{\frac{1}{2}} + \eta_c^{\frac{1}{2}} \dot{\gamma}^{\frac{1}{2}} \tag{3-43}$$

式中　η_c——卡森黏度，$Pa \cdot s$；

　　　τ_c——卡森屈服值，Pa。

满足卡森模型的流体称为卡森流体，卡森流体的流变曲线如图 3-10 所示。

卡森流体的视黏度为

$$\eta = \frac{\tau}{\dot{\gamma}} = \left(\eta_c^{\frac{1}{2}} + \tau_c^{\frac{1}{2}} \dot{\gamma}^{-\frac{1}{2}}\right)^2 \tag{3-44}$$

4．带屈服应力的幂律模型

上述三种模式均是采用双参数来描述非牛顿流体的流变特性的，另外还有一些三参数的流变模型。这里首先介绍图 3-11 所示的带屈服应力的幂律模型，又称为 Herschel-Buckley 模型，满足这一模型的流体称为 Herschel-Buckley 流体，其本构方程为

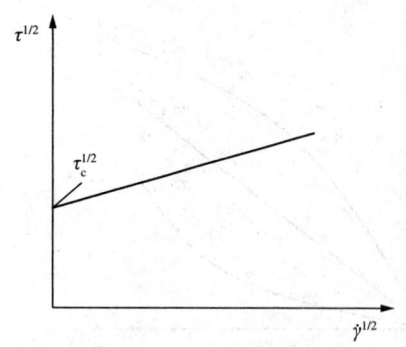
图 3-10　幂律流体的流变特性曲线

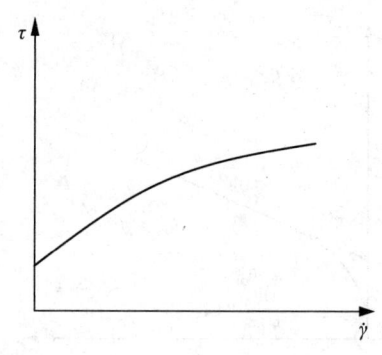
图 3-11　Herschel-Buckley 流体的流变特性曲线

$$\tau = \tau_0 + k\dot{\gamma}^n \tag{3-45}$$

该模型相当于宾汉模型和幂律模型的综合，因此本构方程中各量的意义等同于宾汉模型和幂律模型中各参数的意义。

带屈服应力的幂律流体的视黏度为

$$\eta = \frac{\tau}{\dot{\gamma}} = \frac{\tau_0}{\dot{\gamma}} + k\dot{\gamma}^{n-1} \tag{3-46}$$

5．罗伯逊—斯蒂夫模型

罗伯逊—斯蒂夫模型的形式为

$$\tau = A(\dot{\gamma} + C)^B \tag{3-47}$$

式中　A——稠度系数，$Pa \cdot s^B$；
　　　B——流性指数，无量纲；
　　　C——变形速度校正值，s^{-1}。

罗伯逊—斯蒂夫模型也是一个三参数描述带屈服应力的非牛顿流体流变性的模型。罗伯逊—斯蒂夫流体的视黏度为

$$\eta = \frac{\tau}{\dot{\gamma}} = A(\dot{\gamma} + C)^B \dot{\gamma}^{-1} \tag{3-48}$$

第六节　初始条件和边界条件

柯西应力方程是一个与时间有关的非线性偏微分方程组，理论上只要方程组封闭便可得到方程组的通解，且在给定的初边值条件下还可以得到方程组的特解。工程实际中很多的场都是有限的，初始条件和边界条件也都是给定的。因此，理论上可以得到任何流动的速度场、应变场和应力场。

解析方法是连续介质力学各种研究方法中最为准确的和最为理想的方法。解析方法首先要详细分析问题的物理学本质，通过适当的简化建立物理模型，之后运用物理定律建立数学模型，通常是建立起微分方程或微分方程组，确定流动方程边界条件和初始条件，最

后运用数学方法求解出流动方程的解析解并与实验方法所得的结果进行比较,以检验物理模型和数学模型的合理性。

本节主要介绍非牛顿流体力学中所涉及的初始条件和边界条件。

一、初始条件

初始条件是指流动在 $t=t_0$ 的初始时刻,流体运动应满足的初始状态,或是给出流场中各物理量及其对时间的导数值,如速度、压强、密度和温度的初始值为

$$\begin{cases} \boldsymbol{u}(x,y,z,t_0) = \boldsymbol{u}_0(x,y,z) \\ p(x,y,z,t_0) = p_0(x,y,z) \\ \rho(x,y,z,t_0) = \rho_0(x,y,z) \end{cases} \tag{3-49}$$

其中,$\boldsymbol{u}_0(x, y, z)$、$p_0(x, y, z)$ 和 $\rho_0(x, y, z)$ 为已知函数。

二、边界条件

边界条件是指流体运动的边界上方程组的解应满足的条件。边界条件有很多种形式,如固壁边界条件、无穷远条件及对称边界条件等。

1. 固壁边界条件

固壁条件是最常用的边界条件,存在于固体和流体之间。考虑到流体不能流入固体也不能沿固体壁面滑移,因此固壁条件可表述为

$$\boldsymbol{u}_\text{f} = \boldsymbol{u}_\text{s} \tag{3-50}$$

式中 $\boldsymbol{u}_\text{f}$,$\boldsymbol{u}_\text{s}$——流体和固体在边界处的速度。

这一条件也称为黏附条件或无滑移条件。固壁静止时可表示为

$$\boldsymbol{u}_\text{f} = 0 \tag{3-51}$$

2. 无穷远条件

无穷远条件指在无限大的流场中(如飞机所处的流场),无穷远处的边界条件为无穷远处的相应的流动参数值,即当 $r \to \infty$ 时,

$$\begin{cases} \boldsymbol{u} = \boldsymbol{u}_\infty(x,y,z,t) \\ p = p_\infty(x,y,z,t) \\ \rho = \rho_\infty(x,y,z,t) \end{cases} \tag{3-52}$$

其中,$\boldsymbol{u}_\infty(x, y, z, t)$、$p_\infty(x, y, z, t)$ 和 $\rho_\infty(x, y, z, t)$ 为已知函数。

3. 对称边界条件

在求解流体力学问题时经常会遇到流场对称的情况,为了减小工作量常常仅仅求解其中的半个流场,而没有必要对整个流场进行求解。在运用数值方法求解时这种简化会带来更高的计算效率。假设研究对象是平面上关于 y 轴对称的流动,这样,可以仅仅研究左半个或者右半个流场,得到其中任何半个流场则另一半的流动情况也就不用再进行研究了。

第四章 非牛顿流体在圆管和环形空间中的轴向流动

第一节 均匀流动方程式

讨论圆管和环行空间内非牛顿流体的流动，首先需要建立流动中压降和切应力的关系，即均匀流动方程式。

取圆管和环行空间的柱面坐标分别如图 4-1、图 4-2 所示，流体流速分量为

$$u_\theta = u_r = 0 \qquad u_z = u_z(r) \tag{4-1}$$

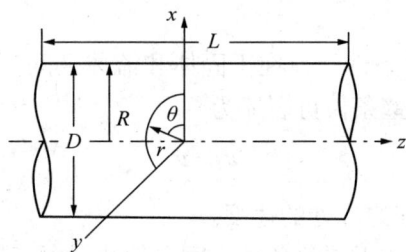

图 4-1 圆管的柱面坐标

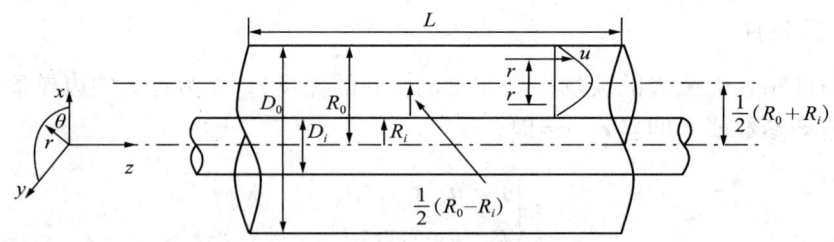

图 4-2 环形空间的柱面坐标

由于不论是圆管还是环形空间内的流动都是轴对称流动，所有变量都与 θ 无关，根据以上条件，柱面坐标的运动方程式可简化为

$$\begin{cases} -\dfrac{\partial p}{\partial r} + \dfrac{1}{r}\dfrac{\partial}{\partial r}(r\tau_{rr}) - \dfrac{\tau_{\theta\theta}}{r} + \rho g_r = 0 \\ -\dfrac{1}{r}\dfrac{\partial p}{\partial \theta} + \rho g_\theta = 0 \\ -\dfrac{\partial p}{\partial z} + \dfrac{1}{r}\dfrac{\partial}{\partial r}(r\tau_{rz}) + \rho g_z = 0 \end{cases} \tag{4-2}$$

经整理后得

$$\begin{cases} \dfrac{\partial p}{\partial r} - \rho g_r = \dfrac{d\tau_{rr}}{dr} - \dfrac{\tau_{rr} - \tau_{\theta\theta}}{r} \\ \dfrac{1}{r}\dfrac{\partial p}{\partial \theta} - \rho g_\theta = 0 \\ \dfrac{\partial p}{\partial z} = \dfrac{1}{r}\dfrac{d}{dr}(r\tau_{rz}) + \rho g_z \end{cases} \qquad (4-3)$$

式（4-3）中等号右侧与 z 无关，因 $\dfrac{\partial p}{\partial z}$ 沿 z 方向是常数，于是 $\dfrac{\partial p}{\partial z} = \dfrac{\Delta p}{L}$ 同时，$\tau = \tau_{rz}$。

对式（4-3）积分得

$$\tau = \dfrac{\Delta p r}{2L} \qquad (4-4)$$

在圆管的管壁处

$$\tau_w = \dfrac{\Delta p R}{2L} \qquad (4-5)$$

式（4-4）、式（4-5）为圆管中均匀流动方程式，也可根据均匀流中力的平衡关系十分简单地推导得同样的结果。均匀流动方程式只是运动微分方程组中式（4-3）的积分，它只与切应力 τ 有关，亦即只与流体的黏性有关。

利用均匀流中力的平横关系同样可得出环形空间中均匀方程式。如图 4-2 所示，在环行空间中取长度为 L，内径为 $\dfrac{1}{2}(R_0 + R_i) - r$、外径为 $\dfrac{1}{2}(R_0 + R_i) + r$ 的环形液流来分析。根据压力与切力的平横关系，得

$$\Delta p \pi \left\{ \left[\dfrac{1}{2}(R_0 + R_i) + r\right]^2 - \left[\dfrac{1}{2}(R_0 + R_i) - r\right]^2 \right\} = 2\pi \left\{ \left[\dfrac{1}{2}(R_0 + R_i) + r\right] + \left[\dfrac{1}{2}(R_0 + R_i) - r\right] \right\} L\tau$$

即

$$\Delta p \left\{ \left[\dfrac{1}{2}(R_0 + R_i) + r\right] - \left[\dfrac{1}{2}(R_0 + R_i) - r\right] \right\} = 2L\tau$$

$$2\Delta p r = 2L\tau$$

所以

$$\tau = \dfrac{\Delta p r}{L} \qquad (4-6)$$

在环行空间的内外管壁处

$$\tau_w = \dfrac{\Delta p (R_0 - R_i)}{2L} \qquad (4-7)$$

在推导圆管和环形空间中均匀流方程式时，并没有涉及流体的性质和流动状态。所以均匀流动方程适用于所有的流体和不同的流动状态（层流和紊流）。

第二节 圆管和环形空间中牛顿流体的层流

均匀流动方程式和流体一元层流的本构方程联立,就可得圆管和环形空间中层流的流速分布、流量和压降的计算公式。

一、圆管中牛顿流体的层流

考虑式(4-4),有

$$\tau = \frac{\Delta p r}{2L}$$

$$\tau = -\mu \frac{du}{dr}$$

在柱坐标系中,由于流速沿 r 的正方向是减少的,故上式右侧为负号,以使 τ 为正值。联立以上两式,得

$$-\mu \frac{du}{dr} = \frac{\Delta p r}{2L}$$

对上式积分,其边界条件为 $r=R$,$u=0$,则断面上的流速分布为

$$u = \frac{\Delta p}{4L\mu}(R^2 - r^2) \tag{4-8}$$

在管轴流速最大,以 $r=0$,$u=u_{max}$ 代入式(4-8),则

$$u_{max} = \frac{\Delta p}{4L\mu} R^2 \tag{4-9}$$

断面平均流速为

$$v = \frac{Q}{A} = \frac{\int_0^R u 2\pi r dr}{A}$$

式中 Q——流量;
A——圆管断面积。

将式(4-8)代入式(4-9),经整理后得

$$v = \frac{\Delta p R^2}{8\mu L} \tag{4-10}$$

通过断面的总流量为

$$Q = vA = \frac{\pi R^4 \Delta p}{8\mu L} \tag{4-11}$$

式（4–11）即哈根—泊肃（Hagen–Poiseuills）方程，其变换形式为

$$\Delta p = \frac{8\mu LQ}{\pi R^4} = \frac{8\mu v L}{R^2} \tag{4–12}$$

牛顿流体的应变速度为

$$\dot{\gamma} = \frac{\tau}{\mu}$$

切应力在断面上成线性分布，由式（4–4）和式（4–5）可得

$$\frac{\tau}{\tau_w} = \frac{r}{R}$$

故

$$\tau = \tau_w \frac{r}{R}$$

代入式（4–12）后得

$$\dot{\gamma} = \frac{\tau_w r}{\mu R} \tag{4–13}$$

应变速度 $\dot{\gamma}$ 在断面上也成线性分布。断面上的平均应变速度定义为

$$\bar{\dot{\gamma}} = \int_0^R \frac{\dot{\gamma} 2\pi r \mathrm{d}r}{\pi R^2} = \frac{2}{3}\frac{\tau_w}{\mu} \tag{4–14}$$

由于管壁处的应变速度为 $\dot{\gamma}_w = \dfrac{\tau_w}{\mu}$，因此式（4–14）表明

$$\bar{\dot{\gamma}} = \frac{2}{3}\dot{\gamma} \tag{4–15}$$

式（4–11）可写成

$$\frac{\Delta p R}{2L} = \mu \frac{4Q}{\pi R^3} = \mu \frac{8v}{D} \tag{4–16}$$

等式左侧为牛顿流体的管壁切应力 τ_w，对比式（1–3），则 $\dfrac{8v}{D}$ 就是牛顿流体的管壁应变速度，即

$$\dot{\gamma}_w = \frac{4Q}{\pi R^3} = \frac{8v}{D} \tag{4–17}$$

对一定的管道而言，牛顿流体的管壁应变速度 $\dfrac{8v}{D}$ 只决定于流量，而管壁切应力 $\dfrac{\Delta p R}{2L}$ 决定于压降。

二、环形空间中牛顿流体的层流

考虑式（4–6）和式（1–3）有

$$-\mu\frac{\mathrm{d}u}{\mathrm{d}r}=\frac{\Delta p r}{L}$$

对上式积分，其边界条件为 $r=\frac{1}{2}(R_0-R_i)$，$u=0$（图 4-2），则断面上的流速分布为

$$u=\frac{\Delta p}{2\mu L}\left\{\left[\frac{1}{2}(R_0-R_i)\right]^2-r^2\right\} \tag{4-18}$$

在图 4-2 中的环形空间过流断面上取两个薄环：一个薄环的半径为 $\frac{1}{2}(R_0+R_i)+r$；另一个薄环的半径为 $\frac{1}{2}(R_0+R_i)-r$，两个薄环的厚度均为 $\mathrm{d}r$，通过的微小流量为

$$\mathrm{d}Q=u\times 2\pi\left[\frac{1}{2}(R_0+R_i)+r\right]\mathrm{d}r+u\times 2\pi\left[\frac{1}{2}(R_0+R_i)+r\right]\mathrm{d}r=u\times 2\pi(R_0+R_i)\mathrm{d}r \tag{4-19}$$

将式（4-18）代入式（4-19），得

$$\mathrm{d}Q=\frac{\Delta p\pi}{\mu L}\left\{\left[\frac{1}{2}(R_0-R_i)\right]^2-r^2\right\}(R_0+R_i)\mathrm{d}r$$

因此，环形空间内牛顿流体层流时的总流量为

$$Q=\int\mathrm{d}Q=\frac{\Delta p\pi}{\mu L}(R_0+R_i)\int_0^{\frac{1}{2}(R_0-R_i)}\left\{\left[\frac{1}{2}(R_0-R_i)\right]^2-r^2\right\}\mathrm{d}r=\frac{\pi\Delta p}{12\mu L}(R_0+R_i)(R_0-R_i)^3 \tag{4-20}$$

根据平均流速 v 与流量 Q 的关系，利用式（4-20），可以求得环形空间内牛顿流体层流的平均流速为

$$v=\frac{Q}{\pi(R_0^2-R_i^2)}=\frac{\Delta p}{12\mu L}(R_0-R_i)^2 \tag{4-21}$$

由式（4-20）和式（4-21）经变换后可得压降计算公式如下

$$\Delta p=\frac{48\mu L v}{(D_0-D_i)^2}=\frac{192\mu L Q}{\pi(D_0+D_i)(D_0-D_i)^3} \tag{4-22}$$

牛顿流体在环空中的壁面应变速度为

$$\dot\gamma_\mathrm{w}=\frac{\tau_\mathrm{w}}{\mu}=\frac{\Delta p(R_0-R_i)}{2\mu L}$$

把压降公式（4-22）代入式（4-21）可得

$$\dot\gamma_\mathrm{w}=\frac{12v}{D_0-D_i} \tag{4-23}$$

过流断面上平均应变速度为

$$\bar{\dot{\gamma}} = \int_0^{\frac{1}{2}(R_0-R_i)} \frac{\dot{\gamma} \times 2\pi\left[\frac{1}{2}(R_0+R_i)+r\right]dr}{\pi(R_0^2-R_i^2)} + \int_0^{\frac{1}{2}(R_0-R_i)} \frac{\dot{\gamma} \times 2\pi\left[\frac{1}{2}(R_0+R_i)-r\right]dr}{\pi(R_0^2-R_i^2)} = \int_0^{\frac{1}{2}(R_0-R_i)} \frac{2\dot{\gamma}}{R_0-R_i}dr$$

由式（4-6）、式（4-7）和式（1-3）可得

$$\dot{\gamma} = \frac{2\tau_w r}{\mu(R_0-R_i)}$$

代入上式后，经积分得

$$\bar{\dot{\gamma}} = \frac{\tau_w}{2\mu} = \frac{1}{2}\dot{\gamma}_w \tag{4-24}$$

第三节　圆管中黏性流体层流的基本方程

对于非时变性黏性流体，其本构方程的一般形式为

$$\dot{\gamma} = f(\tau) \text{ 或 } -\frac{du}{dr} = f(\tau) \tag{4-25}$$

不同流体具有不同的 $f(\tau)$ 形式，例如

牛顿流体

$$\dot{\gamma} = \frac{\tau}{\mu}$$

幂律流体

$$\dot{\gamma} = \left(\frac{\tau}{k}\right)^{\frac{1}{n}}$$

宾汉流体

$$\dot{\gamma} = \frac{1}{\eta_p}(\tau - \tau_0)$$

卡森流体

$$\dot{\gamma} = \frac{1}{\eta_c}(\sqrt{\tau} - \sqrt{\tau_c})^2$$

代屈服值的幂律流体

$$\dot{\gamma} = \left(\frac{\tau - \tau_0}{k}\right)^{\frac{1}{n}}$$

罗宾逊流体

$$\dot{\gamma} = \left(\frac{\tau}{A}\right)^{\frac{1}{B}} - C$$

现把黏性流体一元流动的本构方程式（4-25）和均匀流动方程式联立，求解圆管层流参数的一般表达式。

一、速度分布

由式（4-25）得

$$u = -\int_0^r f(\tau)\mathrm{d}r + C$$

根据管壁上流速为零（$r=R$，$u=0$）的边界条件，可得积分常数为

$$C = \int_0^R f(\tau)\mathrm{d}r \tag{4-26}$$

由式（4-4）、式（4-5）得 $\tau = \dfrac{\tau_\mathrm{w}}{R}r$ 或 $r = \dfrac{R}{\tau_\mathrm{w}}\tau$，代入式（4-26），更换积分变量可得

$$u = \frac{R}{\tau_\mathrm{w}}\int_\tau^{\tau_\mathrm{w}} f(\tau)\mathrm{d}\tau \tag{4-27}$$

这就是黏性流体流速分布的一般形式。只要黏性流体的本构方程 $\dot{\gamma} = f(\tau)$ 的具体形式已知，代入式（4-27），就可得流速分布的具体表达式。

二、流量

$$Q = \int_0^R 2\pi r u \mathrm{d}r = 2\pi \int_0^R r u \mathrm{d}r \tag{4-28}$$

进行分部积分，式（4-28）可写成

$$Q = \pi r^2 u \Big|_0^R + \int_0^R \pi r^2 \left(-\frac{\mathrm{d}u}{\mathrm{d}r}\right)\mathrm{d}r$$

$$Q = \pi r^2 u \Big|_0^R = 0$$

于是

$$Q = \int_0^R \pi r^2 f(\tau)\mathrm{d}r$$

以 $r = \dfrac{R}{\tau_\mathrm{w}}\tau$ 代入，则上式为

$$Q = \frac{\pi R^3}{\tau_\mathrm{w}^3}\int_0^{\tau_\mathrm{w}} f(\tau)\tau^2\mathrm{d}\tau \tag{4-29}$$

只要 $f(\tau)$ 已知，代入式（4-29）即可求出流量公式的具体形式。以 $\tau_\mathrm{w} = \dfrac{\Delta p R}{2L}$ 代入

后，式（4-29）就表示压降和流量的关系。

三、平均流速

$$v = \frac{Q}{\pi R^2}$$

将式（4-29）代入上式，则

$$v = \frac{R}{\tau_w^3} \int_0^{\tau_w} f(\tau)\tau^2 \mathrm{d}\tau \tag{4-30}$$

四、平均应变速度

由于

$$\bar{\dot{\gamma}} = \int_0^R \frac{\dot{\gamma} 2\pi r \mathrm{d}r}{\pi R^2}$$

以 $\dot{\gamma} = f(\tau)$ 和 $r = \frac{R}{\tau_w}\tau$ 代入，经整理后可得

$$\bar{\dot{\gamma}} = \frac{2}{\tau_w^2} \int_0^{\tau} f(\tau)\tau \mathrm{d}\tau \tag{4-31}$$

以上各式对所有非时变性黏性流体都成立，若把牛顿流体 $f(\tau) = \frac{\tau}{\mu}$ 代入，则由式（4-27）、式（4-29）、式（4-30）、式（4-31）就可得到式（4-8）、式（4-11）、式（4-10）、式（4-14）完全一致的结果。

第四节 环形空间中黏性流体的基本方程

现将黏性流体一元流动的本构方程式（4-25）和均匀流动方程联立，求解环空层流参数的一般表达式。

一、速度分布

由式（4-25）得

$$u = -\int_0^r f(\tau) \mathrm{d}\tau + C$$

利用边界条件 $r = \frac{1}{2}(R_0 + R_i)$，$u=0$，可得积分常数。

$$C = \int_0^{\frac{1}{2}(R_0 - R_i)} f(\tau) \mathrm{d}r$$

因此

$$u = \int_0^{\frac{1}{2}(R_0 - R_i)} f(\tau) \mathrm{d}r \tag{4-32}$$

由环形空间中均匀流方程式（4-6）和式（4-7）得

$$\tau = \tau_w \frac{2r}{R_0 - R_i} \quad \text{或} \quad r = \frac{R_0 - R_i}{2} \frac{\tau}{\tau_w} \tag{4-33}$$

积分变量代换后，式（4-32）变为

$$u = \frac{R_0 - R_i}{2\tau_w} \int_\tau^{\tau_w} f(\tau) d\tau \tag{4-34}$$

二、流量

根据式（4-19）可得环形空间内通过的流量为

$$Q = 2\pi (R_0 + R_i) \int_0^{\frac{1}{2}(R_0 - R_i)} u dr$$

进行分布积分，上式可写为

$$Q = 2\pi (R_0 + R_i) \left[ru \Big|_0^{\frac{1}{2}(R_0 - R_i)} + \int_0^{\frac{1}{2}(R_0 - R_i)} r \left(-\frac{du}{dr} \right) dr \right]$$

在管壁处 $r = \frac{1}{2}(R_0 - R_i)$，则 $u=0$，因此

$$ru \Big|_0^{\frac{1}{2}(R_0 - R_i)} = 0$$

于是

$$Q = 2\pi (R_0 + R_i) \int_0^{\frac{1}{2}(R_0 - R_i)} rf(\tau) dr$$

将式（4-33）代入上式，并进行变量代换，则

$$Q = \frac{\pi (R_0 - R_i)^2 (R_0 + R_i)}{2\tau_w^2} \int_0^{\tau_w} f(\tau) \tau d\tau \tag{4-35}$$

三、平均流速

$$v = \frac{Q}{\pi (R_0^2 - R_i^2)}$$

将式（4-35）代入上式，则

$$v = \frac{(R_0 - R_i)}{2\tau_w} \int_0^{\tau_w} f(\tau) \tau d\tau \tag{4-36}$$

四、平均应变速度

参考式（4-19）的推导方法，可以得出环空内的平均应变速度

$$\bar{\dot{\gamma}} = \int_0^{\frac{1}{2}(R_0 - R_i)} \frac{\dot{\gamma} \times 2\pi (R_0 + R_i) dr}{\pi (R_0^2 - R_i^2)} = \frac{2}{R_0 - R_i} \int_0^{\frac{1}{2}(R_0 - R_i)} \dot{\gamma} dr$$

利用式（4-33）经变量代换后得

$$\bar{\dot{\gamma}} = \frac{1}{\tau_w} \int_0^{\tau_w} f(\tau) d\tau \tag{4-37}$$

以上各式对所有非时变性黏性流体都成立，若把牛顿流体的 $f(\tau)=\dfrac{\tau}{\mu}$ 代入，则由式（4–34）、式（4–35）、式（4–36）、式（4–37），就可得到式（4–18）、式（4–20）、式（4–21）、式（4–23）完全一致的结果。

第五节　圆管和环形空间中幂律流体的层流

幂律流体系指切应力和应变速度的关系满足幂律方程（1–21）的流体，包括剪切稀化和剪切稠化流体。非牛顿流体的黏度往往较大，流动中的雷诺数较小，因此圆管和环形空间中幂律流体层流的讨论在工程上有实用意义。同时层流理论又是流变测量的理论基础。

一、圆管中幂律流体的层流

1. 流速分布

幂律流体的应变速度为

$$f(\tau)=\left(\dfrac{\tau}{k}\right)^{\frac{1}{n}}$$

代入式（4–21），则

$$u=\dfrac{R}{\tau_w}\int_\tau^{\tau_w}\left(\dfrac{\tau}{k}\right)^{\frac{1}{n}}\mathrm{d}\tau=\dfrac{R}{\tau_w}\left(\dfrac{1}{k}\right)^{\frac{1}{n}}\dfrac{n}{n+1}\left(\tau_w^{\frac{n+1}{n}}-\tau^{\frac{n+1}{n}}\right)$$

式中 τ 和 τ_w 分别以式（4–4）和式（4–5）代入，经整理后得

$$u=\dfrac{n}{n+1}\left(\dfrac{\Delta p}{2kL}\right)^{\frac{1}{n}}\left(R^{\frac{n+1}{n}}-r^{\frac{n+1}{n}}\right) \tag{4-38}$$

式（4–38）为幂律流体圆管层流的流速分布公式。若 $n=1$，$k=\mu$，则式（4–38）就成为牛顿流体的圆管层流速度分布公式，即式（4–8）。

幂律流体在管轴处的最大流速为

$$u_{\max}=\dfrac{n}{n+1}\left(\dfrac{\Delta p}{2kL}\right)^{\frac{1}{n}}R^{\frac{n+1}{n}} \tag{4-39}$$

对比式（4–38）和式（4–39），可得

$$\dfrac{u}{u_{\max}}=1-\left(\dfrac{r}{R}\right)^{\frac{n+1}{n}} \tag{4-40}$$

2. 流量

以 $f(\tau)=\left(\dfrac{\tau}{k}\right)^{\frac{1}{n}}$ 代入式（4–29），则

$$Q=\dfrac{\pi R^3}{\tau_w^3}\int_0^{\tau_w}\left(\dfrac{\tau}{k}\right)^{\frac{1}{n}}\tau^2\mathrm{d}\tau=\dfrac{n}{3n+1}\left(\dfrac{\tau_w}{k}\right)^{\frac{1}{n}}\pi R^3$$

以 $\tau_w = \dfrac{\Delta p R}{2L}$ 代入，则

$$Q = \pi \left(\dfrac{\Delta p}{2kL}\right)^{\frac{1}{n}} \dfrac{n}{1+3n} R^{\frac{1+3n}{n}} \tag{4-41}$$

若以 $n=1$，$k=\mu$ 代入，上式就成为牛顿流体的流量计算式，即

$$Q = \dfrac{\pi R^4}{8\mu} \dfrac{\Delta p}{L}$$

现在对幂律流体的流量计算公式进行分析，若为剪切稀化流体，取 $n=0.5$，则

$$Q = \dfrac{\pi}{5}\left(\dfrac{\Delta p}{2Lk}\right)^2 R^5 \tag{4-42}$$

把以上公式和牛顿流体流量公式相比，对比式（4-42）和式（4-11）可见，若压降增加一倍，由 Δp_0 增至 $2\Delta p_0$，其他条件不变，则牛顿流体流量由 Q_0 增到 $2Q_0$，而剪切稀化流体的流量由 Q_0 增至 $4Q_0$。这说明，增大压将后，剪切稀化流体与的流量增大的幅度比牛顿流体要大得多。由于牛顿流体与幂律流体的压降与流量的关系不同，因此不能把以牛顿流体压降原理设计的流量计移用于幂律流体。同时由于剪切稀化流体其压降对流量变化的反应是不灵敏的，对高度非牛顿性流体也不宜以压降原理设计流量计。

3. 平均流速

平均流速 $v = \dfrac{Q}{\pi R^2}$，以流量公式（4-41）代入，经整理后可得

$$v = \left(\dfrac{\Delta p}{2kL}\right)^{\frac{1}{n}} \dfrac{n}{1+3n} R^{\frac{n+1}{n}} \tag{4-43}$$

对比式（4-34）和式（4-39）可得

$$\dfrac{u_{\max}}{v} = \dfrac{1+3n}{1+n} \tag{4-44}$$

当 $n=0$，$\dfrac{u_{\max}}{v}=1$；$n=1$，$\dfrac{u_{\max}}{v}=2$；$n=\infty$，$\dfrac{u_{\max}}{v}=3$。

图4-3是根据式（4-44）绘制的，它表明断面上的流速分布与流变指数 n 的关系。当 $n=0$ 时，在断面上流速分布完全是均匀的。

对于 $n<1$ 的剪切稀化液体，其流速分布曲线比牛顿流体扁平，流速梯度小，因而在其它条件相同的情况下，剪切稀化流体的阻力和能量损失比牛顿流体的小。对于 $n>1$ 的剪切稠化流体，其流速分布曲线较牛顿流体陡峭，流速梯度大，因而其阻力和能量损失较牛顿流体为大。

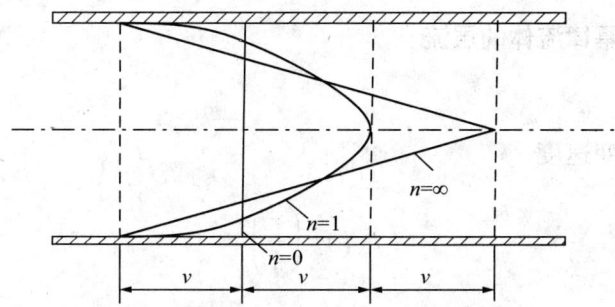

图 4–3　速度分布与流性指数的关系

4．幂律流体的压降

由式（4–41）经变换后可得压降计算公式为

$$\Delta p = Q^2 \left(\frac{1+3n}{\pi n}\right)^n \frac{2kL}{R^{1+3n}} \tag{4-45}$$

牛顿流体（$n=1$）在一定的流量下，Δp 与 R^4 成反比，管径稍有变化，就引起压降大幅度的改变。压降对管径变化的反应是极为灵敏的。因此，在实际工程中，用调整管径来改变压降的方法是极为有效的。然而对剪切稀化液体，假设 $n=0.5$，则 Δp 与 $R^{0.25}$ 成反比，用调整管径来改变压降就不像牛顿流体那么灵敏了。

5．幂律流体的平均应变速度

由式（4–31）可得幂律流体的平均应变速度，以 $f(\tau)=\left(\dfrac{\tau}{k}\right)^{\frac{1}{n}}$ 代入式（4–31），经简化后可得

$$\bar{\dot{\gamma}} = \frac{2n}{2n+1}\left(\frac{\tau_w}{k}\right)^{\frac{1}{n}} \tag{4-46}$$

幂律流体的管壁应变速度为

$$\dot{\gamma}_w = \left(\frac{\tau}{k}\right)^{\frac{1}{n}} = \left(\frac{\Delta p R}{2kL}\right)^{\frac{1}{n}}$$

把压降公式（4–45）代入，可得

$$\dot{\gamma}_w = \frac{3n+1}{n}\frac{Q}{\pi R^3} = \left(\frac{3n+1}{4n}\right)\frac{8v}{D} \tag{4-47}$$

由式（4–47）可见，牛顿流体（$n=1$）的管壁应变速度只和流量有关，而幂律流体的管壁应变速度不仅和流量有关，还与表征流体性质的流变指数 n 有关。

以上关于幂律流体的所有公式，当 $n=1$ 时，都成为牛顿流体相应的计算公式。

二、环形空间中幂律流体的层流

1. 流速分布

以幂律流体的应变速度

$$f(\tau) = \left(\frac{\tau}{k}\right)^{\frac{1}{n}}$$

代入式（4-34），则

$$u = \frac{R_0 - R_i}{2\tau_w} \int_\tau^{\tau_w} \left(\frac{\tau}{k}\right)^{\frac{1}{n}} d\tau = \frac{R_0 - R_i}{2\tau_w} \left(\frac{1}{k}\right)^{\frac{1}{n}} \frac{n}{n+1} \left(\tau_w^{\frac{n+1}{n}} - \tau^{\frac{n+1}{n}}\right)$$

式中 τ 和 τ_w 分别以式（4-6）和式（4-7）代入，经整理可得

$$u = \frac{n}{n+1} \left(\frac{\Delta p}{kL}\right)^{\frac{1}{n}} \left[\left(\frac{R_0 - R_i}{2}\right)^{\frac{n+1}{n}} - r^{\frac{n+1}{n}}\right] \tag{4-48}$$

上式为幂律流体在环形空间中层流速度分布公式，若 $n=1$，$k=\mu$，则式（4-48）就成为牛顿流体在环形空间中层流的流速分布公式，即式（4-18）。

2. 流量

以幂律流体变形速度表达式代入式（4-35），则

$$Q = \frac{\pi(R_0 - R_i)^2(R_0 + R_i)}{2\tau_w^2} \int_0^{\tau_w} \left(\frac{\tau}{k}\right)^{\frac{1}{n}} \tau d\tau = \frac{\pi(R_0 - R_i)^2(R_0 + R_i)}{2\tau_w^2 k^{\frac{1}{n}}} \cdot \frac{n}{2n+1} \tau_w^{2n+1}$$

$$= \frac{\pi(R_0 - R_i)^2(R_0 + R_i)}{2k^{\frac{1}{n}}} \frac{n}{2n+1} \tau_w^{\frac{1}{n}}$$

以 $\tau_w = \dfrac{\Delta p(R_0 - R_i)}{2L}$ 代入上式，则

$$Q = \pi(R_0^2 - R_i^2)\left(\frac{n}{2n+1}\right)\left(\frac{\Delta p}{kL}\right)^{\frac{1}{n}}\left(\frac{R_0 - R_i}{2}\right)^{\frac{n+1}{n}} \tag{4-49}$$

若以 $n=1$，$k=\mu$ 代入，式（4-49）就成为牛顿流体在环形空间中层流的流量计算式。

$$Q = \frac{\pi \Delta p}{12\mu L}(R_0 + R_i)(R_0 - R_i)^3$$

3. 平均流速

平均流速 $v = \dfrac{Q}{\pi(R_0^2 - R_i^2)}$，以流量公式（4-49）代入，或以幂律流体应变速度代入式

(4-36), 经整理后均可得

$$v = \frac{n}{2n+1}\left(\frac{\Delta p}{kL}\right)^{\frac{1}{n}}\left(\frac{R_0-R_i}{2}\right)^{\frac{n+1}{n}} \qquad (4-50)$$

4. 幂律流体的压降

由式 (4-50), 得

$$\left(\frac{\Delta p}{kL}\right)^{\frac{1}{n}} = \frac{2n+1}{n}\frac{v}{\left(\frac{R_0-R_i}{2}\right)^{\frac{n+1}{n}}}$$

$$\frac{\Delta p}{kL} = v^n\left(\frac{2n+1}{n}\right)^n\left(\frac{4}{D_0-D_i}\right)^{n+1}$$

$$\Delta p = \left(\frac{2n+1}{n}\right)^n\left(\frac{4kL}{D_0-D_i}\right)\left(\frac{4v}{D_0-D_i}\right)^n \qquad (4-51)$$

由式 (4-49) 也可得出

$$\Delta p = \left[\frac{16Q}{\pi(D_0-D_i)^2(D_0+D_i)}\frac{2n+1}{n}\right]^n \frac{4kL}{D_0-D_i} \qquad (4-52)$$

5. 幂律流体的平均应变速度

由式 (4-37) 可得幂律流体在环形空间中层流的平均应变速度。以 $f(\tau)=\left(\frac{\tau}{k}\right)^{\frac{1}{n}}$ 代入式 (4-37), 得

$$\bar{\dot{\gamma}} = \frac{1}{\tau_w}\int_0^{\tau_w}\left(\frac{\tau}{k}\right)^{\frac{1}{n}}d\tau = \frac{n}{n+1}\left(\frac{\tau_w}{k}\right)^{\frac{1}{n}} \qquad (4-53)$$

幂律流体在环形空间管壁处的应变速度为

$$\dot{\gamma}_w = \left(\frac{\tau_w}{k}\right)^{\frac{1}{n}} = \left[\frac{\Delta p(R_0-R_i)}{2kL}\right]^{\frac{1}{n}} = \left[\frac{\Delta p(D_0-D_i)}{4kL}\right]^{\frac{1}{n}}$$

把压降公式 (4-51) 代入上式, 得

$$\dot{\gamma}_w = \frac{4v}{D_0-D_i}\frac{2n+1}{n} \qquad (4-54)$$

以上关于环形空间幂律流体层流的所有公式, 当 $n=1$, $k=\mu$ 时, 都成为牛顿流体在环形空间中层流相应的计算公式。

第六节 圆管和环形空间中宾汉流体的结构流

宾汉模式是描述塑性流体流变特性的本构方程。下面将以宾汉流体在圆管中的流动为例，说明其流动状态。由均匀方程式（4-4）可知，切应力在管轴处为零，在管壁处最大，在断面上切应力成直线分布。在切应力小于屈服值 τ_0 的区域内，流体将不发生相对运动。如果管壁切应力小于屈服值，则整个断面上的流速都等于零，因此宾汉体在管内产生流动的条件为 $\tau_w > \tau_0$，即

$$\frac{\Delta p R}{2L} > \tau_0 \quad \text{或} \quad \frac{\Delta p}{L} > \frac{2\tau_0}{R} \tag{4-55}$$

设在半径为 r_0 处的切应力等于宾汉体的屈服值 τ_0，这样在 $r \geqslant r_0$ 的区域内，其切应力大于屈服值，即 $\tau > \tau_0$，因此能产生流动，而区域内，切应力小于屈服值，因 $r \leqslant r_0$ 而不能产生相对运动，只能像固体一样随着半径为 r_0 处的液体向前滑动。这样管内固液两态并存，流动就分为两个区域，流体质点间无相对运动的部分称为流核区，流核以外的部分称为速梯区，如图4-4所示。

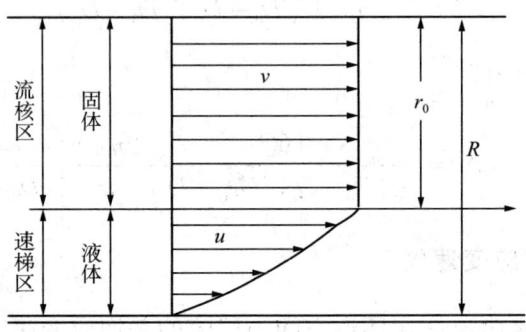

图 4-4 宾汉体的流速分布

屈服应力发生在两区的交界面上，当 $r=r_0$ 时 $\tau=\tau_0$ 代入均匀流动方程式（4-4），即可得

$$r_0 = \frac{2\tau_0 L}{\Delta p} \tag{4-56}$$

随着压差 Δp 的增大，流核半径 r_0 逐渐缩小，速梯区的范围逐渐扩大，最后流核消失，这种具有流核的流动状态称为结构流。当速度再增大时，则流动状态由结构流转变为紊流。

宾汉流体的整个流动状态转变过程如图4-5所示。

假如将结构流状态再细分的话，若初期的流核很大，几乎占据整个流体断面，好像一个塞子，所以又称为塞流；其末期的流核很小，类似于牛顿流体的层流，所以也有人称其为层流。

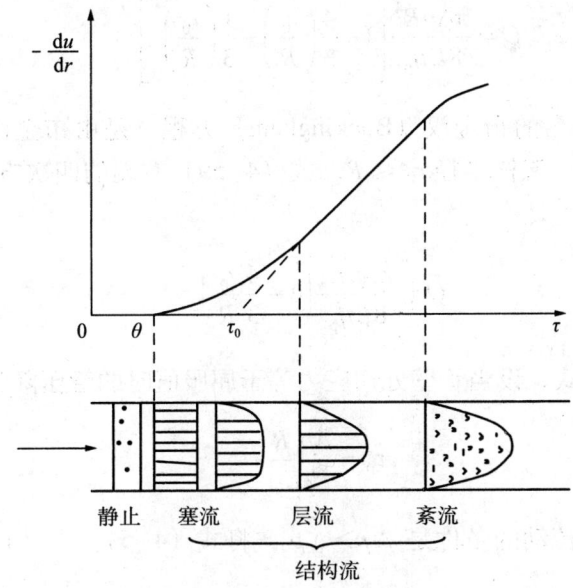

图 4–5 宾汉流体流态转变过程

一、圆管中宾汉流体的结构流

1．速度分布

对于速梯区宾汉流体有

$$f(\tau) = \frac{1}{\eta_p}(\tau - \tau_0)$$

代入式（4–27），得

$$u = \frac{R}{\tau_w}\int_\tau^{\tau_w} f(\tau)d\tau = \frac{R}{\tau_w}\int_\tau^{\tau_w}\frac{\tau-\tau_0}{\eta_p}d\tau = \frac{R}{2\eta_p\tau_w}\left[\tau_w^2 - \tau^2 - 2\tau_0(\tau_w - \tau)\right]$$

以式（4–4）和式（4–5）代入，经整理可得

$$u = \frac{\Delta p}{4L\eta_p}(R^2 - r^2) - \frac{\tau_0}{\eta_p}(R-r) \qquad (4\text{–}57)$$

对于速度均匀的流核区，其速度为 v_0，以 $r=r_0$ 代入上式，得

$$v_0 = \frac{\Delta p}{4L\eta_p}(R^2 - r_0^2) - \frac{\tau_0}{\eta_p}(R-r_0) \qquad (4\text{–}58)$$

2．流量

将式（4–57）、式（4–58）代入下式

$$Q = \int_{r_0}^{R} u 2\pi r dr + v_0 \pi r_0^2$$

进行积分，并经整理后可得

$$Q = \frac{\pi \Delta p R^4}{8L\eta_p}\left[1 - \frac{4}{3}\left(\frac{r_0}{R}\right) + \frac{1}{3}\left(\frac{r_0}{R}\right)^4\right] \tag{4-59}$$

式（4-59）就是著名的布金汉（Buckingham）方程，是由布金汉在1921年首先推导出来的。在流量较大时，流核半径 $r_0 \ll R$，式（4-59）右端的四次方项可略去不计，这样式（4-59）可近似写成

$$Q = \frac{\pi \Delta p R^4}{8L\eta_p}\left(1 - \frac{4}{3}\frac{r_0}{R}\right) \tag{4-60}$$

根据均匀流动方程式，设当管壁处切应力等于屈服值时的管压降为 Δp_0，则

$$\tau_0 = \frac{\Delta p_0 R}{2L} \tag{4-61}$$

宾汉流体在管路中流动的条件是 $\Delta p > \Delta p_0$，将式（4-5）、式（4-56）、式（4-61）加以对比后可得

$$\frac{\tau_0}{\tau_w} = \frac{\Delta p_0}{\Delta p} = \frac{r_0}{R} \tag{4-62}$$

式（4-62）代入式（4-60）可得

$$Q = \frac{\pi R^4}{8L\eta_p}\left(\Delta p - \frac{4}{3}\Delta p_0\right) \tag{4-63}$$

如果把式（4-62）$\frac{r_0}{R} = \frac{\Delta p_0}{\Delta p}$ 代入式（4-59），则宾汉流体的流量和压降为非线性关系。但流量较大时，式（4-63）就成为式（4-59）的近似式，它表明 Q 与 Δp 成直线关系，该直线与 Δp 轴的交点为 $\frac{4}{3}\Delta p_0$，如图4-6所示。

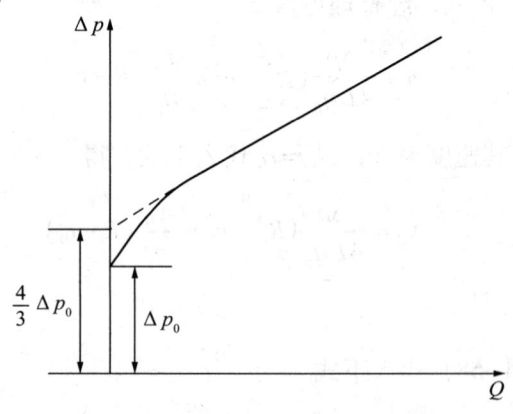

图4-6 宾汉体的压降流量关系图

流量较小时，式（4-63）就不适用了，此时 Δp 与 Q 成曲线关系，该曲线与 Δp 轴的交点为 Δp_0。

3. 平均流速

由式（4-63）即可求得宾汉体层流状态下的平均流速

$$v = \frac{Q}{\pi R^2} = \frac{\Delta p R^2}{8L\eta_p}\left(1 - \frac{4}{3}\frac{r_0}{R}\right)$$

再以式（4-56）$r_0 = \frac{2\tau_0 L}{\Delta p}$ 代入，于是

$$v = \frac{R^2}{8L\eta_p}\left(\Delta p - \frac{8}{3}\frac{\tau_0 L}{R}\right) \tag{4-64}$$

4. 宾汉流体的压降

由式（4-64）可得出宾汉流体的圆管结构流压降计算公式

$$\Delta p = \frac{32\eta_p L v}{D^2} + \frac{16}{3}\frac{\tau_0 L}{D} \tag{4-65}$$

式（4-65）中等号右侧的第一项就是塑性黏度和牛顿黏度相等时牛顿流体的压降；第二项是由于宾汉流体存在屈服值 τ_0 所引起的压降。

5. 平均应变速度

由式（4-31）可得宾汉流体的平均应变速度，以 $f(\tau) = \frac{1}{\eta_p}(\tau - \tau_0)$ 代入式（4-31），经简化后可得

$$\bar{\dot{\gamma}} = \frac{2}{\tau_w^2}\int_0^{r_w}\frac{1}{\eta_p}(\tau - \tau_0)\tau d\tau = \frac{2\tau_w}{3\eta_p} - \frac{\tau_0}{\eta_p} \tag{4-66}$$

宾汉流体的管壁应变速度为

$$\dot{\gamma} = \frac{1}{\eta_p}(\tau_w - \tau_0) = \frac{1}{\eta_p}\left(\frac{\Delta p R}{2L} - \tau_0\right)$$

把压降计算公式（4-65）代入可得

$$\dot{\gamma}_w = \frac{8v}{D} + \frac{\tau_0}{3\eta_p} \tag{4-67}$$

由式（4-67）可知，当 $\tau_0=0$ 时，为牛顿流体圆管层流时壁面处的应变速度。

二、环形空间中宾汉流体的结构流

宾汉流体在环形空间中流动时，由于屈服应力的存在，同样会产生两个区域，一个是流体质点无相对运动的液环区，另一个是液环以外的速梯区，如图4-7所示。

设液环厚度为 δ，并根据环形空间黏性流体的基本方程式，得出宾汉流体在环形空间中流动参量的变化规律。

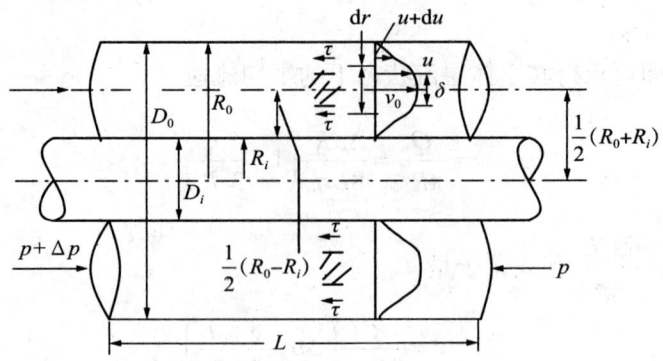

图 4-7 环形空间中宾汉流体的结构流

1. 速度分布

将宾汉流体的本构方程代入式(4-34),得

$$u = \frac{R_0 - R_i}{2\tau_w} \int_\tau^{\tau_w} \frac{1}{\eta_p}(\tau - \tau_0)d\tau$$

$$= \frac{\Delta p}{2\eta_p L}\left\{\left[\frac{1}{2}(R_0 - R_i)\right]^2 - r^2\right\} - \frac{\tau_0}{\eta_p}\left[\frac{1}{2}(R_0 - R_i) - r\right] \quad (4-68)$$

式(4-68)描述了宾汉流体在环形空间结构流时速梯区的速度分布规律。

当 $r = \frac{1}{2}\delta$ 时,可以得出流核的速度

$$v_0 = \frac{\Delta p}{2\eta_p L}\left\{\left[\frac{1}{2}(R_0 - R_i)\right]^2 - \left(\frac{1}{2}\delta\right)^2\right\} - \frac{\tau_0}{\eta_p}\left[\frac{1}{2}(R_0 - R_i) - \frac{1}{2}\delta\right] \quad (4-69)$$

2. 流量

整个过流断面的流量可以分为两部分来考虑,设流核部分的流量为 Q_0,流核以外的速梯区部分的流量为 Q_1。则总的流量

$$Q = Q_0 + Q_1 \quad (4-70)$$

其中

$$Q_0 = 2\pi\left[\frac{1}{2}(R_0 + R_i)\right]\delta v_0$$

$$= \frac{\pi\Delta p(R_0 + R_i)\delta}{8L\eta_p}\left[(R_0 - R_i)^2 - \delta^2\right] - \frac{\pi(R_0 + R_i)}{2\eta_p}\left[(R_0 - R_i) - \delta\right] \quad (4-71)$$

另外,在环形空间过流断面的速梯区内,取两个薄环:一个圆环的半径为 $\frac{1}{2}(R_0 + R_i) + r$,厚度为 dr;另一个薄环的半径为 $\frac{1}{2}(R_0 + R_i) - r$,厚度为 dr。通过两个薄环的微小流量为

$$dQ = 2\pi\left[\frac{1}{2}(R_0+R_i)+r\right]dr \times u + 2\pi\left[\frac{1}{2}(R_0+R_i)-r\right]dr \times u = 2\pi(R_0+R_i)dr \times u$$

所以

$$\begin{aligned}
Q_1 &= \int dQ = \int_{\frac{1}{2}\delta}^{\frac{1}{2}(R_0-R_i)} 2\pi(R_0+R_i)\,dr \times u \\
&= \int_{\frac{1}{2}\delta}^{\frac{1}{2}(R_0-R_i)} 2\pi(R_0+R_i)\,dr \times \frac{\Delta p}{2L\eta_p}\left\{\left[\frac{1}{2}(R_0-R_i)\right]^2 - r^2\right\} \\
&\quad - \int_{\frac{1}{2}\delta}^{\frac{1}{2}(R_0-R_i)} 2\pi(R_0+R_i)\,dr \times \frac{\tau_0}{\eta_p}\left\{\left[\frac{1}{2}(R_0-R_i)\right] - r\right\} \\
&= \int_{\frac{1}{2}\delta}^{\frac{1}{2}(R_0-R_i)} \pi(R_0+R_i) \times \frac{\Delta p}{L\eta_p}\left\{\left[\frac{1}{2}(R_0-R_i)\right]^2 - r^2\right\}dr \\
&\quad - \int_{\frac{1}{2}\delta}^{\frac{1}{2}(R_0-R_i)} 2\pi(R_0+R_i) \times \frac{\tau_0}{\eta_p}\left\{\left[\frac{1}{12}(R_0-R_i)\right] - r\right\}dr \\
&= \frac{\pi\Delta p(R_0+R_i)}{12L\eta_p}\left[(R_0-R_i)-\delta\right]^2\left[(R_0-R_i)+\frac{1}{2}\delta\right] \\
&\quad - \frac{\pi(R_0+R_i)\tau_0}{4\eta_p}\left[(R_0+R_i)-\delta\right]^2
\end{aligned} \tag{4-72}$$

将式（4-71）和式（4-72）代入式（4-70），整理后得

$$Q = \frac{\pi\Delta p(R_0+R_i)(R_0-R_i)^3}{12L\eta_p}\left[1-\frac{\delta^3}{(R_0-R_i)^3}\right] - \frac{\pi\tau_0(R_0+R_i)(R_0-R_i)^2}{4\eta_p}\left[1-\frac{\delta^2}{(R_0-R_i)^2}\right] \tag{4-73}$$

令

$$\frac{\delta}{R_0-R_i} = \alpha \tag{4-74}$$

则

$$Q = \frac{\pi\Delta p(R_0+R_i)(R_0-R_i)^3}{12\eta_p}(1-\alpha^3) - \frac{\pi\tau_0(R_0+R_i)(R_0-R_i)^2}{4\eta_p}(1-\alpha^2) \tag{4-75a}$$

当流核很小时，α 很小，上式可以简化为

$$Q = \frac{\pi\Delta p(R_0+R_i)(R_0-R_i)^3}{12\eta_p} - \frac{\pi\tau_0(R_0+R_i)(R_0-R_i)^2}{4\eta_p} \tag{4-75b}$$

3. 平均流速

将流量 Q 被过流断面面积 $\pi(R_0^2 - R_i^2)$ 除，就可以得出平均流速

$$v = \frac{Q}{\pi(R_0^2 - R_i^2)} = \frac{\Delta p(R_0 - R_i)^2}{12L\eta_p}(1-\alpha^3) - \frac{\tau_0(R_0 - R_i)}{4\eta_p}(1-\alpha^2) \tag{4-76}$$

可知流核表面处的切应力为

$$\tau_0 = \frac{\Delta p \delta}{2L} \tag{4-77}$$

将式 (4-77) 代入式 (4-76)，得

$$\begin{aligned}v &= \frac{\Delta p(R_0 - R_i)^2}{12L\eta_p}(1-\alpha^3) - \frac{\Delta p \delta(R_0 - R_i)}{8L\eta_p}(1-\alpha^2) \\ &= \frac{\Delta p(R_0 - R_i)^2}{12L\eta_p}\left(1 - \frac{3}{2}\alpha + \frac{1}{2}\alpha^3\right) = \frac{\Delta p(D_0 - D_i)^2}{48L\eta_p}\left(1 - \frac{3}{2}\alpha + \frac{1}{2}\alpha^3\right)\end{aligned} \tag{4-78a}$$

同样，当流核很小时，α 很小，上式可以简化为

$$v = \frac{\Delta p(D_0 - D_i)^2}{48L\eta_p}\left(1 - \frac{3}{2}\alpha\right) \tag{4-78b}$$

4. 宾汉流体的压降

由式 (4-78b) 可得宾汉流体在环形空间中结构流的压降为

$$\Delta p = \frac{48L\eta_p v}{(D_0 + D_i)^2} + \frac{3}{2}\alpha \Delta p$$

将式 (4-74) 和式 (4-76) 代入上式，得

$$\Delta p = \frac{48L\eta_p v}{(D_0 + D_i)^2} + \frac{3}{2}\frac{2L\tau_0}{(R_0 - R_i)\Delta p}\Delta p = \frac{48L\eta_p v}{(D_0 + D_i)^2} + \frac{6L\tau_0}{(D_0 - D_i)} \tag{4-79}$$

当取 $\tau_0 = 0$ 时，上式将还原为牛顿流体层流状态时的压降计算公式

$$\Delta p = \frac{48L\eta_p v}{(D_0 - D_i)^2}$$

5. 管壁处的变形速度

由宾汉流体的本构方程，可以得出管壁处的应变速度为

$$\dot{\gamma}_w = \frac{1}{\eta_p}(\tau_w - \tau_0)$$

把式 (4-7) 代入上式

$$\dot{\gamma}_w = \frac{1}{\eta_p}\left[\frac{\Delta p(R_0 - R_i)}{2L} - \tau_0\right]$$

把压降计算公式（4-79）代入上式，得

$$\dot{\gamma}_w = \frac{12v}{D_0 - D_i} + \frac{\tau_0}{2\eta_p} \tag{4-80}$$

按照上述方法同样可以得出不同模式的非牛顿流体在环形空间和圆管内流动的参数变化关系。

第七节 罗宾诺维奇—莫纳方程

以上分别对牛顿流体和各种非牛顿流体的圆管和环形空间层流建立了流速、流量和压降的计算公式。不同的流体公式各异，无疑这样是不方便的。现在的问题是如何把非牛顿流体的研究统一起来，建立共同性的相似准则，以便对所有的非时变性黏性流体使用统一的方法，统一的坐标系统，使实验数据可以大幅度地推广。

式（4-5）给出了管壁切应力和压降的关系，即

$$\tau_w = \frac{\Delta p R}{2L} = \frac{\Delta p D}{4L}$$

该式适用于所有的流体。

式（4-17）给出了牛顿流体的管壁应变速度

$$\dot{\gamma}_w = \frac{8v}{D}$$

对牛顿流体来说，建立 $\frac{\Delta p D}{4L}$ 和 $\frac{8v}{D}$ 之间的关系，就可以找出牛顿流体的，画出流动曲线。式中 Δp、D、L、v 都是管流中容易测量的物理量。但是对非牛顿流体来说，是否也可以建立 $\frac{\Delta p D}{4L}$ 和 $\frac{8v}{D}$ 之间的关系呢？是可以而且是必要的。因为 $\frac{8v}{D}$ 虽然只是牛顿流体的管壁应变速度，同时它也和非牛顿流体的管壁应变速度有关，称 $\frac{8v}{D}$ 为流动特征值。

由式（4-30）得

$$v = \frac{R}{\tau_w^3}\int_0^{\tau_w} f(\tau)\tau^2 d\tau$$

可改写成

$$\frac{8v}{D} = \frac{4}{\tau_w^3}\int_0^{\tau_w}\tau^2 f(\tau)d\tau \tag{4-81}$$

式（4-81）适用于所有的黏性流体。它说明不论 $f(\tau)$ 取什么形式，只要流量一定，τ_w 就一定，切应力的分布也一定。这样，等式右侧仅为 τ_w 的函数，即

$$\frac{8v}{D} = F(\tau_w)$$

或写成

$$\frac{8v}{D} = F\left(\frac{\Delta p D}{4L}\right) \tag{4-82}$$

对于非时变性黏性流体，$\frac{8v}{D}$ 和 $\frac{\Delta p D}{4L}$ 之间存在函数关系，亦即在层流条件下，在 $\frac{\Delta p D}{4L}$ 和 $\frac{8v}{D}$ 的坐标系中，对同一种流体，实验点将落在同一条直线上。

现设法找出它们之间具体的函数关系。

将式（4-81）写成

$$\frac{8Q}{\pi D^3} \cdot \tau_w^3 = \int_0^{\tau_w} \tau^2 f(\tau) d\tau$$

等号两侧对 τ_w 求导

$$\frac{d\left(\frac{8Q}{\pi D^3}\right)}{d\tau_w} \tau_w^3 + \frac{8Q}{\pi D^3} \cdot \frac{d\tau_w^3}{d\tau_w} = \tau^2 f(\tau_w)$$

$$\frac{1}{4} \frac{d\ln\left(\frac{8v}{D}\right)}{d\ln \tau_w} \cdot \frac{8v}{D} + \frac{3}{4} \frac{8v}{D} = f(\tau_w)$$

令

$$n' = \frac{d\ln \tau_w}{d\ln\left(\frac{8v}{D}\right)} \tag{4-83}$$

$$f(\tau_w) = \left(-\frac{du}{dr}\right)_w = \frac{1+3n'}{4n'} \frac{8v}{D} \tag{4-84}$$

式（4-84）就是罗宾诺维奇—莫纳方程，它是非时变性黏性流体管壁应变速度的一般表达式。若 n' 是常数，则式（4-83）积分后可得

$$\tau_w = k'\left(\frac{8v}{D}\right)^{n'} \tag{4-85}$$

或写成

$$\frac{\Delta p D}{4L} = k'\left(\frac{8v}{D}\right)^{n'}$$

式中 k'——流变系数；

n'——流变指数。

k' 和 n' 可通过管式流变仪实验测出。

式（4-85）适用于不同流体，只是 k' 和 n' 不同而已。这种形式的方程用作管流计算时十分方便。方程直接给出了压降 Δp 和流量 Q 的关系，而不像 $\tau = f\left(-\dfrac{du}{dr}\right)$ 形式的方程那样，需通过积分才能求出 Δp 和 Q 的关系。

对牛顿流体，对比式（4-85）和式（4-16）可知

$$n' = 1, \quad k' = \mu$$

对幂律流体，有

$$\tau_w = k(\dot{\gamma}_w)^n$$

将式（4-47）代入，则

$$\tau_w = k\left(\frac{1+3n}{4n}\right)^n \left(\frac{8v}{D}\right)^n$$

对比式（4-85），则

$$n' = n, \quad k' = k\left(\frac{1+3n}{4n}\right)^n \tag{4-86}$$

第八节 非牛顿流体广义雷诺数的计算

目前关于非牛顿流体在圆管和环形空间中流动的雷诺数的计算，多是仿照牛顿流体近似地按照视黏度或对比牛顿流体压降公式计算其广义雷诺数。变换式（4-85）的形式，可得

$$\Delta p = k' \frac{4L}{D}\left(\frac{8v}{D}\right)^{n'} = \frac{64}{Re'} \frac{L}{D} \frac{\rho v^2}{2}$$

式中

$$Re' = \frac{\rho D^{n'} v^{2-n'}}{k' 8^{n'-1}} \tag{4-87}$$

Re' 称为广义雷诺数。

对牛顿流体，$n'=1$，$k'=\mu$ 代入上式后，即可得

$$Re = \frac{\rho v D}{\mu}$$

这就是牛顿流体的雷诺数。

有了广义雷诺数，就能把非牛顿流体层流计算公式和牛顿流体统一起来。大量实验资料证实，非牛顿流体和牛顿流体在层流区的摩阻系数完全满足 $f = \dfrac{16}{Re'}$，即 $\lambda = \dfrac{64}{Re'}$。$f$ 为范宁（Fanning）摩阻系数，$\lambda = 4f$。

在以广义雷诺数 Re' 为横坐标，以摩阻系数 f 为纵坐标的双对数图上，所有的实验点均落在同一根直线上，如图 4-8 所示。

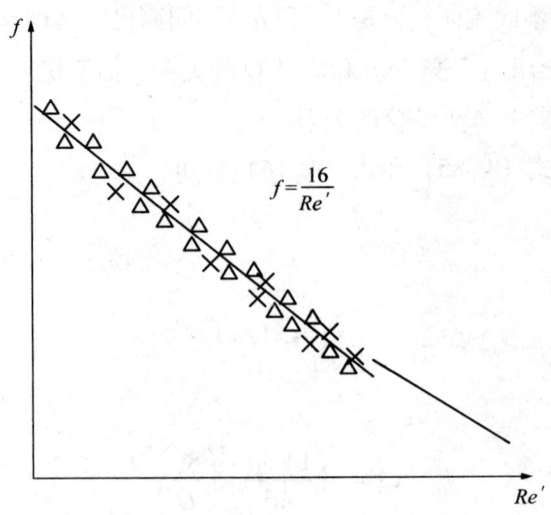

图 4-8 非牛顿流体的 f-Re' 的关系

一、幂律流体管流的雷诺数

由式（4-87）定义的广义雷诺数适用于非时变性非牛顿流体。对于幂律流体来说，$n' = n$，$k' = k\left(\dfrac{3n+1}{4n}\right)^n$。所以，根据式（4-87）可以得出幂律流体管流的广义雷诺数为

$$Re = \frac{\rho D^n v^{2-n}}{8^{n-1}k\left(\dfrac{3n+1}{4n}\right)^n} = \frac{\rho D^n v^{2-n}}{\dfrac{k}{8}\left(\dfrac{6n+2}{n}\right)^n}$$

二、幂律流体环空流的雷诺数

由环形空间中幂律流体层流压降计算公式（4-51）

$$\Delta p = \left(\frac{2n+1}{n}\right)^n \left(\frac{4kL}{D_0 - D_i}\right)\left(\frac{4v}{D_0 - D_i}\right)^n$$

与环形空间中牛顿流体压降计算的达西公式

$$\Delta p = \lambda \frac{L}{D_0 - D_i}\frac{\rho v^2}{2}$$

进行比较，得

$$\lambda \frac{L}{D_0 - D_i}\frac{\rho v^2}{2} = \left(\frac{2n+1}{n}\right)^n \left(\frac{4kL}{D_0 - D_i}\right)\left(\frac{4v}{D_0 - D_i}\right)^n$$

$$\lambda = \frac{96}{\dfrac{\rho(D_0 - D_i)^n v^{2-n}}{12^{n-1}k\left(\dfrac{2n+1}{3n}\right)^n}} \tag{4-88}$$

将上式与环形空间中牛顿流体层流的 $\lambda = \dfrac{96}{Re}$ 进行比较后，明显可以看出：环形空间中幂律流体流动时的广义雷诺数可以表示为

$$Re = \frac{\rho(D_0 - D_i)^n v^{2-n}}{12^{n-1} k \left(\dfrac{2n+1}{3n}\right)^n} \tag{4-89}$$

三、宾汉流体管流的雷诺数

注意到宾汉流体结构流状态与牛顿流体层流状态之间的类似性，将圆管中宾汉流体结构流的压降计算公式（4-65）

$$\Delta p = \frac{32\eta_p L v}{D^2} + \frac{16}{3}\frac{\tau_0 L}{D}$$

用来与牛顿流体管流的压降计算公式

$$\Delta p = \lambda \frac{L}{D} \frac{\rho v^2}{2}$$

相互进行比较，并且参考牛顿流体层流时 $\lambda = \dfrac{64}{Re}$ 的关系，即可得出判别宾汉流体流动状态的雷诺数。

现将以上二式进行比较，以求得宾汉流体结构流状态下的 λ 值。

$$\lambda \frac{L}{D} \frac{\rho v^2}{2} = \frac{32\eta_p L v}{D^2} + \frac{16}{3}\frac{\tau_0 L}{D} = \frac{32 L v}{D}\left(\frac{\eta_p}{D} + \frac{\tau_0}{6v}\right)$$

所以

$$\lambda = \frac{64}{\rho v}\left(\frac{\eta_p}{D} + \frac{\tau_0}{6v}\right) = \frac{64}{\rho v}\left(\frac{\eta_p}{D}\right)\left(1 + \frac{\tau_0 D}{6\eta_p v}\right) = 64\left(\frac{\eta_p}{\rho D v}\right)\left(1 + \frac{\tau_0 D}{6\eta_p v}\right) = \frac{64}{\dfrac{\rho D v}{\eta_p\left(1 + \dfrac{\tau_0 D}{6\eta_p v}\right)}} \tag{4-90}$$

将上式与牛顿流体层流时的

$$\lambda = \frac{64}{Re} = \frac{64}{\dfrac{\rho D v}{\mu}}$$

进行比较，可以得出判别宾汉流体流动状态的广义雷诺数

$$Re = \frac{\rho D v}{\eta_p\left(1 + \dfrac{\tau_0 D}{6\eta_p v}\right)} \tag{4-91}$$

四、宾汉流体环空流的雷诺数

宾汉流体在环形空间中结构流的压降计算公式（4-79）经整理可以表示为

$$\Delta p = \frac{96}{\dfrac{\rho(D_0-D_i)v}{\eta_p\left[1+\dfrac{\tau_0(D_0-D_i)}{8\eta_p v}\right]}} \frac{L}{D_0-D_i}\frac{\rho v^2}{2} = \lambda\frac{L}{D_0-D_i}\frac{\rho v^2}{2} \tag{4-92}$$

式中

$$\lambda = \frac{96}{\dfrac{\rho(D_0-D_i)v}{\eta_p\left[1+\dfrac{\tau_0(D_0-D_i)}{8\eta_p v}\right]}} \tag{4-93}$$

上式与牛顿流体在环形空间中层流的沿程阻力系数

$$\lambda = \frac{96}{\dfrac{\rho(D_0-D_i)v}{\mu}} \tag{4-94}$$

进行比较，不难发现对于宾汉流体在环形空间中的流动来说，其广义雷诺数可以表示为

$$Re = \frac{\rho(D_0-D_i)v}{\eta_p\left[1+\dfrac{\tau_0(D_0-D_i)}{8\eta_p v}\right]} \tag{4-95}$$

采用上述同样方法，可以得出卡森流体、带屈服值的幂律流体和罗伯逊流体的广义雷诺数计算公式。

第九节 非牛顿流体的黏度

黏度是根据牛顿内摩擦定律来定义的。对于非牛顿流体，其表观黏度也是仿效牛顿流体黏度的定义而来的。但是由于牛顿流体的黏度在一定的温度和压力下不是常数，影响因素甚为复杂，至今对于怎样构成非牛顿流体的"黏度"意见还不统一，以致在有关文献中符号不同，内容各异。以下就常遇到的非牛顿流体黏度进行叙述。

一、表观黏度

对牛顿流体来说，黏度为

$$\mu = \frac{\tau_w}{\left|\dfrac{du}{dy}\right|_w} = \frac{\dfrac{\Delta p D}{4L}}{\dfrac{8v}{D}}$$

对于非牛顿流体，由于 $\left|\dfrac{du}{dy}\right|_w \neq \dfrac{8v}{D}$，因此仿效牛顿流体来定义黏度，这样就出现两个黏度概念，即有

表观黏度
$$\eta = \dfrac{\tau}{\left|\dfrac{du}{dy}\right|} \tag{4-96}$$

有效黏度
$$\eta_e = \dfrac{\dfrac{\Delta pD}{4L}}{\dfrac{8v}{D}} \tag{4-97}$$

一般来说，如果黏度计直接测出的是切应力 τ 和应变速度 $\dfrac{du}{dy}$，则使用表观黏度 η。若直接测出的是流量 Q 和压降 Δp 等管流数据，则使用有效黏度 η_e，两种黏度的概念不能混淆。

以上推倒和定义的广义雷诺数，实际上说是用有效黏度代替了牛顿黏度而得出的雷诺数。

$$Re' = \dfrac{\rho vD}{\eta_e} = \dfrac{\rho vD}{\dfrac{\Delta pD}{4L}} = \dfrac{\rho vD}{k'\left(\dfrac{8v}{D}\right)^{n'-1}} = \dfrac{\rho D^{n'} v^{2-n'}}{k' 8^{n'-1}}$$

这和式（4-87）是一致的。

以上两种黏度的换算关系如下：

由于
$$\left(-\dfrac{du}{dy}\right)_w = \dfrac{1+3n'}{4n'} \dfrac{8v}{D}$$

$$\eta = \dfrac{\tau_w}{\left(-\dfrac{du}{dy}\right)_w} = \dfrac{1+4n'}{3n'} \dfrac{\tau_w}{\dfrac{8v}{D}}$$

因此
$$\eta = \dfrac{4n'}{1+3n'} \eta_e \tag{4-98}$$

二、塑性黏度与表观黏度

塑性黏度是由宾汉流体的本构方程来定义的

$$\eta_p = \dfrac{\tau}{\dot{\gamma}} - \dfrac{\tau_0}{\dot{\gamma}}$$

因此

$$\eta_p = \eta - \frac{\tau_0}{\dot\gamma} \qquad (4-99)$$

这就是塑性黏度与宾汉流体表观黏度的关系。塑性黏度和有效黏度的关系可推证如下：
由宾汉流体的流量公式（4-59）可得

$$\eta_p = \frac{\pi R^4 \Delta p}{8LQ}\left[1 - \frac{4}{3}\left(\frac{\tau_0}{\tau_w}\right) + \frac{1}{3}\left(\frac{\tau_0}{\tau_w}\right)^4\right]$$

同时由于

$$\frac{\pi R^4 \Delta p}{8LQ} = \frac{\dfrac{\Delta p D}{4L}}{\dfrac{8v}{D}} = \eta_e$$

因此

$$\eta_p = \eta_e\left[1 - \frac{4}{3}\left(\frac{\tau_0}{\tau_w}\right) + \frac{1}{3}\left(\frac{\tau_0}{\tau_w}\right)^4\right] \qquad (4-100)$$

三、卡森黏度和表观黏度

根据卡森流体的本构方程（3-43）可得卡森液体表观黏度和卡森黏度之间的关系如下

$$\eta = \left(\sqrt{\eta_c} + \sqrt{\frac{\tau_c}{\dot\gamma}}\right)^2 \qquad (4-101)$$

同时由卡森流体的流量公式可以得到卡森黏度和有效黏度的关系如下

$$\eta_c = \eta_e\left[1 - \frac{16}{7}\left(\frac{\Delta p_0}{\Delta p}\right)^{\frac{1}{2}} + \frac{4}{3}\frac{\Delta p_0}{\Delta p} - \frac{1}{21}\left(\frac{\Delta p_0}{\Delta p}\right)^4\right] \qquad (4-102)$$

第十节　非牛顿流体的圆管紊流压降计算

非牛顿流体的圆管紊流计算，目前还没有成熟的计算方法，20 世纪 50 年代以后虽有一些研究也只限于光滑区。由于非牛顿流体的黏度较大，在管路中流动的雷诺数较小，因此光滑区的计算公式一般能满足工程上的要求。

一、布拉修斯型经验公式

$$\lambda = \frac{a}{Re'^b} \qquad (4-103)$$

式中，a、b 都是流动指数 n' 的函数，对应于不同 n' 值的 a、b 见表 4-1。

表 4-1 布拉修斯型经验公式中的 a 和 b

n'	a	b
0.2	0.2584	0.349
0.3	0.2740	0.325
0.4	0.2848	0.307
0.6	0.2960	0.281
0.8	0.3044	0.263
1.0	0.3116	0.250
1.4	0.3212	0.231
2.0	0.3304	0.213

应用数学回归分析方法可得出表 4-1 中 a、b 值的计算表达式为

$$a=0.2343+0.1533n'-0.097n'^2+0.022n'^3 \tag{4-104}$$

$$b=0.3955-0.2762n'+0.1652n'^2-3.6402\times10^{-2}n'^2 \tag{4-105}$$

压降计算公式采用

$$\Delta p = \lambda \frac{L}{D} \frac{\rho v^2}{2}$$

这就是说，对非牛顿流体紊流光滑区的计算也可以通过广义雷诺数，使计算公式和牛顿流体统一起来。

二、半经验公式

$$\frac{1}{\sqrt{\frac{\lambda}{4}}} = \frac{4.0}{n'^{0.75}} \lg\left\{Re'\left(\frac{\lambda}{4}\right)^{\left[1-\left(\frac{n'}{2}\right)\right]}\right\} - \frac{0.4}{(n')^{1.2}} \tag{4-106}$$

式（4-106）是根据卡门（Karman）公式和有关实验资料整理出来的。当 $n'=1$ 时，式（4-106）就转化为牛顿流体的光滑区尼古拉兹公式，即

$$\frac{1}{\sqrt{\lambda}} = 2\lg(Re\sqrt{\lambda}) - 0.8$$

图 4-9 是式（4-106）的图解，理论计算结果和实验数据取得了基本一致，实验数据范围为 $n'=0.36\sim1.0$，$Re'=2900\sim36000$。

三、宾汉流体紊流的沿程阻力计算公式

希辛柯根据钻井液的实验得出了宾汉流体紊流状态下的沿程阻力计算公式

$$\lambda = \frac{0.125}{\sqrt{Re}} \tag{4-107}$$

根据式（4-107）和宾汉流体层流的沿程阻力计算公式 $\lambda = \dfrac{64}{Re}$ 可以绘成曲线图，如图 4-10 所示，便于用来查得不同雷诺数下的 λ 值，进行沿程水头损失的计算。

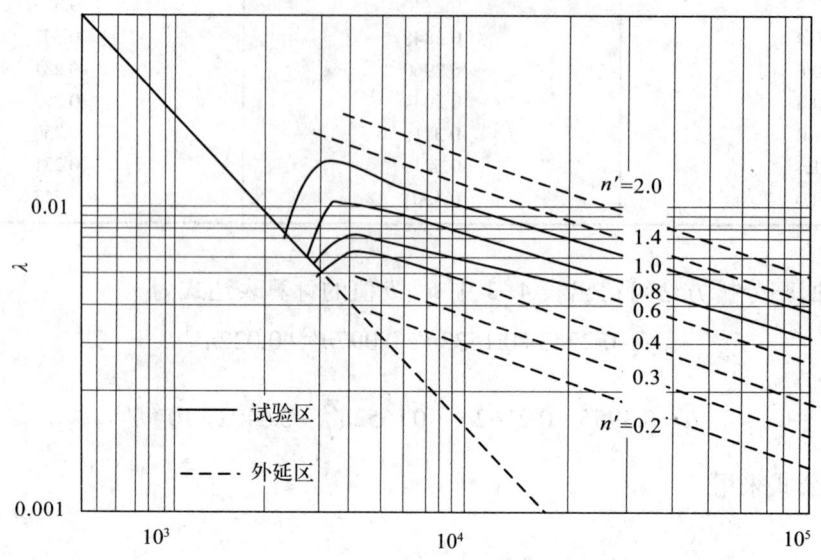

图 4-9　牛顿与非牛顿流体的阻力系数

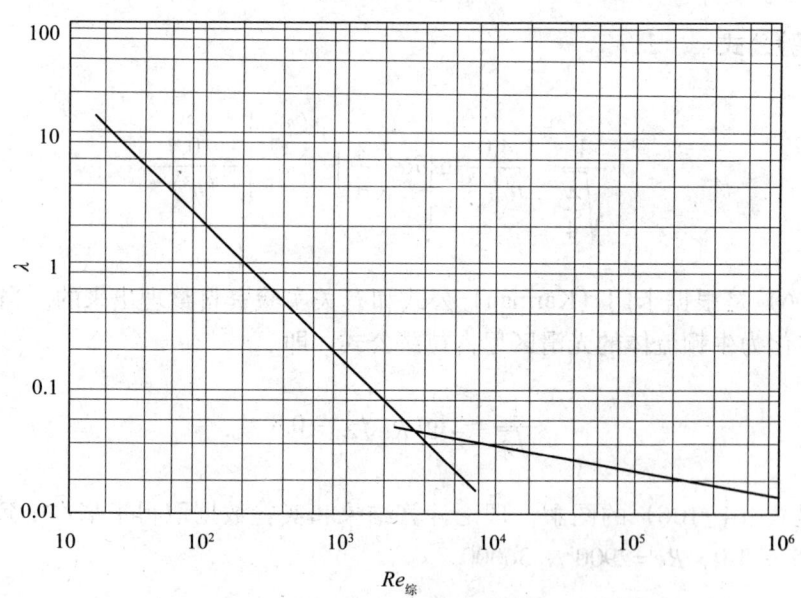

图 4-10　宾汉流体 λ—Re 的关系曲线

第十一节 非牛顿流体流态判别准则

临界雷诺数 Re_c 是牛顿流体的流态判别准则,当 Re_c=2100 时,流动由层流进入紊流。牛顿流体的临界雷诺数是常数。对于不同的非牛顿流体,由层流向紊流过渡时广义雷诺数是不同的。广义雷诺数虽然可以统一层流的计算公式,却不能做统一的流态判别准则。下面介绍幂律流体和宾汉流体通常的流态判别方法。

一、幂律流体判别流态的稳定性参数 Z

从层流到紊流的过渡,并不是在整个断面上同时实现的。通常在牛顿雷诺数 Re=1225 时,紊动性最大的一层流体的流线首先发生弯曲,随着雷诺数的增大,流线的波动幅度以及断面上产生波动范围也增大,牛顿流体在 Re=1500~2100 的范围内,流体由波动而成螺旋运动最终出现旋涡。Re>2100 时,旋涡产生加快,直至 Re>3000,临近管壁的区域,全部成为紊流。这就是说断面上由层流至紊流的整个过渡是在 Re=2100~3000 的范围内完成的。主要变化发生在紊流性最大的半径为 r 的某一层流体中,用该层流体的雷诺数 $(Re_r)_m$ 来代替整个断面上的牛顿雷诺数,作为判别流态的准则。

$$Re_r = \frac{\rho u r}{\eta} \tag{4-108}$$

式中 u——半径为 r 处的流速;

η——表观黏度。

Re_r 在管轴 (r=0) 和管壁处 (u=0) 均为零,其最大值必然在管轴与壁之间。

对牛顿流体 $\eta=\mu$,以式 (4-8) 代入式 (4-108),得

$$Re_r = \frac{\Delta p \rho}{4L\mu^2}(R^2 r - r^3)$$

求 Re_r 的最大值

令

$$\frac{dRe_r}{dr} = 0$$

则有

$$\frac{\rho \Delta p}{4L\mu^2}(R^2 - 3r^2) = 0$$

解此方程得出紊动最大的流层位置,即紊动起始于

$$r = \frac{1}{\sqrt{3}} R \tag{4-109}$$

将式 (4-109) 代入式 (4-8),得

$$u = \frac{\Delta p}{6L\mu} R^2 \tag{4-110}$$

将式 (4-109) 和式 (4-110) 代入式 (4-108), 可得

$$(Re_r)_{\max} = \frac{\Delta p R^3 \rho}{6\sqrt{3} L \mu} \tag{4-111}$$

由式 (4-10) 知牛顿流体的平均流速为

$$v = \frac{\Delta p R^2}{8 L \mu}$$

因此

$$(Re)_{\max} = \frac{4}{3\sqrt{3}} \frac{\rho v R}{\mu} = 0.3849 Re$$

令

$$Z = (Re_r)_{\max}$$

则

$$Z = 0.3849 Re \tag{4-112}$$

Z 值称为稳定性参数, 是判别幂律流体流动状态的一个准则。

对牛顿流体来说, 临界雷诺数 Re=2100, 则

$$Z_c = 0.3849 \times 2100 = 808$$

实验表明, 幂律流体的 Z_c 仍为 808。因此当 Z<808 时为层流; Z>808 时为紊流。

对牛顿流体来说, 用 Re_c 或 Z_c 值来判别流态并没有区别, 但对幂律流体就不一样了。以下推导幂律流体的 Z 值表达式。

半径为 r 处的雷诺数为

$$Re_r = \frac{\rho u r}{\eta} \tag{4-113}$$

式中

$$\eta = k \dot{\gamma}^{n-1} = k \left(\frac{\tau}{k} \right)^{\frac{n-1}{n}} = k \left(\frac{\Delta p r}{2 k L} \right)^{\frac{n-1}{n}} \tag{4-114}$$

以式 (4-114)、式 (4-38) 代入式 (4-113), 经整理后得

$$Re_r = \frac{1}{n+1} \frac{\rho}{k} \left(\frac{\Delta p}{2 k L} \right)^{\frac{2-n}{n}} \left(R^{\frac{n+1}{n}} r^{\frac{1}{n}} - r^{\frac{n+2}{n}} \right) \tag{4-115}$$

求 Re_r 的最大值, 即 Z 值。

令

$$\frac{\mathrm{d} Re_r}{\mathrm{d} r} = 0$$

即可得

$$r = \left(\frac{1}{n+2} \right)^{\frac{n}{n+1}} R \tag{4-116}$$

将式（4-116）代入式（4-115），得

$$Z = (Re_r)_{\max} = \frac{n}{n+1}\frac{\rho}{k}\left(\frac{\Delta d}{2kL}\right)^{\frac{2-n}{n}} r^{\frac{1}{n}}\left(R^{\frac{n+1}{n}} - r^{\frac{n+1}{n}}\right)$$

$$= \frac{n}{n+1}\frac{\rho}{k}\left(\frac{\Delta p}{2kL}\right)^{\frac{2-n}{n}} \left[\left(\frac{n}{n+2}\right)^{\frac{n}{n+1}} R\right]^{\frac{1}{n}} \left[R^{\frac{n+1}{n}} - \frac{1}{n+2}R^{\frac{n+1}{n}}\right]$$

将上式整理简化后得

$$Z = (Re_r)_{\max} = n\left(\frac{1}{n+2}\right)^{\frac{n+2}{n+1}} \frac{\rho}{k}\left(\frac{\Delta p}{2kL}\right)^{\frac{2-n}{n}} R^{\frac{n+2}{n}} \tag{4-117}$$

将幂律流体的平均流速式（4-43）

$$v = \left(\frac{\Delta p}{2kL}\right)^{\frac{1}{n}} \frac{n}{1+3n} R^{\frac{1+n}{n}}$$

代入式（4-117）得

$$Z = \frac{\rho v^2}{\dfrac{\Delta p R}{2L}} n\left(\frac{3n+1}{n}\right)^2 \left(\frac{1}{n+2}\right)^{\frac{n+2}{n+1}} \tag{4-118}$$

式（4-118）可写成

$$Z = \frac{\rho v^2}{\tau_w}\varphi(n) \tag{4-119}$$

式中

$$\varphi(n) = n\left(\frac{3+n}{n}\right)\left(\frac{1}{n+2}\right)^{\frac{n+2}{n+1}} \tag{4-120}$$

由于摩阻系数 $f = \dfrac{\tau_w}{\dfrac{\rho v^2}{2}}$，因此

$$Z = \frac{2\varphi(n)}{f}$$

当处于层流至紊流的临界状态时，$Z=808$，于是

$$f_c = \frac{2\varphi(n)}{808} = \frac{\varphi(n)}{404} \tag{4-121}$$

这样，只要知道幂律流体的 n 值，就可以计算 f_c。同时根据层流的阻力系数公式

$$f_c = \frac{16}{(Re')_c} \text{ 或 } (Re')_c = \frac{16}{f_c} \tag{4-122}$$

于是幂律流体的临界广义雷诺数也可以计算出来，在求得临界广义雷诺数 $(Re')_c$ 后，

即可计算出临界流速。

图 4-11 为幂律流体临界广义雷诺数和流动指数 n 的关系曲线。由图 4-11 中可知，理论计算曲线和试验数据（包括牛顿流体、剪切稀化流体）符合较好。

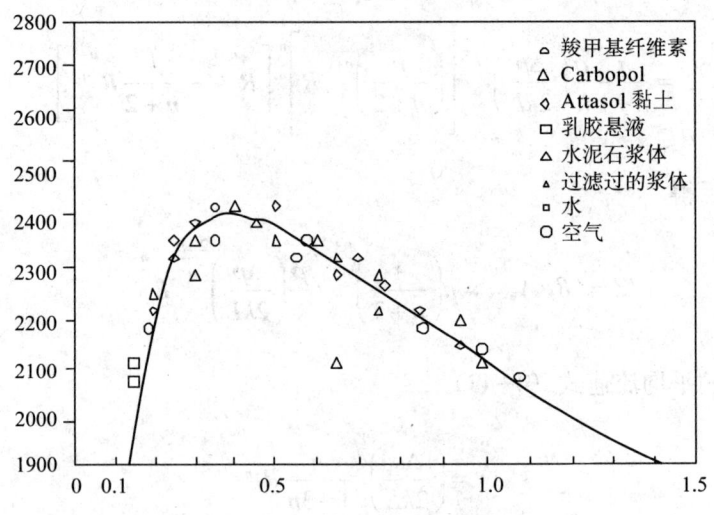

图 4-11　幂律流体临界雷诺数计算值与实测值比较

二、宾汉流体的流态判别

1. 使用广义雷诺数估算临界流速的近似方法

以式（4-62）

$$\frac{r_0}{R} = \frac{\tau}{\tau_w}$$

代入式（4-60）可得

$$Q = \frac{\pi R^4 \Delta p}{8L\eta_p}\left(1 - \frac{4}{3}\frac{\tau_0}{\tau_w}\right)$$

经整理后可得

$$\tau_w = \eta_p\left(\frac{8v}{D}\right) + \frac{4}{3}\tau_0 \tag{4-123}$$

根据有效黏度的定义

$$\eta_e = \frac{\tau_w}{\dfrac{8v}{D}}$$

以式（4-123）代入上式，于是

$$\eta_e = \frac{\eta_p\dfrac{8v}{D} + \dfrac{4}{3}\tau_0}{\dfrac{8v}{D}} = \eta_p\left(1 + \frac{1}{6}\frac{\tau_0 D}{\eta_p v}\right)$$

括号内第一项比第二项要小得多,故可略去不计,于是

$$\eta_e = \frac{\tau_0 D}{6v} \quad (4-124)$$

宾汉流体的广义雷诺数可写成

$$Re' = \frac{\rho v D}{\eta_e} = \frac{\rho v D}{\frac{\tau_0 D}{6v}} = \frac{6\rho v^2}{\tau_0}$$

其临界流速

$$v_e = \sqrt{\frac{(Re')_c \tau_0}{6\rho}} = A\sqrt{\frac{\tau_0}{\rho}} \quad (4-125)$$

式中 $(Re')_c$——临界广义雷诺数;
  A——决定于 $(Re')_c$ 的常数。
  当 $(Re')_c = 2100$ 时,$A=19$。当 $(Re')_c = 3000$ 时,$A=22$。
  根据式(4-125)只要宾汉体的屈服值已知,就可计算出近似的临界流速。

2. 赫斯特罗姆(Hedstorm)准数 He

以上估算临界流速的方法虽然简单,但误差较大,故还必须寻求比较准确的方法。
汉克斯(Hanks)提出,宾汉流体由层流向紊流过渡的临界值取决于汉克斯罗姆数 He。

$$He = \frac{\rho \tau_0 D^2}{\eta_p^2} = \left(\frac{Dv\rho}{\eta_p}\right)\left(\frac{\tau_0 D}{v\eta_p}\right) \quad (4-126)$$

$$He = Re_B Y \quad (4-127)$$

式中 Re_B——宾汉雷诺数,$Re_B = \dfrac{\rho D v}{\eta_p}$;

  Y——屈服数,$Y = \dfrac{\tau_0 D}{v \eta_p}$。

式(4-126)表明 He 数即为宾汉雷诺数和屈服值的乘积。
  汉克斯在1663年提出了从层流过渡到紊流的宾汉雷诺数的一个临界值,这个临界值可由下式计算

$$(Re_B)_c = \frac{1 - \frac{4}{3}a_c + \frac{1}{3}a_c^4}{a_c} He \quad (4-128)$$

式中 $(Re_B)_c$ 为临界宾汉雷诺数。

$$a_c = \frac{\tau_0}{(\tau_w)_c} \quad (4-129)$$

图 4-12 中的实线是根据式 (4-128) 绘制的，不同宾汉体的实验点和理论值符合较好。

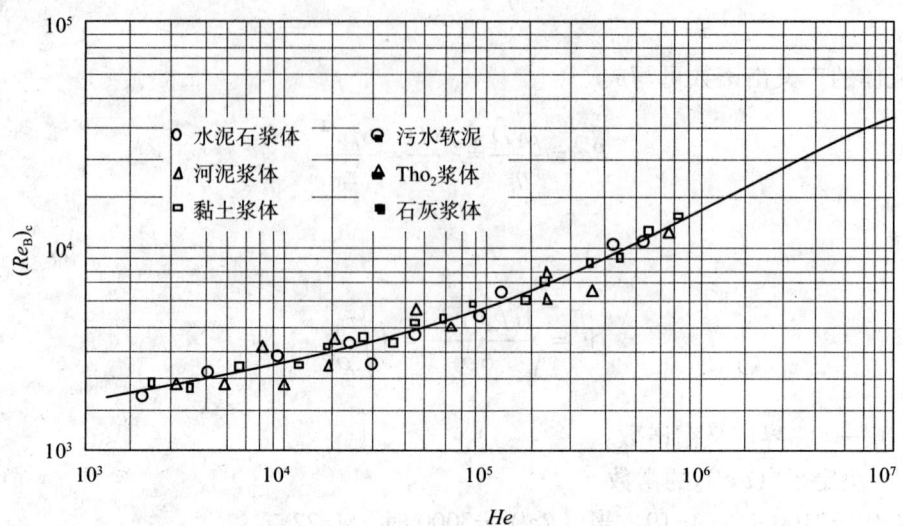

图 4-12　宾汉体 $(Re_B)_c$ 和 He 的关系

第五章 非牛顿流体在偏心环空中的轴向层流流动

第一节 偏心环空中幂律流体的轴向层流

一、偏心环空过流断面几何关系

偏心环空过流断面如图 5-1 所示。图中 R_1、R_2 分别表示偏心环空内管外半径及外管内半径；e 为两管轴之间的距离，一般称之为偏心距；r_0 是偏心环空内管中心到外管内壁的距离；r_d 是偏心环空内管中心到环空轴向流场点速度 u 取最大值处的距离。建立图示的圆柱坐标系 $O(r, \theta, z)$，z 轴与内管轴线相重合且其正向与流动方向一致，r、θ 分别是过流断面任一点的径向及周向坐标。

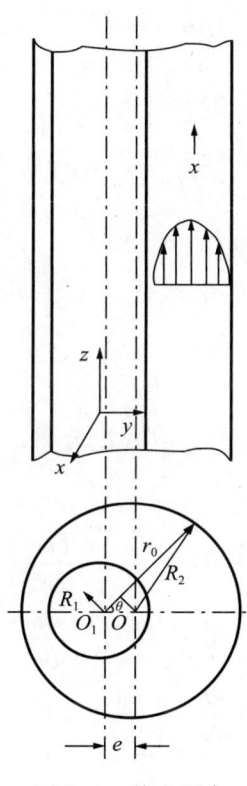

图 5-1 偏心环空

由几何关系可知

$$r_0 = e\cos\theta + (R_2^2 - e^2\sin^2\theta)^{\frac{1}{2}} \tag{5-1}$$

考虑内管偏心不太严重时，有 $e/R_2 \ll 1$，所以可得

$$r_0 = R_2 + e\cos\theta \tag{5-2}$$

二、运动方程

在偏心环空中取一流体微团。微团位于偏心环空点速度 u 的最大值两侧时，其受力情况有一定差异，应力 τ_{rx} 和 $\tau_{rx} + \mathrm{d}\tau_{rz}$ 方向相反。图 5-2 是流体微团位于偏心环空 $r < r_d$ 一侧时的受力情况。忽略体积力影响，将微团所受各力投影到 z 轴后，可得

$$\begin{aligned}\rho\frac{\mathrm{d}u}{\mathrm{d}t} = &-\bigl[p(z+\mathrm{d}z)-p(z)\bigr]\cdot\frac{1}{2}\bigl[(r+\mathrm{d}r)^2 - r^2\bigr]\mathrm{d}\theta - \tau_{rz}(r)\,r\mathrm{d}\theta\mathrm{d}z \\ &+ \tau_{rz}(r+\mathrm{d}r)(r+\mathrm{d}r)\mathrm{d}\theta\mathrm{d}z + \bigl[\tau_{\theta z}(\theta) - \tau_{\theta z}(\theta+\mathrm{d}\theta)\bigr]\mathrm{d}r\mathrm{d}z\end{aligned} \tag{5-3}$$

只考虑轴向定常流动时，有 $\dfrac{\mathrm{d}u}{\mathrm{d}t}=0$，所以，$\sum F_z = 0$，即流体微团 z 方向所受合外力为 0。注意到这一点后，将式（5-3）除以 $r\mathrm{d}r\mathrm{d}\theta\mathrm{d}z$，再取极限得

$$\frac{\Delta p}{L} + \frac{\partial \tau_{rz}}{\partial r} - r^{-1}\frac{\partial \tau_{\theta z}}{\partial \theta} + r^{-1}\tau_{rz} = 0 \quad (R_1 \leqslant r \leqslant r_d) \tag{5-4a}$$

同理可得

$$\frac{\Delta p}{L} - \frac{\partial \tau_{rz}}{\partial r} - r^{-1}\frac{\partial \tau_{\theta z}}{\partial \theta} - r^{-1}\tau_{rz} = 0 \quad (r_d \leqslant r \leqslant r_0) \tag{5-4b}$$

式中　Δp——沿 z 轴 L 长度内的压降。

式（5-4a）和式（5-4b）便是柱坐标系下偏心环空中流体轴向定常层流的运动微分方程。

三、速度分布

考虑图 5-2 所示柱坐标系下的流场，其速度分量：$v_r=0$，$v_\theta=0$，$v_x=u(r,\theta)$，则其一阶 Rivlin-Ericksen 张量 A_1 可表示为

$$A_1 = \begin{pmatrix} 0 & 0 & \dfrac{\partial u}{\partial r} \\ 0 & 0 & \dfrac{1}{r}\dfrac{\partial u}{\partial \theta} \\ \dfrac{\partial u}{\partial r} & \dfrac{1}{r}\dfrac{\partial u}{\partial \theta} & 0 \end{pmatrix} \tag{5-5}$$

幂律流体本构方程为

$$T = K|\mathrm{II}|^{n-1} A_1 \tag{5-6}$$

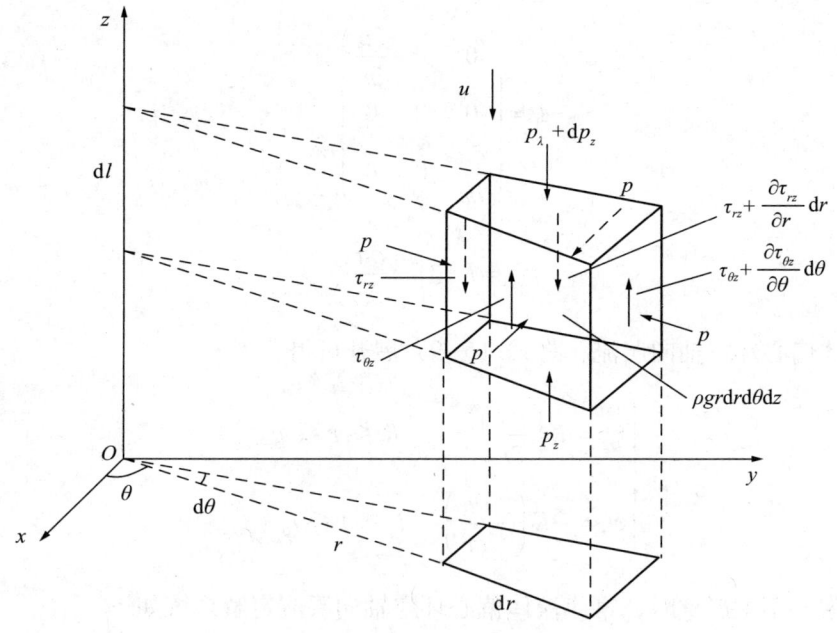

图 5-2 流体微团受力图

于是，由式（5-5）、式（5-6）可得偏心环空轴向层流情况下，幂律流体本构方程的具体表达式为

$$T = \begin{pmatrix} 0 & 0 & \tau_{rz} \\ 0 & 0 & \tau_{r\theta} \\ \tau_{rz} & \tau_{r\theta} & 0 \end{pmatrix} = K|\text{II}|^{n-1} \begin{pmatrix} 0 & 0 & \dfrac{\partial u}{\partial r} \\ 0 & 0 & \dfrac{1}{r}\dfrac{\partial u}{\partial \theta} \\ \dfrac{\partial u}{\partial r} & \dfrac{1}{r}\dfrac{\partial u}{\partial \theta} & 0 \end{pmatrix} \tag{5-7}$$

将本构方程与式（5-4a）及式（5-4b）联立，便可将幂律流体偏心环空轴向层流问题分解为两个定解问题，然后再结合流场边界条件。则可得到定解系统。在写出定解系统之前，先做如下分析：在偏心环空中，当偏心距 e 不太大时，有

$$\frac{\partial}{\partial \theta} = \frac{\partial}{\partial \bar{r}_k}\frac{\partial \bar{r}_k}{\partial \theta} = \frac{\partial}{\partial \bar{r}_k}\varepsilon_k$$

这里 $\bar{r}_k$ 为与 θ 有关的无因次径向尺寸，ε_k 的数量级与 $\Phi=e/(R_2-R_1)$ 相当，$\dfrac{\partial}{\partial \bar{r}_k}$ 的数量级与 $\partial/\partial r$ 相当，显然，此时有

$$\frac{1}{r}\frac{\partial}{\partial \theta} = 0(\Phi) \ll \frac{\partial}{\partial r}$$

可见，式（5-5）及式（5-7）中主导项是 $\dfrac{\partial u}{\partial r}$。若在式（5-5）及式（5-7）中只保留主导项，则可得

$$A_1 = \begin{pmatrix} 0 & 0 & \dfrac{\partial u}{\partial r} \\ 0 & 0 & 0 \\ \dfrac{\partial u}{\partial r} & 0 & 0 \end{pmatrix} \tag{5-8}$$

$$\tau_{rz} = K|\mathrm{II}|^{n-1}\dfrac{\partial u}{\partial r} \tag{5-9}$$

对于幂律流体偏心环空轴向层流，将式（5-9）展开可得

$$\begin{cases} \tau_{rz} = K\left(\dfrac{\partial u}{\partial r}\right)^n & R_1 \leqslant r \leqslant r_d \\ \tau_{rz} = -K\left(-\dfrac{\partial u}{\partial r}\right)^n & r_d \leqslant r \leqslant r_0 \end{cases} \tag{5-10}$$

综上可得，偏心不太严重时，幂律流体偏心环空轴向层流定解系统如下

$$\begin{cases} \dfrac{\Delta p}{L} + \dfrac{\partial \tau_{rz}}{\partial r} + \dfrac{\tau_{rz}}{r} = 0 \\ \tau_{rz} = K\left(\dfrac{\partial u}{\partial r}\right)^n \\ u\big|_{r=R_j} = 0, u\big|_{r=r_d} = u_d \\ \dfrac{\partial u}{\partial r}\Big|_{r=r_d} = 0 \\ \dfrac{\partial u}{\partial \theta}\Big|_{\theta=0} = \dfrac{\partial u}{\partial \theta}\Big|_{\theta=\pi} = 0 \\ R_1 \leqslant r \leqslant r_d \end{cases} \tag{5-11}$$

$$\begin{cases} \dfrac{\Delta p}{L} - \dfrac{\partial \tau_{rz}}{\partial r} - \dfrac{\tau_{rz}}{r} = 0 \\ \tau_{rz} = -K\left(-\dfrac{\partial u}{\partial r}\right)^n \\ u\big|_{r=r_d} = u_d, u\big|_{r=r_0} = 0 \\ \dfrac{\partial u}{\partial r}\Big|_{r=r_d} = 0 \\ \dfrac{\partial u}{\partial \theta}\Big|_{\theta=0} = \dfrac{\partial u}{\partial \theta}\Big|_{\theta=\pi} = 0 \\ r_d \leqslant r \leqslant r_0 \end{cases} \tag{5-12}$$

$$p = -\frac{\partial p}{\partial z} = \frac{\Delta p}{L} \tag{5-13}$$

应该说明的是,如果不忽略重力影响,式(5-13)应表示为

$$p = \rho g - \frac{\partial p}{\partial z}$$

式中 ρ——流体密度;

g——重力加速度。

再令

$$m = \frac{1}{n}, \quad \xi_d = r_d/R_2, \quad \xi = \frac{r}{R}$$

$$\xi_1 = R_1/R_2, \quad \xi_0 = r_0/R_2$$

解式(5-11)及式(5-12)得

$$\frac{\partial u}{\partial r} = \left(\frac{P}{2K}\right)^m r_d^{2m}\left[1-\left(\frac{r}{r_d}\right)^2\right]^m r^{-m} \quad (R_1 \leqslant r \leqslant r_d) \tag{5-14}$$

$$\frac{\partial u}{\partial r} = -\left(\frac{P}{2K}\right)^m r^m \left[1-\left(\frac{r_d}{r}\right)^2\right]^m \quad (r_d \leqslant r \leqslant r_0) \tag{5-15}$$

因为,在式(5-14)中,$r/r_d \leqslant 1$;而在式(5-15)中,$r_d/r \leqslant 1$。所以,可将式(5-14)及式(5-15)分别展成泰勒级数,考虑所设定的条件后,可得

$$\frac{\partial u}{\partial \xi} = u_0 \xi_d^m \sum_{l=0}^{\infty} \frac{f(0)^l}{l!}(\xi/\xi_d)^{2l-m} \quad (\xi_1 \leqslant \xi \leqslant \xi_d) \tag{5-16}$$

$$\frac{\partial u}{\partial \xi} = u_0 \xi_d^m \sum_{l=0}^{\infty} \frac{f(0)^l}{l!}(\xi/\xi_d)^{m-2l} \quad (\xi_d \leqslant \xi \leqslant \xi_0) \tag{5-17}$$

$$u_0 = R_2\left(\frac{P}{2K}\right)^m \tag{5-18}$$

$$f(0)^0 = 1; \quad f(0)^l = (-1)^l m(m-1)\cdots(m-l+1) \tag{5-19}$$

取式(5-16)及式(5-17)中泰勒级数的前 j 项进行积分,并利用流场边界条件,便可得到在 (ξ_1, ξ_d) 及 (ξ_d, ξ_0) 两个区域内,即偏心环空内、外侧流场的幂律流体轴向层流速度分布方程。

$$u_1 = u_* \xi_d^{m+1} \sum_{l=0}^{j} \frac{f(0)^l}{l!} \frac{\xi^{2l+1-m} - \xi_1^{2l+1-m}}{(2l+1-m)\xi_d^{2l+1-m}} \quad (\xi_1 \leqslant \xi \leqslant \xi_d) \tag{5-20}$$

$$u_2 = -u_* \xi_d^{m+1} \sum_{l=0}^{j} \frac{f(0)^l}{l!} \frac{\xi^{m+1-2l} - \xi_1^{m+1-2l}}{(2l+1-m)\xi_d^{m+1-2l}} \quad (\xi_d \leqslant \xi \leqslant \xi_0) \tag{5-21}$$

因为当偏心环空中轴向层流点速度 u 取最大值时，有 $\dfrac{\mathrm{d}u}{\mathrm{d}r} = \dfrac{\mathrm{d}u}{\mathrm{d}\xi} = 0$；另外，有速度分布的连续性可知，用式（5-20）及式（5-21）计算得到的点速度最大值 u_d 应相等，即 $u_1|_{\xi=\xi_d} = u_2|_{\xi=\xi_d}$。于是，联立式（5-20）和式（5-21），可知当 u 取极值 u_d 时，有下式成立

$$\sum_{l=0}^{j} \left\{ \frac{f(0)^l}{l!} \frac{1}{2l+1-m}\left[1-\left(\frac{\xi_1}{\xi_d}\right)^{2l+1-m}\right] + \frac{1}{m+1-2l}\left[1-\left(\frac{\xi_0}{\xi_d}\right)^{m+1-2l}\right] \right\} = 0 \tag{5-22}$$

由式（5-22）可以看出，$\xi_d = \xi_d(\theta)$，即与同心环空流情况不同，出现 u_d 的位置不仅与环空尺寸及流体性能有关，而且还与轴向角度 θ 有关；ξ_d 在偏心环空中的分布情况如图 5-3 所示。图中的 ξ_m 是这样一个无因次量，即

$$\xi_m = (R_1 + r_0)/2$$

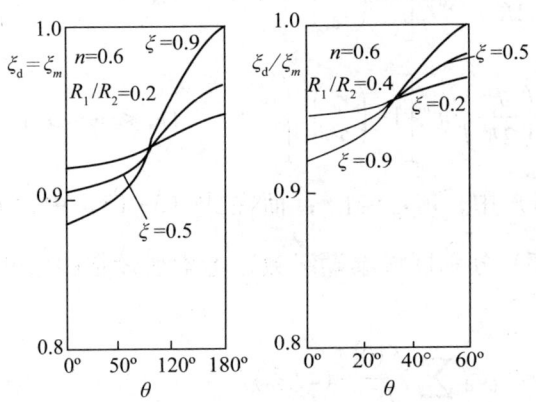

图 5-3 ξ_d 在偏心环空中的分布

得到 ξ_d 后，由式（5-20）及式（5-21），便可求出幂律流体偏心环空轴向层流的速度分布。如果在式（5-20）及式（5-21）中令 $\xi=\xi_d$，可得幂律流体在偏心环空的任一周向角 θ 处最大速度 u_d 为

$$u_d = u_* \xi_d^{m+1} \sum_{l=0}^{j} \frac{f(0)^l}{l!} \frac{1}{2l+1-m}\left[1-(\xi_1/\xi_d)^{2l+1-m}\right] \tag{5-23}$$

或

$$u_d = u_* \xi_d^{m+1} \sum_{l=0}^{j} \frac{f(0)^l}{l!} \frac{1}{m+1-2l}\left[1-(\xi_0/\xi_d)^{m+1-2l}\right] \tag{5-24}$$

图 5-4 是 $\Delta p/L$ 及 K 给定时，幂律流体偏心环空轴向层流在 $\theta=0$ 和 $\theta=\pi$ 处速度分布的计算结果，图中的 $u_{\max}$ 表示 $u_d|_{\theta=0}$；图 5-5 是在 $\Delta p/L$ 及 K 在偏心环空中的分布规律。从图 5-4 及图 5-5 可以看出，在偏心环空中，幂律流体轴向层流速度分布是不均匀的，环

空宽间隙处流速高,窄间隙处流速低;流性指数 n 值大时速度差异小,n 值小时速度差异大。

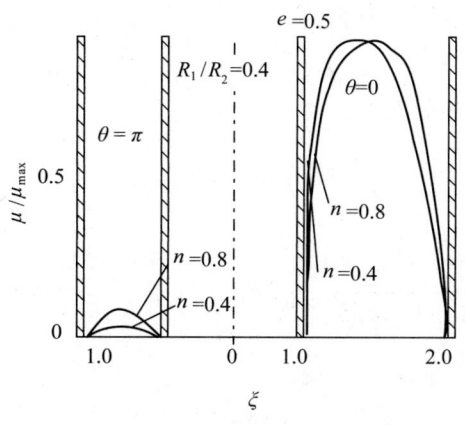

图 5-4　偏心环空中幂律流体轴向层流的速度分布

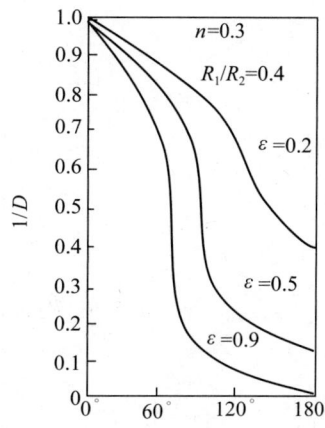

图 5-5　u_d 在偏心环空中的分布规律

在石油钻井中,人们最关心的往往是偏心环空轴向流场中 $\theta=0$ 及 $\theta=\pi$ 处的速度分布,因为它是分析与定量估算钻井液携屑能力、井壁冲蚀程度及固井顶替效率的重要参数。下面就详细讨论这个问题。用式(5-23)、式(5-24)求出 $\theta=0$ 及 $\theta=\pi$ 时的 u_d 值,并令二者比值为 u_R。式(5-25)的数值分析结果如图 5-6 所示。

$$u_R = \frac{u_d|_{\theta=0}}{u_d|_{\theta=\pi}} = \left[\frac{\xi_{d(0)}}{\xi_{(\pi)}}\right]^{m+1} \frac{\sum_{l=0}^{j} \frac{f(0)^l}{l!} \frac{1}{2l+1-m}\left[1-\left(\frac{\xi_1}{\xi_{d(0)}}\right)^{2l+1-m}\right]}{\sum_{l=0}^{j} \frac{f(0)^l}{l!} \frac{1}{2l+1-m}\left[1-\left(\frac{\xi_1}{\xi_{d(\pi)}}\right)^{2l+1-m}\right]} \quad (5-25)$$

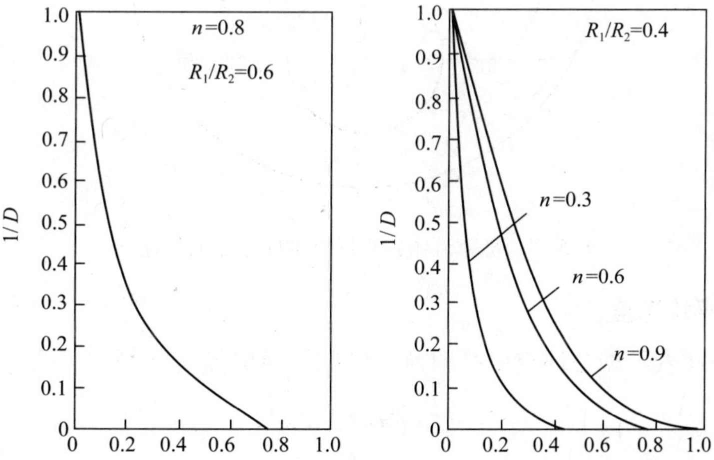

图 5-6　式(5-25)的数值分析结果

与牛顿流体偏心环空轴向层流相类似,偏心环空中幂律流体轴向也是比较复杂的。令

$$R_* = \xi_{d(0)}^{m+1} \sum_{l=0}^{j} \frac{f(0)^l}{l!} \frac{1}{2l+1-m}\left[1-(\xi_1/\xi_{d(0)})^{2l+1-m}\right] \quad (5-26)$$

则可得

$$u_d|_{\theta=0} = u_* R_*, \quad \psi = u_1/u_d|_{\theta=0}$$

则有

$$\psi = u_1/u_d|_{\theta=0} = \xi_d^{m+1} \sum_{l=0}^{j} \frac{f(0)^l}{l!} \frac{\xi^{2l+1-m}-\xi_1^{2l+1-m}}{(2l+1-m)\xi_d^{2l+1-m}}/R_* \quad (5-27)$$

或

$$\psi = u_2/u_d|_{\theta=0} = -\xi_d^{m+1} \sum_{l=0}^{j} \frac{f(0)^l}{l!} \frac{\xi^{m+1-2l}-\xi_0^{m+1-2l}}{(m+1-2l)\xi_d^{m+1-2l}}/R_* \quad (5-28)$$

给 ψ 赋以不同的值，则利用式（5-27）或式（5-28）计算可得相应的等速线。今以 $n=0.8$，$R_1/R_2=0.3$，$\varepsilon=e/(R_2-R_1)=0.5$ 为例，计算得等速线如图 5-7 所示。

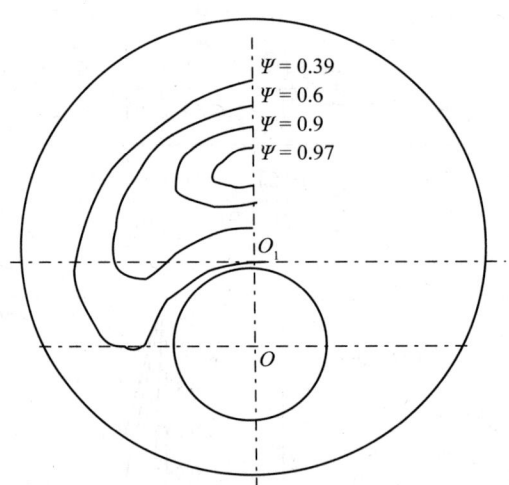

图 5-7 幂律流体偏心环空轴向层流的等速线

四、流量及平均速度

设 Q 及 V 分别表示偏心环空中幂律流体轴向层流的流量与平均流速

$$Q = V\pi(R_2^2 - R_1^2)$$

$$V = \frac{u_* R_2^2}{\pi(R_2^2 - R_1^2)} F$$

$$F = \int_0^\pi \sum_{l=0}^{j} \frac{f(0)^l}{l!} \left\{ \left[\frac{2}{(2l-m+1)(2l-m+3)} + \frac{2}{(2l-m-1)(2l-m-3)} \right] \xi_d^{m+3} \right. \tag{5-29}$$
$$\left. + \frac{(R_1/R_2)^{2l-m+3}}{2l-m+3} \xi_d^{2m-2l} + \frac{\xi_0^{m-2l+3}}{m-2l+3} \xi_d^{2l} - \frac{(R_1/R_2)^{2l-m+1}}{2l-m+1} \xi_d^{2m-2l+2} - \frac{\xi_0^{m-2l+1}}{m-2l+1} \xi_d^{2l+2} \right\} d\theta$$

积分式（5-29）时，应该首先知道 $\xi_d = \xi_d(\theta)$ 的显函数关系。但是，式（5-22）是一个关于 ε_d 复杂的隐函数式，需用数值法求解。据式（5-22）的数值分析结果，表明计算时可作如下简化

$$\xi_d = a_0 + a_1 \cos\theta \tag{5-30}$$

对于式（5-30）中的待定常数 a_0 及 a_1，可以这样来确定

$$\begin{cases} a_0 = \xi_d \big|_{\theta=\frac{\pi}{2}} \\ a_1 = \xi_d \big|_{\theta=0} - \xi_d \big|_{\theta=\frac{\pi}{2}} \end{cases} \tag{5-31}$$

即认为 ξ_0 及 ξ_d 均为 $\cos\theta$ 的线性函数，这样的简化办法在偏心不严重时是可行的，将式（5-31）代入式（5-29）中，并将其幂指数项作泰勒展开取前五项。于是，经积分可得幂律流体偏心环空轴向层流的平均流速方程为

$$V = \frac{u_* R_2^2}{\pi(R_2^2 - R_1^2)} \tag{5-32}$$

其中

$$F = \sum_{l=0}^{j} \frac{f(0)^l}{l!} \left\{ M_1 a_0^{n+3} \left[1 + \frac{1}{4}(m+3)(m+2)\left(\frac{a_1}{a_2}\right)^2 \right. \right.$$
$$\left. + \frac{(m+3)(m+2)(m+1)m}{64}\left(\frac{a_1}{a_0}\right)^4 \right] + M_2 a_0^{2m-2l} \left[1 + \frac{1}{2}(m-l)(2m-2l-1)\left(\frac{a_1}{a_0}\right)^2 \right.$$
$$\left. + \frac{(m-l)(2m-2l-1)(m-l-1)(2m-2l-3)}{16}\left(\frac{a_1}{a_0}\right)^4 \right]$$
$$+ M_3 a_0^{2l} \left[1 + \frac{1}{4}(m-2l+3)(m-2l+2)\varepsilon^2 + l(m-2l+3)\varepsilon\frac{a_1}{a_0} \right.$$
$$+ \frac{1}{2}l(2l-1)\left(\frac{a_1}{a_0}\right)^2 + \frac{(m-2l+3)(m-2l+2)(m-2l+1)(m-2l)}{64}\varepsilon^4$$
$$\left. + \frac{3(m-2l+3)(m-2l+2)l(2l-1)}{16}\varepsilon^2\left(\frac{a_1}{a_0}\right)^2 \right.$$

$$+\frac{(m-2l+3)l(2l-1)(l-1)}{4}\varepsilon\left(\frac{a_1}{a_0}\right)^3+\frac{l(2l-1)(l-1)(2l-3)}{16}\left(\frac{a_1}{a_0}\right)^4]$$

$$-M_4 a_0^{2m-2l+2}[1+\frac{1}{2}(m-l+1)(2m-2l+1)\left(\frac{a_1}{a_0}\right)^2$$

$$+\frac{(m-l+1)(2m-2l+1)(m-l)(2m-2l-1)}{16}\left(\frac{a_1}{a_0}\right)^4]$$

$$-M_5 a_0^{2l+2}[1+\frac{1}{4}(m-2l+1)(m-2l)\varepsilon^2$$

$$+(l+1)(m-2l+1)\varepsilon\frac{a_1}{a_0}+\frac{1}{2}(2l+1)(l+1)\left(\frac{a_1}{a_0}\right)^2$$

$$+\frac{(m-2l+1)(m-2l)(m-2l-1)(m-2l-2)}{64}\varepsilon^4$$

$$+\frac{(l+1)(m-2l+1)(m-2l)(m-2l-1)}{8}\varepsilon^3\left(\frac{a_1}{a_0}\right)$$

$$+\frac{3(m-2l+1)(m-2l)(l+1)(2l+1)}{16}\varepsilon^2\left(\frac{a_1}{a_0}\right)^2$$

$$+\frac{(m-2l+1)(l+1)(2l+1)l}{4}\varepsilon\left(\frac{a_1}{a_0}\right)^3+\frac{(l+1)(2l+1)l(2l-1)}{16}\left(\frac{a_1}{a_0}\right)^4]\}$$

$$M_1=2\left[\frac{1}{(2l-m+1)(2l-m+3)}+\frac{1}{(2l-m-1)(2l-m-3)}\right]$$

$$M_2=\frac{(R_1/R_2)^{2l-m+3}}{2l-m+3}$$

$$M_3=\frac{1}{m-2l+3}$$

$$M_4=\frac{(R_1/R_2)^{2l-m+1}}{2l-m+1}$$

$$M_5=\frac{1}{m-2l+1}$$

可以证明，当 $e=0$ 时，式（5–32）便简化为幂律流体同心环空轴向层流，平均流速方程的级数解，即

$$V_{e=0}=\frac{u_*}{1-(R_1/R_2)^2}\sum_{l=0}^{j}\frac{f(0)^l}{l!}[M_1\xi_d^{m+3}+M_2\xi_d^{2(m-l)}+M_3\xi_d^{2l}-M_4\xi_d^{2(m-l+1)}-M_5\xi_d^{2(l+1)}]$$

$$=\frac{u_*}{1-(R_1/R_2)^2}F_0 \qquad(5\text{--}33)$$

今设幂律流体偏心环空轴向层流平均流速方程式（5-31）用 $V_e \neq 0$ 来表示，式（5-33）给出了对于不同的偏心度 $\varepsilon = e/(R_2-R_1)$ 及 R_1/R_2 下 $V_{e=0}/V_{e \neq 0}$ 的变化情况。根据流量与平均流速的关系，再结合图 5-8 所示结果可知，在压力梯度及其他参数不变条件下，偏心环空中幂律流体轴向层流的流量大于相应情况下的同心环空中的流量，而且可知，内管偏心度 ε 越大，偏心环空与同心环空的流量差越大；同一偏心度下，R_1/R_2 值越小，流量差越大。

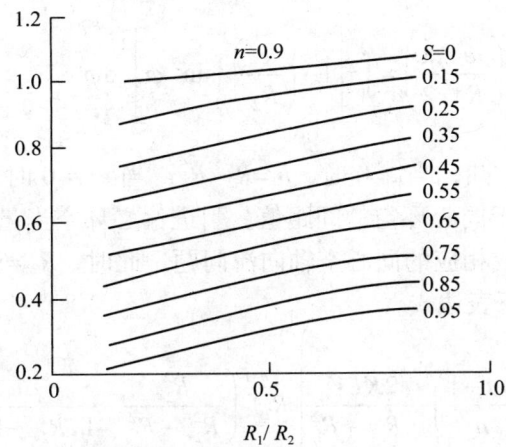

图 5-8　幂律流体的同心及偏心环空轴向层流平均流速比较

五、压降

由式（5-13）及式（5-18）得

$$\frac{\Delta p}{L} = 2K u_*^{1/m} \cdot \left(\frac{1}{R}\right)^{\frac{m+1}{m}} \tag{5-34}$$

由式（5-32）得

$$u_* = \pi(R_2^2 - R_1^2)V/(R_2^2 F)$$

所以可得

$$\frac{\Delta p}{L} = 2K \left(\frac{V}{F}\right)^{\frac{1}{m}} \left[\pi(R_2^2 - R_1^2)\right]^{\frac{1}{m}} \left(\frac{1}{R^2}\right)^{\frac{m+3}{m}}$$

即偏心环空中幂律流体轴向层流的压降方程为

$$\Delta p = 2KL \left[\pi(R_2^2 - R_1^2)\right]^n \left(\frac{V}{F}\right)^n \left(\frac{1}{R_2}\right)^{3n+1} \tag{5-35}$$

式中，V 是幂律流体偏心环空轴向层流的平均流速；F 值可经计算得出。

关于偏心环空中幂律流体轴向层流压降的计算，人们还提出了一些方便工程应用的公式。例如引进偏心环空当量间距的简化方法，当量间距的计算公式为

$$h_* = \left[R_1^2 + R_2^2 - \frac{4}{\pi} R_1 R_2 E\left(\frac{e}{R_2}, \frac{\pi}{2}\right) \right]^{\frac{1}{2}} \tag{5-36}$$

式中的 R_1、R_2 及 e 的意义同前，$E\left(\dfrac{e}{R_2}, \dfrac{\pi}{2}\right)$ 是第二类椭圆积分，即

$$E\left(\frac{e}{R_2}, \frac{\pi}{2}\right) = \int_0^{\frac{\pi}{2}} \left[1 - \left(\frac{e}{R_2}\right)^2 \sin^2 \varphi \right]^{\frac{1}{2}} d\varphi \tag{5-37}$$

由式（5-36）、式（5-37）知，当 $e=0$ 时，$h_*=R_2-R_1$；当 $e \neq 0$ 时，有 $h_*>R_2-R_1$，说明偏心环空的当量间距总要大于同心环空的间距值。引进偏心环空当量间距后，幂律流体偏心环空轴向层流问题将简化成相应的同心空轴向流问题。此时，$R_{2*}=R_1+ha$，于是，由幂律流体同心环空层流压降得如下表达式

$$\Delta p = \left(\frac{3n+1}{n}\right)^n \cdot \frac{2KLV_*^n}{R_{2*}^2 - R_1^2} \left[R_{2*}^{\frac{n-1}{n}} \left(\frac{R_{2*}^2}{R_{2*}^2 - R_1^2} - \frac{1}{\ln R_{2*}^2 - \ln R_1^2} \right)^{\frac{n+1}{n}} \right.$$
$$\left. - R_1^{\frac{n-1}{n}} \left(\frac{1}{\ln R_{2*}^2 - \ln R_1^2} - \frac{R_{2*}^2}{R_{2*}^2 - R_1^2} \right)^{\frac{n+1}{n}} \right]^{-n} \tag{5-38}$$

其中

$$R_{2*} = R_1 + \left[R_1^2 + R_2^2 - \frac{4}{\pi} R_1 R_2 E\left(\frac{e}{R_2}, \frac{\pi}{2}\right) \right]^{\frac{1}{2}} \tag{5-39}$$

关于式（5-36）至式（5-39）的详细推导，及其他简化计算幂律流体偏心环空轴向层流压降的方法，在此不再赘述。

第二节 偏心环空中宾汉流体的轴向结构流

讨论宾汉流体的偏心环空轴向流问题，仍然利用图 5-1 及所建立的柱坐标系。从实质上来讲，这种处理问题的方法就是将偏心环空流问题简化为环空外管边界可变的同心环空流问题。

一、速度分布

宾汉流体本构方程的一般形式为

$$\begin{cases} T = (\eta_p + \tau_0 / |\Pi|) A_1 & \text{当 } \dfrac{1}{2} \operatorname{tr} T^2 > \tau_0^2 \\ A_1 = 0 & \text{当 } \dfrac{1}{2} \operatorname{tr} T^2 \leqslant \tau_0^2 \end{cases} \tag{5-40}$$

有流体的本构方程 $\gamma = f(\tau)$，可以得到偏心环空中宾汉流体轴向流场偏应力张量的分量为

$$T_{\theta z} = T_{z\theta} = \left(\eta_p + \frac{\tau_0}{|\Pi|}\right)\frac{1}{r}\frac{\partial u}{\partial \theta} \tag{5-41}$$

$$\Pi = \left[\left(\frac{\partial u}{\partial r}\right)^2 + \left(\frac{1}{r}\frac{\partial u}{\partial \theta}\right)^2\right]^{1/2} \tag{5-42}$$

宾汉流体是一种具有屈服应力的非牛顿流体，当其在偏心环空中作轴向流动时，可由流核存在，流核边界曲线的控制方程为

$$\sqrt{\tau_{rz}^2 + \tau_{\theta z}^2} = \tau_0 \tag{5-43}$$

由于屈服应力 τ_0 是个常数，所以由式（5-43）可知，当 τ_{rz} 增大时，$\tau_{\theta z}$ 要减小，反之亦然。偏心环空中宽间隙处的流核速度与窄间隙处的流核速度是不相等的。

分析图 5-1 所示的偏心环空过流断面的几何关系及流场，可知宾汉流体偏心环空轴向层流的速度分布对于图 5-1 中的直线 $\overline{OO_1}$ 是对称的，所以，当 $\theta=0$ 及 $\theta=\pi$ 时，有 $\frac{\partial u}{\partial \theta}=0$，进而可知

$$\frac{\partial u}{\partial \theta} \approx -A\sin\theta \tag{5-44}$$

式中　A——正值常数。

因为当 $\theta=0$ 及 $\theta=\pi$ 处，有 $\frac{\partial u}{\partial \theta}=0$，所以可得

$$\tau_{\theta z}|_{\theta=0} = \tau_{\theta z}|_{\theta=\pi} = 0 \tag{5-45}$$

可见，在 $\theta=0$ 及 $\theta=\pi$ 两处，偏心环空流问题退化成了同心环空流问题。此时对于 $\theta=0$ 及 $\theta=\pi$ 两点处，宾汉流体同心环空流诸方程仍然适用，但应该注意的是，环空外边界 R_2 要分别换成 $\theta=0$ 及 $\theta=\pi$ 处的 r_0 值 R_k 与 R_z 由式（5-2）得

$$R_* = r_0|_{\theta=0} = R_2 + e \tag{5-46}$$

$$R_* = r_0|_{\theta=\pi} = R_2 - e \tag{5-47}$$

所以，对于宾汉流体偏心环空轴向层流，由宾汉流体同心环空轴向结构流的速度分布

$$\begin{cases} u = \frac{\Delta p}{4\eta_p L}(R_1^2 - r^2) + \frac{1}{\eta_p}\left(R_{m1}\tau_0 + \frac{\Delta p}{2L}R_{m1}^2\right)\ln\frac{r}{R_1} - \frac{\tau_0}{\eta_p}(r - R_1) & R_1 \leqslant r \leqslant R_{m1} \\ u = \frac{\Delta p}{4\eta_p L}(R_2^2 - r^2) + \frac{1}{\eta_p}\left(-R_{m2}\tau_0 + \frac{\Delta p}{2L}R_{m2}^2\right)\ln\frac{r}{R_2} - \frac{\tau_0}{\eta_p}(R_2 - r) & R_{m2} \leqslant r \leqslant R_2 \end{cases}$$

不难得 $\theta=0$ 及 $\theta=\pi$ 时，速梯区的速度分布方程为

$$\begin{cases} u = \dfrac{\Delta p}{4\eta_p L}(R_1^2 - r^2) + \dfrac{1}{\eta_p}\left(R_{m1}\tau_0 + \dfrac{\Delta p}{2L}R_{m1}^2\right)\ln\dfrac{r}{R} - \dfrac{\tau_0}{\eta_p}(r - R_1) & (R_1 \leqslant r \leqslant R_{m1}) \\[2mm] R_{m1} = \left(\dfrac{R_*^2 - R_1^2}{2\ln\dfrac{R_*}{R_1}}\right) - \dfrac{\tau_0 L}{\Delta p} \\[4mm] u = \dfrac{\Delta p}{4\eta_p L}(R_*^2 - r^2) + \dfrac{1}{\eta_p}\left(-R_{m2}\tau_0 + \dfrac{\Delta p}{2L}R_{m2}^2\right)\ln\dfrac{r}{R_*} - \dfrac{\tau_0}{\eta_p}(R_* - r) & (R_{m2} \leqslant r \leqslant R_*) \\[4mm] R_{m2} = \left(\dfrac{R_*^2 - R_1^2}{2\ln\dfrac{R_*}{R_1}}\right)^{1/2} + \dfrac{\tau_0 L}{\Delta p} \\[2mm] \theta = 0 \end{cases} \quad (5\text{-}48)$$

$$\begin{cases} u = \dfrac{\Delta p}{4\eta_p L}(R_1^2 - r^2) + \dfrac{1}{\eta_p}\left(R_{m1}\tau_0 + \dfrac{\Delta p}{2L}R_{m1}^2\right)\ln\dfrac{r}{R_1} - \dfrac{\tau_0}{\eta_p}(r - R_1) & (R_1 \leqslant r \leqslant R_{m1}) \\[2mm] R_{m1} = \left(\dfrac{R_*^2 - R_1^2}{2\ln\dfrac{R_*}{R_1}}\right) - \dfrac{\tau_0 L}{\Delta p} \\[4mm] u = \dfrac{\Delta p}{4\eta_p L}(R_*^2 - r^2) + \dfrac{1}{\eta_p}\left(-R_{m1}\tau_0 + \dfrac{\Delta p}{2L}R_{m2}^2\right)\ln\dfrac{r}{R_*} - \dfrac{\tau_0}{\eta_p}(R_* - r) & (R_{m2} \leqslant r \leqslant R_*) \\[4mm] R_{m2} = \left(\dfrac{R_*^2 - R_1^2}{2\ln\dfrac{R_*}{R_1}}\right) + \dfrac{\tau_0 L}{\Delta p} \\[2mm] \theta = \pi \end{cases} \quad (5\text{-}49)$$

同理，可得两处的流核速度为

$$\begin{cases} u_{\max} = \dfrac{\Delta p}{4\eta_p L}\left(R_*^2 - R_{m2}^2 - 2R_{m2}^2 \ln\dfrac{R_*}{R_{m2}}\right) - \dfrac{\tau_0}{\eta_p}\left(R_* - R_{m2} - R_{m1}\ln\dfrac{R_*}{R_{m2}}\right) \\[3mm] \phantom{u_{\max}} = \dfrac{\Delta p}{4\eta_p L}\left(R_1^2 - R_{m1}^2 - 2R_{m1}^2 \ln\dfrac{R_{m1}}{R_1}\right) - \dfrac{\tau_0}{\eta_p}\left(R_{m1} - R_1 - R_{m1}\ln\dfrac{R_{m1}}{R_1}\right) \\[2mm] \theta = 0 \end{cases} \quad (5\text{-}50)$$

$$\begin{cases} u_{\max} = \dfrac{\Delta p}{4\eta_p L}\left(R_*^2 - R_{m2}^2 - 2R_{m2}^2 \ln\dfrac{R_*}{R_{m2}}\right) - \dfrac{\tau_0}{\eta_p}\left(R_* - R_{m2} - R_{m2}\ln\dfrac{R_*}{R_{m2}}\right) \\ \quad\;\; = \dfrac{\Delta p}{4\eta_p L}\left(R_1^2 - R_{m1}^2 - 2R_{m1}\ln\dfrac{R_{m2}}{R_1}\right) - \dfrac{\tau_0}{\eta_p}\left(R_{m2} - R_1 - R_{m2}\ln\dfrac{R_{m1}}{R_1}\right) \\ \theta = \pi \end{cases} \quad (5\text{-}51)$$

图5-9给出了$\theta=0$及$\theta=\pi$处的速度分布数值计算结果。图中的$\pi_e=e/R_2$，$\pi_r=R_1/R_2$，$\pi_R=r/r_0$，$\pi_{\tau 0}=(2\tau_0 L/\Delta p)/R_2$，$\pi_u=u/u_{\max}|_{\theta=0}$。由图5-9可知，当流体存在屈服应力时，可使得流场宽（对应于$\theta=0$）、窄（对应于$\theta=\pi$）间隙处的速度差异增大；$\theta=0$及$\theta=\pi$处的流核速度是不相同的。

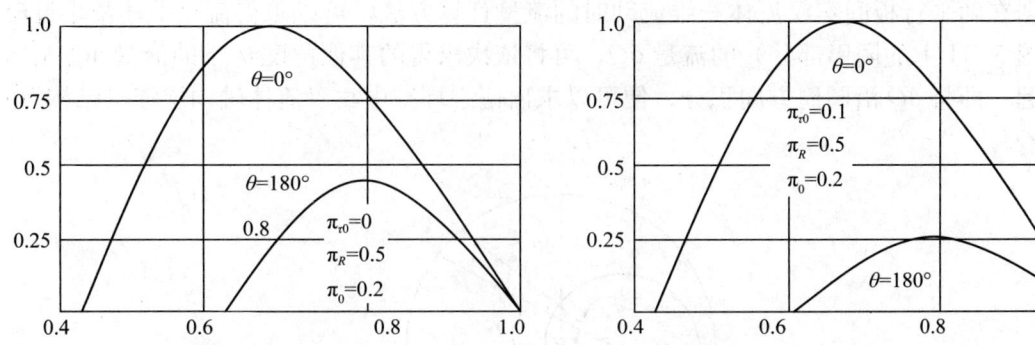

图5-9　宾汉流体偏心环空轴向流速分布图

当要求分析任一周向角θ处的速度分布时，由于此时角度θ相对固定为常数，$\dfrac{\partial u}{\partial \theta}=0$，因此，也可按$\theta=0$及$\theta=\pi$处的分析方法来建立速梯区及流核区的速度表达式，但应该注意的是，环空外边界r_0应由式（5-1）确定。

二、流量及平均流速

将偏心环空过流断面用图5-10来表示，图中的h定义为任一周向角θ处的偏心环空宽度，其他符号的意义同前。根据余弦定理，不难得出

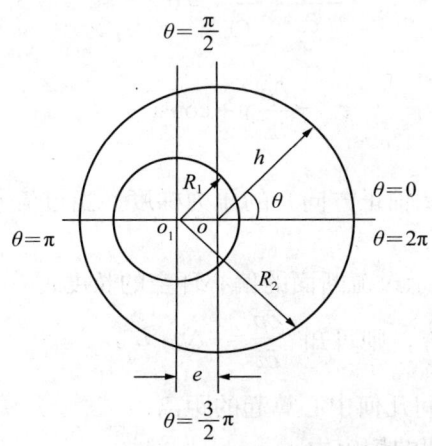

图5-10　偏心环空过流断面

$$h = (R_2^2 - e^2 \sin^2 \theta)^{1/2} - R_1 + e\cos\theta \tag{5-52}$$

于是

$$h_{\max} = h|_{\theta=0} = (R_2 - R_1)(1+\varepsilon) \tag{5-53}$$

$$h_{\max} = h|_{\theta=\pi} = (R_2 - R_1)(1-\varepsilon) \tag{5-54}$$

式中的 ε 定义为偏心度，$\varepsilon = e/(R_2 - R_1)$。

今在周向角为 θ 处作两个半径，其间的夹角为 $d\theta$，如图 5–11 所示。流体在 $d\theta$ 角间的缝隙中（图 5–11 上的阴影部分）的流动可以近似地当作流体在平行平板华间的一维流动，而且它是相当于流体时沿流动方向上的压降不为零，两平行平板保持静止的情况。进而，根据在两平行板间宾汉流体一维流动时的流量计算方法，可以求得流过上述微小过流断面（图 5–11 上的阴影部分）的流量 dQ，再将依次求得的其他角度 θ_i 下的流量 dQ_i 全部加在一起，即将 dQ 沿圆周方向积分，便可以求出偏心环空中宾汉流体轴向层流（结构流）的流量 Q。

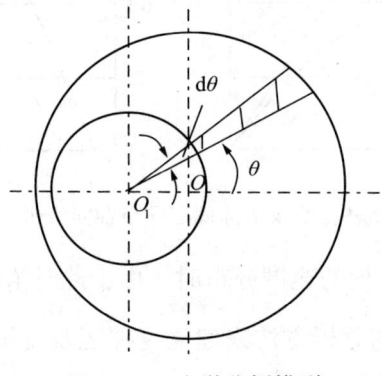

图 5–11　力学分析模型

下面就进行具体的分析和计算。

两平行平板间流体运动方程式为

$$-\frac{\partial p}{\partial z} + \frac{\partial \tau_{yz}}{\partial y} = 0 \tag{5-55}$$

将式（5–55）积分可得

$$\tau_{yz} = \frac{\partial p}{\partial z} y + \text{const} \tag{5-56}$$

式中　$\dfrac{\partial p}{\partial z}$——沿流动方向（$z$ 轴正方向）的压力梯度，当过流断面沿轴向恒定不变时，其值是一个常数；

L——具有如图 5–3 所示过流断面的偏心环空的长度；

Δp——L 长度内的压降，则可知 $\dfrac{\partial p}{\partial z} = -\Delta p/L$；

y——从两平行平板之间几何中心算起的距离；

τ_{yz}——流体各液层之间的切应力。

const——积分常数。

对于宾汉流体在两平行平板间的一维流动，宾汉流体的本构方程可简化成下式

$$\begin{cases} \tau = \left(\eta_p + \tau_0 \Big/ \left|\dfrac{du}{dy}\right|\right)\dfrac{du}{dy} & (\tau > \tau_0) \\ \dfrac{du}{dy} = 0 & (\tau \leqslant \tau_0) \end{cases} \quad (5\text{-}57)$$

式中 u——流体点速度；

$\dfrac{du}{dy}$——速度梯度；

τ——流体各液层之间的切应力。

在速梯区内，有

$$\begin{cases} \tau = \eta_p \dfrac{du}{dy} - \tau_0 & (y > 0) \\ \tau = \eta_p \dfrac{du}{dy} + \tau_0 & (y < 0) \end{cases} \quad (5\text{-}58)$$

y 值的正负是这样区分的，两平行平板间的几何中心处事 $y=0$，取偏心环空内管外法线方向为 y 坐标的正方向。

将式（5-58）代入式（5-56）中，可得

$$\begin{cases} \eta_p \dfrac{du}{dy} - \tau_0 = \dfrac{\partial p}{\partial z} y + \text{const} & (y > 0) \\ \eta_p \dfrac{du}{dy} + \tau_0 = \dfrac{\partial p}{\partial z} y + \text{const} & (y < 0) \end{cases} \quad (5\text{-}59)$$

根据宾汉流体在二平行平板间一维层流（结构流）的流动特点，若设 b 为流核（或塞流区）的边界，可知当 $y=\pm b$ 时，有 $\dfrac{du}{dy}=0$ 及 $\tau=\tau_0$。所以可得积分常数 const=0。因此又可知，宾汉流体在二平行平板间作一维流动时，各液层之间的切应力同离开二平行平板之间几何中心的距离成正比；在流核与速梯区的交界面处，液层之间的切应力是常数 τ_0。这时可写出

$$\tau = \dfrac{\partial p}{\partial z} y \quad (5\text{-}60)$$

在平行板的壁面处切应力有最大值，即

$$\begin{cases} \tau_w = \dfrac{\partial p}{\partial z}\dfrac{h}{2} & (y > 0) \\ \tau_w = -\dfrac{\partial p}{\partial z}\dfrac{h}{2} & (y < 0) \end{cases} \quad (5\text{-}61)$$

及
$$\tau/\tau_w = 2y/h \tag{5-62}$$

就偏心环空轴向流动而言，τ_w 表示内管外壁面、外管内壁面上的切应力。

将式（5-52）代入式（5-61）中，可以得到偏心环空管壁处切应力的计算公式为

$$\tau_w = \frac{\Delta p}{2L}\left(e\cos\theta - R_1 + \sqrt{R_2^2 - e^2\sin^2\theta}\right) \tag{5-63}$$

由式（5-63）可知，在偏心环空轴向层流情况下，壁面处的切应力大小沿圆周方向是变化的。

根据宾汉流体的流动特点，如果各液层间的切应力 $\tau \leqslant \tau_0$，则流核将出现；当管壁处的切应力 $\tau_w \leqslant \tau_0$ 时，流体将处于静止状态。因此，由式（5-63）可知当偏心环空中存在不流动的滞留流体时，有下式成立

$$\begin{cases} \tau_0 = \dfrac{\Delta p}{2L}\left[(R_2^2 - e^2\sin^2\varphi)^{1/2} - R_1 + e\cos\varphi\right] \\ \theta \leqslant \varphi \leqslant \pi \end{cases} \tag{5-64}$$

计算可得

$$\varphi = \cos^{-1}\left\{\left[\left(\frac{\dfrac{2\tau_0}{\Delta p} + R_1}{L}\right)^2 + e^2 - R_2^2\right] \bigg/ 2e\left(\frac{\dfrac{2\tau_0}{\Delta p} + R_1}{L}\right)\right\} \tag{5-65}$$

利用式（5-65），便可以确定偏心环空中宾汉流体做轴向层流（结构流）流动时滞留区的范围；当 $\theta \geqslant \varphi$ 时，环空间隙内流量是零当偏心环空中不存在滞留流体时，有 $\theta=\pi$，所以可得

$$\tau_0 = \frac{\Delta p}{2L}(R_2 - R_1 - e) \tag{5-66}$$

$$\tau_0 = \frac{\Delta p}{2L}\delta_{\min} \tag{5-67}$$

$$\delta_{\min} = R_2 - R_1 - e \tag{5-68}$$

式中　$\delta_{\min}$——不存在滞留流体时，偏心环空最窄间隙的极限允许宽度。

今设图 5-11 中距阴影部分内，外壁面中心线为 y 处的流体点速度是 u，则依据流量定义可得流过阴影部分的流量 dQ 为

$$dQ = 2\int_0^{h/2}\left(R_1 + \frac{h}{2}\right)d\theta \cdot u \cdot dy$$

计算得

$$\mathrm{d}Q = 2\left[\left(R_1+\frac{h}{2}\right)\mathrm{d}\theta y u\big|_0^b - \int_0^b\left(R_1+\frac{h}{2}\right)\mathrm{d}\theta y\frac{\mathrm{d}u}{\mathrm{d}y}\mathrm{d}y + \left(R_1+\frac{h}{2}\right)\mathrm{d}\theta\cdot y\cdot u\big|_b^{h/2} - \int_b^{h/2}\left(R_1+\frac{h}{2}\right)\mathrm{d}\theta y\frac{\mathrm{d}u}{\mathrm{d}y}\mathrm{d}y\right]$$

$$= 2\left[-\int_0^b\left(R_1+\frac{h}{2}\right)\mathrm{d}\theta y\frac{\mathrm{d}u}{\mathrm{d}y}\mathrm{d}y - \int_0^{h/2}\left(R_1+\frac{h}{2}\right)\mathrm{d}\theta y\frac{\mathrm{d}u}{\mathrm{d}y}\mathrm{d}y\right] \tag{5-69}$$

式中 b——流核边界；

u_0——流核处的速度；

$\dfrac{\mathrm{d}u}{\mathrm{d}y}$——速度梯度。

由宾汉流体的本构方程式可知，当 $0 \leqslant y \leqslant b$ 时，$\dfrac{\mathrm{d}u}{\mathrm{d}y}=0$；在速梯区内有

$$\begin{cases}\dfrac{\mathrm{d}u}{\mathrm{d}y} = f_1(\tau) = \dfrac{1}{\eta_\mathrm{p}}(\tau+\tau_0) & (y>+b) \\ \dfrac{\mathrm{d}u}{\mathrm{d}y} = f_2(\tau) = \dfrac{1}{\eta_\mathrm{p}}(\tau-\tau_0) & (y<-b)\end{cases}$$

可得

$$\mathrm{d}Q = 2\int_b^{h/2} -\left(R_1+\frac{h}{2}\right)\mathrm{d}\theta\cdot y\cdot f_1(\tau)\mathrm{d}y$$

因为

$$y = \frac{\tau}{\tau_\mathrm{w}}\frac{h}{2}$$

$$\mathrm{d}y = \frac{1}{\tau_\mathrm{w}}\frac{h}{2}\mathrm{d}\tau$$

$$\begin{cases}\tau = \dfrac{\partial p}{\partial z}\dfrac{h}{2} = -\tau_\mathrm{w} & \left(y=+\dfrac{h}{2}\right) \\ \tau = -\tau_0 & (y=+b)\end{cases}$$

可得

$$\mathrm{d}Q = 2\left(R_1+\frac{h}{2}\right)\frac{h^2}{4}\int_{-\tau_0}^{-\tau_\mathrm{w}} -\frac{1}{\tau_\mathrm{w}^2}\tau f_1(\tau)\mathrm{d}\tau\mathrm{d}\theta \tag{5-70}$$

将式 (5-70) 积分可得流过整个偏心环空过流断面的流量为

$$Q = \int_0^{2\pi}\left(R_1+\frac{h}{2}\right)\frac{h^2}{2}\left(\frac{1}{3}\tau^3 - \frac{1}{2}\tau_0\tau^2\right)\frac{1}{\eta_\mathrm{p}\tau_\mathrm{w}^2}\mathrm{d}\theta \tag{5-71}$$

$$= \int_0^{2\pi}\left[\frac{\Delta p}{24L\eta_\mathrm{p}}(2R_1+h)h^3 - \frac{\tau_0}{8\eta_\mathrm{p}}(2R_1+h)h^2\right]\mathrm{d}\theta + \int_0^{2\pi}\frac{\tau_0}{6\eta_\mathrm{p}}\left(\frac{\tau_0}{\dfrac{\Delta p}{L}}\right)^2(2R_1+h)\mathrm{d}\theta \tag{5-72}$$

因为
$$(2R_1+h)h = [(R_2^2 - e^2\sin^2\theta)^{1/2} + e\cos\theta]^2 - R_1^2$$

可得

$$Q = \int_0^{2\pi} \left\{ \frac{\Delta p}{24L\eta_p} \left[(R_2^2 - e^2\sin^2\theta)^{1/2} + e\cos\theta - R_1\right]^2 \right.$$
$$\left. -\frac{\tau_0}{8\eta_p}\left[(R_2^2 - e^2\sin^2\theta)^{1/2} + e\cos\theta - R_1\right]\right\} \cdot \left\{\left[(R_2^2 - e^2\sin^2\theta)^{1/2} + e\cos\theta\right]^2 \right.$$
$$\left. - R_1^2 \right\} \mathrm{d}\theta + \int_0^{2\pi} \frac{\tau_0}{6\eta_p}\left(\frac{\tau_0}{\frac{\Delta p}{L}}\right)^2 \left[(R_2^2 - e^2\sin^2\theta)^{1/2} + e\cos\theta + R_1\right]\mathrm{d}\theta \quad (5\text{-}73)$$

可以证明，式（5-73）中等号右端第一项是忽略流核时的宾汉流体偏心环空轴向流流量；当不忽略流核时，其流量值比忽略流核时的流量大，其附加量是式（5-73）中等号右端的第二项。在下面的分析中，考虑到（e/R_2）的三次幂以上诸项与计算时涉及到的其余各项比较而言是个小量，所以，在具体解式（5-73）时，忽略了 e/R_2 的三次幂以上诸项高阶小量。

经过计算，式（5-73）等号右端第一项的被积函数可表示为

$$f(\theta) = \zeta_1 + \zeta_2\cos 2\theta + \zeta_3 F(\theta)\cos\theta + \zeta_4\cos^2 2\theta$$
$$+\zeta_5 F(\theta)\cos\theta\cos 2\theta - \zeta_6\cos\theta - \zeta_7\cos\theta\cos 2\theta$$
$$-\zeta_8[F(\theta)]^2\cos\theta + \zeta_9[F(\theta)]^2\cos^2\theta$$
$$-\zeta_{10}F(\theta) - \zeta_{11}F(\theta)\cos^2\theta - \zeta_{12}F(\theta)\cos 2\theta \quad (5\text{-}74)$$

其中

$$\xi_1 = \frac{\Delta p}{24L\eta_p}(R_2^4 - R_1^4) + \frac{\tau_0}{8\eta_p}R_1(R_2^2 - R_1^2)$$

$$\xi_2 = \frac{\Delta p}{24L\eta_p}2R_2^2 e^2 + \frac{\tau_0}{8\eta_p}R_1 e^2$$

$$\xi_3 = \frac{\Delta p}{24L\eta_p}4R_2^2 e + \frac{\tau_0}{8\eta_p}R_1 e$$

$$\xi_4 = \frac{\Delta p}{24L\eta_p}e^4$$

$$\xi_5 = \frac{\Delta p}{24L\eta_p}4e^3$$

$$\xi_6 = \frac{\Delta p}{24L\eta_p}2R_1e(R_2^2 - R_1^2) + \frac{\tau_0}{8\eta_p}(R_2^2 - R_1^2)e$$

$$\xi_7 = \frac{\Delta p}{24L\eta_p}2R_1e^3 + \frac{\tau_0}{8\eta_p}e^3$$

$$\xi_8 = \frac{\Delta p}{24L\eta_p}4R_1e + \frac{\tau_0}{8\eta_p}2e$$

$$\xi_9 = \frac{\Delta p}{24L\eta_p}4e^2$$

$$\xi_{10} = \frac{\Delta p}{24L\eta_p}2R_1(R_2^2 - R_1^2) + \frac{\tau_0}{8\eta_p}(R_2^2 - R_1^2)$$

$$\xi_{11} = \frac{\Delta p}{24L\eta_p}4R_1e^2 + \frac{\tau_0}{8\eta_p}2e^2$$

$$\xi_{12} = \frac{\Delta p}{24L\eta_p}2R_1e^2 + \frac{\tau_0}{8\eta_p}e^3$$

$$F(\theta) = (R_2^2 - e^2\sin^2\theta)^{1/2}$$

于是，将式（5–73）和式（5–74）逐项积分，便可求出流量 Q。

首先来计算忽略流核时的流量 Q_1，因为

$$\int_0^{2\pi}\xi_1\mathrm{d}\theta = \frac{\Delta p}{12L\eta_p}\pi(R_2^4 - R_1^4) + \frac{\tau_0}{4\eta_p}\pi R_1(R_2^2 - R_1^2)$$

$$\int_0^{2\pi}\xi_2\cos 2\theta\mathrm{d}\theta = 0$$

$$\int_0^{2\pi}\xi_3 F(\theta)\cos\theta\mathrm{d}\theta = 0$$

$$\int_0^{2\pi}\xi_4\cos^2 2\theta\mathrm{d}\theta = \pi\xi_4 = \frac{\Delta p}{24L\eta_p}\pi e^4$$

$$\int_0^{2\pi}\xi_5 F(\theta)\cos\theta\cos 2\theta\mathrm{d}\theta = 0$$

$$\int_0^{2\pi}\xi_6\cos\theta = 0$$

$$\int_0^{2\pi}\xi_7\cos\theta\cos 2\theta\mathrm{d}\theta = 0$$

$$\int_0^{2\pi} \xi_8 \left[F(\theta)\right]^2 \cos\theta \mathrm{d}\theta = 0$$

$$\int_0^{2\pi} \xi_9 \left[F(\theta)\right]^2 \cos\theta \mathrm{d}\theta = \xi_9\left(\pi R_2^2 - \frac{\pi}{4}e^2\right) = \frac{\Delta p}{12L\eta_p}2\pi R_2^2 e^2 - \frac{\Delta p}{12L\eta_p}\frac{\pi}{2}e^4$$

$$\int_0^{2\pi} \xi_{10} F(\theta) \mathrm{d}\theta = 2\pi R_2 \xi_{10} - \frac{\pi}{2}R_2\xi_{10}\left(\frac{e}{R_2}\right)^2 = \frac{\Delta p}{12L\eta_p}2\pi R_1 R_2 (R_2^2 - R_1^2)\left[1-\left(\frac{e}{2R_2}\right)^2\right]$$

$$+ \frac{\tau_0}{4\eta_p}\pi R_2 (R_2^2 - R_1^2)\left[1-\left(\frac{e}{2R_2}\right)^2\right]$$

$$\int_0^{2\pi} \xi_{11} F(\theta) \cos^2\theta \mathrm{d}\theta = \pi R_2 \xi_{11} - \frac{\pi}{8}\xi_{11}R_2\left(\frac{e}{R_2}\right)^2 = \frac{\Delta p}{12L\eta_p}2\pi R_1 R_2 e^2\left[1-\frac{1}{2}\left(\frac{e}{2R_2}\right)^2\right]$$

$$+ \frac{\tau_0}{4\eta_p}\pi R_2 e^2\left[1-\left(\frac{e}{2R_2}\right)^2\right]$$

$$\int_0^{2\pi} \xi_{12} F(\theta) \cos 2\theta \mathrm{d}\theta = \frac{\pi}{4}\xi_{12}R_2\left(\frac{e}{R_2}\right)^2 = \frac{\Delta p}{12L\eta_p}\pi R_1 R_2 e^2\left(\frac{e}{2R_2}\right)^2 + \frac{\tau_0}{4\eta_p}\pi R_2 e^2 \frac{1}{2}\left(\frac{e}{2R_2}\right)^2$$

合并上述计算结果，可得忽略流核时宾汉流体偏心环空轴向层流流量为

$$Q_1 = \frac{\pi\Delta p}{12L\eta_p}\left\{R_2^4 - R_1^4 + 2R_2^2 e^2 - 2R_1 R_2 e^2 - 2R_1 R_2(R_2^2 - R_1^2)\left[1-\left(\frac{e}{2R_2}\right)^2\right]\right\} \quad (5-75)$$

$$- \frac{\pi\tau_0}{4\eta_p}\left\{R_2(R_2^2 - R_1^2)\left[1-\left(\frac{e}{2R_2}\right)^2\right] + R_2 e^2 - R_1(R_2^2 - R_1^2)\right\}$$

如果令 $e=0$，则可得

$$Q_1 = \frac{\pi\Delta p}{12L\eta_p}\left\{(R_2^2 + R_1^2)(R_2^2 - R_1^2) - 2R_1 R_2(R_2^2 - R_1^2)\right\} - \frac{\pi\tau_0}{4\eta_p}\left\{R_2(R_2^2 - R_1^2) - R_1(R_2^2 - R_1^2)\right\}$$

$$= \frac{\pi\Delta p(R_2 + R_1)(R_2 - R_1)^3}{12\eta_p L} - \frac{\pi\tau_0(R_2 + R_1)(R_2 - R_1)^2}{4\eta_p} \quad (5-76)$$

式（5-76）是石油钻井工程中不考虑钻柱偏心时常用的流量计算公式。

下面计算流核部分的流量，也就是式（5-73）中等号右端的第二项，令其为 Q_2，即

$$Q_2 = \int_0^{2\pi} \frac{\tau_0}{6\eta_p}\left(\frac{\tau_0}{\frac{\Delta p}{L}}\right)^2 e\cos\theta \mathrm{d}\theta + \int_0^{2\pi} \frac{\tau_0}{6\eta_p}\left(\frac{\tau_0}{\frac{\Delta p}{L}}\right)^2 R_1 \mathrm{d}\theta + \int_0^{2\pi} \frac{\tau_0}{6\eta_p}\left(\frac{\tau_0}{\frac{\Delta p}{L}}\right)^2 F(\theta) \mathrm{d}\theta$$

因为

$$\int_0^{2\pi} \frac{\tau_0}{6\eta_p}\left(\frac{\tau_0}{\frac{\Delta p}{L}}\right)^2 e\cos\theta \mathrm{d}\theta = 0$$

$$\int_0^{2\pi} \frac{\tau_0}{6\eta_p}\left(\frac{\tau_0}{\frac{\Delta p}{L}}\right)^2 R_1 \mathrm{d}\theta = \frac{\pi}{3} R_1 \frac{\tau_0}{\eta_p}\left(\frac{\tau_0}{\frac{\Delta p}{L}}\right)^2$$

$$\int_0^{2\pi} \frac{\tau_0}{6\eta_p}\left(\frac{\tau_0}{\frac{\Delta p}{L}}\right)^2 F(\theta) \mathrm{d}\theta = \frac{\pi}{3} R_2 \frac{\tau_0}{\eta_p}\left(\frac{\tau_0}{\frac{\Delta p}{L}}\right)^2 - \frac{\pi}{12} R_2 \left(\frac{e}{R_2}\right)^2 \frac{\tau_0}{\eta_p}\left(\frac{\tau_0}{\frac{\Delta p}{L}}\right)^2$$

所以，可得

$$Q_2 = \frac{\pi}{3}(R_1 + R_2)\frac{\tau_0}{\eta_p}\left(\frac{\tau_0}{\frac{\Delta p}{L}}\right)^2 - \frac{\pi}{12} R_2 \left(\frac{e}{R_2}\right)^2 \frac{\tau_0}{\eta_p}\left(\frac{\tau_0}{\frac{\Delta p}{L}}\right)^2 \tag{5-77}$$

合并 Q_1 和 Q_2，便得到了宾汉流体偏心环空轴向层流（结构流）的流量 Q 为

$$Q = Q_1 + Q_2$$

$$\begin{aligned}
Q = & \frac{\pi \Delta p}{12L\eta_p}\left\{R_2^4 - R_1^4 + 2R_2^2 e^2 - 2R_1 R_2 e^2 - 2R_1 R_2 (R_2^2 - R_1^2)\left[1-\left(\frac{e}{2R_2}\right)^2\right]\right\} \\
& - \frac{\pi \tau_0}{4\eta_p}\left\{R_2 e^2 + R_2(R_2^2 - R_1^2)\left[1-\left(\frac{e}{2R_2}\right)^2\right] - R_1(R_2^2 - R_1^2)\right\} + \frac{\pi}{3}(R_1 + R_2) \\
& \frac{\tau_0}{\eta_p}\left(\frac{\tau_0}{\frac{\Delta p}{L}}\right)^2 - \frac{\pi}{12} R_2 \left(\frac{e}{R_2}\right)^2 \frac{\tau_0}{\eta_p}\left(\frac{\tau_0}{\frac{\Delta p}{L}}\right)^2
\end{aligned} \tag{5-78}$$

计算宾汉流体偏心环空轴向流的流量时，是否可以忽略流核呢？这样处理问题后会产生大的计算误差吗？今以下面的数值分析示例来回答这个问题。

通过分析和计算，可以认为针对一般情况而言，如果钻井或水泥浆的流变规律符合宾汉流体的本构方程式，其屈服值 $\tau_0 \neq 0$，那么，钻井液或水泥浆在偏心环空中的轴向流动，多半都将存在流核，没流核的情况并非多见。为了提高钻井施工设计水平，一般来说，计算偏心环空轴向层流的流量不应该忽略流核部分的流量。如果采用了这种忽略流核的简化

处理办法，此时所得到的结论是对应于高流量是的误差小；而对应于中等流量成低流量是的误差大；偏心度大时误差小；偏心度小误差大。

根据平均流速的定义，有

$$V = Q / \pi (R_2^2 - R_1^2) \tag{5-79}$$

所以，当要求宾汉流体偏心环空轴向层流（结构流）的平均流速 V 时，只要将式（5-78）除以偏心环空过流断面的面积 $\pi(R_2^2 - R_1^2)$ 即可。

三、压降

偏心环空中宾汉流体轴向层流（结构流）的压降可以直接从式（5-78）导出。将式（5-78）等号两端同乘 $\left(\dfrac{\Delta p}{L}\right)^2$ 后即可得

$$A\left(\frac{\Delta p}{L}\right)^3 + B\left(\frac{\Delta p}{L}\right)^2 + C = 0 \tag{5-80}$$

在式（5-80）中，常数 A、B 及 C 由下述各式表示。

$$A = \frac{\pi \Delta p}{12 \eta_p} \left\{ R_2^4 - R_1^4 + 2R_2^2 e^2 - 2R_1 R_2 (R_2^2 - R_1^2) \left[1 - \left(\frac{e}{2R_2}\right)^2 \right] \right\}$$

$$B = -\frac{\pi \tau_0}{4 \eta_p} \left\{ R_2 e^2 + R_2 (R_2^2 - R_1^2) \left[1 - \left(\frac{e}{2R_2}\right)^2 \right] - R_1 (R_2^2 - R_1^2) \right\} - Q$$

$$C = \frac{\pi}{3}(R_1 + R_2)\frac{\tau_0^3}{\eta_p} - \frac{\pi}{12} R_2 \left(\frac{e}{R_2}\right)^2 \frac{\tau_0^3}{\eta_p}$$

令

$$\frac{\Delta p}{L} = x - \frac{B}{3A} \tag{5-81}$$

则经过计算可得

$$x^3 - \frac{1}{3}\left(\frac{B}{A}\right)^2 x + \frac{2}{27}\left(\frac{B}{A}\right)^3 + \frac{C}{A} = 0$$

或

$$x^3 + \beta x + n = 0 \tag{5-82}$$

$$\beta = -\frac{1}{3}\left(\frac{B}{A}\right)^2 \tag{5-83}$$

$$\eta = \frac{2}{27}\left(\frac{B}{A}\right)^3 + \frac{C}{A} \tag{5-84}$$

解式（5-84）可得

$$x_1 = 2\bar{r}^{\frac{1}{3}}\cos\bar{\theta} \tag{5-85}$$

$$x_2 = 2\bar{r}^{\frac{1}{3}}\cos(\bar{\theta}+120°) \tag{5-86}$$

$$x_3 = 2\bar{r}^{\frac{1}{3}}\cos(\bar{\theta}+240°) \tag{5-87}$$

式（5-85）、式（5-86）、式（5-87）中，$\bar{r}$ 及 $\bar{\theta}$ 可按下式求出

$$\bar{r} = \sqrt{-\left(\frac{\beta}{3}\right)^3} \tag{5-88}$$

$$\bar{\theta} = \frac{1}{3}\arccos\left(-\frac{n}{2r}\right) \tag{5-89}$$

所以，可得偏心环空中宾汉流体轴向层流（结构流）的压降为

$$\begin{cases} \Delta p_1 = \left(x_1 - \dfrac{B}{3A}\right)L \\ \Delta p_2 = \left(x_2 - \dfrac{B}{3A}\right)L \\ \Delta p_3 = \left(x_3 - \dfrac{B}{3A}\right)L \end{cases} \tag{5-90}$$

计算出 Δp_1、Δp_2 及 Δp_3 的数值之后，再根据实际问题决定取舍。

在前面讨论宾汉流体同心环空轴向层流（结构流）问题时，得到

$$R_{m2} - R_{m1} = \frac{2\tau_0}{(\Delta p/L)} \tag{5-91}$$

R_{m2} 与 R_{m1} 分别为环空中流核的外、内边界，因此 $R_{m2}-R_{m1}$ 便是流核宽度。又因为 τ_0 是个不变的常数，所以由式（5-91）可知，当 $R_{m2}-R_{m1}$ 增大时，$\dfrac{\Delta p}{L}$ 将减小。所以可得宾汉流体在同心环空中维持轴向层流（结构流）流动所需要最小压力梯度为

$$\left(\frac{\Delta p}{L}\right)_{\min} = \frac{2\tau_0}{R_2 - R_1} \tag{5-92}$$

这就是说，对于宾汉流体的同心环空轴向层流（结构流）而言，只要压力梯度大于 $\left(\dfrac{\Delta p}{L}\right)_{\min}$，则同心环空整个过流断面上的流体都会同时流动起来。宾汉流体的偏心环空轴

向层流（结构流）流动则不然，在某一压力梯度下，宾汉流体不会在整个偏心环空过流断面上同时都同步流动起来，即在偏心环空过流断面某一局部位置会有流体流动，而在另一局部位置的流体有可能还正处于静止状态，流体流动与否取决于所施加的压力梯度或压降。因为由式（5-52）、式（5-53）、式（5-54）及式（5-64）、式（5-65）、式（5-66）可知，在偏心环空过流体断面的 $\theta=0$ 处，环空间隙最宽，则流动将首先从 $\theta=0$ 处开始，再随着压力梯度的增加逐渐使位于间隙窄处的流体也流动起来。偏心环空中有流体流动时所需最小压力梯度为

$$\left(\left.\frac{\Delta p}{L}\right|_{\theta=0}\right)_{\min} = \frac{2\tau_0}{(R_2-R_1)(1-\varepsilon)} \tag{5-93}$$

整个偏心环空过流断面都有流体流过所需最小压力梯度为

$$\left(\left.\frac{\Delta p}{L}\right|_{\theta=\pi}\right)_{\min} = \frac{2\tau_0}{(R_2-R_1)(1-\varepsilon)} \tag{5-94}$$

所以有

$$\frac{\left(\frac{\Delta p}{L}\right)_{\min}}{\left(\left.\frac{\Delta p}{L}\right|_{\theta=0}\right)_{\min}} = \frac{\frac{2\tau_0}{(R_2-R_1)}}{\frac{2\tau_0}{(R_2-R_1)}\cdot\frac{1}{1+\varepsilon}} = 1+\varepsilon \geqslant 1 \tag{5-95}$$

$$\frac{\left(\frac{\Delta p}{L}\right)_{\min}}{\left(\left.\frac{\Delta p}{L}\right|_{\theta=0}\right)_{\min}} = \frac{\frac{2\tau_0}{(R_2-R_1)}}{\frac{2\tau_0}{(R_2-R_1)}\cdot\frac{1}{1-\varepsilon}} = 1-\varepsilon \leqslant 1 \tag{5-96}$$

$$\frac{\left(\left.\frac{\Delta p}{L}\right|_{\theta=0}\right)_{\min}}{\left(\left.\frac{\Delta p}{L}\right|_{\theta=\pi}\right)_{\min}} = \frac{\frac{2\tau_0}{(R_2-R_1)(1+\varepsilon)}}{\frac{2\tau_0}{(R_2-R_1)(1-\varepsilon)}} = \frac{1-\varepsilon}{1+\varepsilon} \leqslant 1 \tag{5-97}$$

进而可知，$\left(\left.\frac{\Delta p}{L}\right|_{\theta=0}\right)_{\min} \leqslant \left(\frac{\Delta p}{L}\right)_{\min} \leqslant \left(\left.\frac{\Delta p}{L}\right|_{\theta=\pi}\right)_{\min}$，即在宾汉流体偏心环空轴向层流（结构流）情况下，位于偏心环空宽间隙处的流体流动性好，窄间隙处的流体较宽间隙处的流体难于流动起来。如果设

$$\xi = \frac{\left(\dfrac{\Delta p}{L}\bigg|_{\theta=0}\right)_{\min}}{\left(\dfrac{\Delta p}{L}\bigg|_{\theta=\pi}\right)_{\min}} = \frac{1-\varepsilon}{1+\varepsilon}$$

则压力梯度与偏心度之间的函数关系如图 5-12 所示。要使得偏心环空中无滞留流体，则必须保证所时间的压力梯度大于 $\left(\dfrac{\Delta p}{L}\bigg|_{\theta=\pi}\right)_{\min}$。

第六章 非牛顿流体在圆管和环形空间中的螺旋流动

在石油工程中,常常会遇到非牛顿流体的螺旋流动问题。例如石油钻井中,钻井液在井筒和钻杆形成的环形空间中的流动。对于这种流动,其速度的分布,流量与压降的确定及其和钻杆的转速关系等,都是钻井工艺技术研究的重要目标。尤其是随着喷射钻井和优化钻井的新工艺的发展和推广,这些问题便变得更突出了。因此,研究和掌握非牛顿流体螺旋流动的规律,具有重要的工程实际意义。

非牛顿流体的螺旋流动是一种复杂的曲线流动,其流动状态也有层流和紊流之分。目前,人们在对其层流规律的研究中已取得一些成果。但对其紊流的流动规律所做的研究还是非常有限的。本章阐述了非牛顿流体层流螺旋流的解析方法及其流动状态的判别。

第一节 螺旋流的基本概念

一、两类基本的流动

一般来说,流体的流动可分为两类。第一类是一般所说的泊稷叶(Poiseuille)流动,施加在流体上的外压力产生速度场,体系的边界是刚性和静止不动的。上章所研究的圆截面管道在两端维持着固定的压力差的流动,就是这类流动的典型例子。第二类是:没有对流体加上压力梯度,而是边界的运动产生了流动场,黏性的作用使得运动着的边界拉着流体跟它一起运动,这类流动一般称为电引流动,也常见为纯剪切流动。流体在旋转黏度计环形空间中的流动便是这类流动的例子。

二、螺旋流

螺旋流可视为上述两类基本流动的叠加。

当流体处于半径为 R 的圆管中,圆管以等角速度 Ω 沿其自身轴线旋转,且同时又有一个平行于轴线的压力梯度 P 作用于流体之上时,则流体在圆管中发生螺旋流动。

同样,当流体处于两个同轴的圆柱体(其半径分别为 R_0 和 R_i,$R_0 > R_i$)构成的环形空间中,外圆柱体静止,而内圆柱体以等角速度 Ω_i 沿轴线旋转,且又有一个平行于轴线的压力梯度 P 作用于流体之上时,则流体在环形空间中也发生螺旋流动。

在螺旋流动中,流体质点的运动轨迹是一条环绕管子轴线的螺旋线。

特别是当 $\Omega = 0$ 或 $\Omega_i = 0$ 而 $P \neq 0$ 时,流体在圆管或环形空间中发生泊稷叶流动。在泊稷叶流动中,流体质点的运动轨迹是平行于轴线的直线。而当 $\Omega \neq 0$ 或 $\Omega_i \neq 0$ 但 $P \neq 0$ 时,流体在圆管或环形空间中发生库特流动。在库特流动中,流体质点的运动轨迹是垂直于轴线的平面上的圆周。

由上可见,泊稷叶流动和库特流动可以看作螺旋流动的特殊情形。

三、螺旋流的流动状态

和其他流动一样，螺旋流也有层流和紊流之分。

在层流螺旋流中，流体的层与层之间做相对滑动运动，而在宏观上并不掺混碰撞，流体质点只沿环绕管子轴线的螺旋线运动。

在紊流螺旋流中，流体的相互滑动的液层互相掺混碰撞，流体的质点的运动轨迹是不规则的，但总的运动，依然是沿环绕管子轴线的螺旋线的。

第二节 螺旋流的速度微分方程

一、假设条件

不可压纯黏流体在无限长垂直的圆管或同心环形空间中做稳定等温层流螺旋流动，如图6-1、图6-2所示。

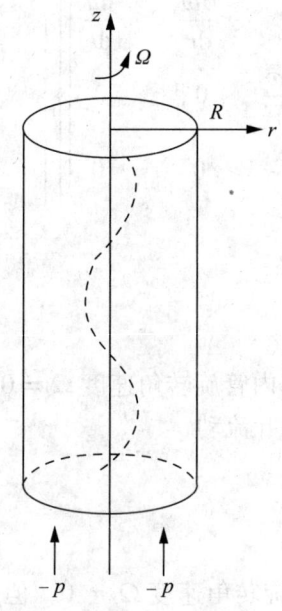
图6-1 圆管中的螺流

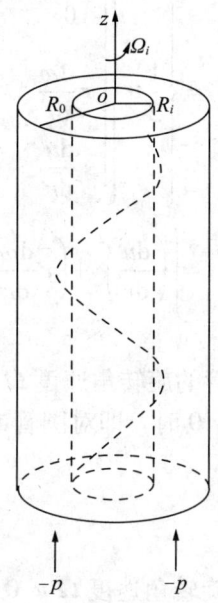
图6-2 环形空间中的螺旋流

在柱坐标系 (r, θ, z) 下，考虑到流动关于 z 和 θ 的对称性，液体质点的运度 u 的三个分量为

$$\begin{cases} u_r = 0 \\ u_\theta = u_\theta(r) = r\omega \\ u_z = u_z(r) = u \end{cases} \tag{6-1}$$

式中 ω, u——管中距 z 轴为 r 处的流体质点的旋转角度和轴向运动速度。

二、变形速率张量

根据式（6-1），再考虑到流动关于 θ 和 z 的对称性，螺旋流的变形速率张量 A 可写为

$$A = \begin{pmatrix} 0 & r\dfrac{d\omega}{dr} & \dfrac{du}{dr} \\ r\dfrac{d\omega}{dr} & 0 & 0 \\ \dfrac{du}{dr} & 0 & 0 \end{pmatrix} \tag{6-2}$$

三、第二不变量

$$\begin{aligned}
\mathrm{II} &= \mathrm{II}(r) \\
&= \left\{ \frac{1}{2} \mathrm{tr} A^2 \right\}^{\frac{1}{2}} \\
&= \left\{ \frac{1}{2} \mathrm{tr} \left\{ \begin{pmatrix} 0 & r\dfrac{d\omega}{dr} & \dfrac{du}{dr} \\ r\dfrac{d\omega}{dr} & 0 & 0 \\ \dfrac{du}{dr} & 0 & 0 \end{pmatrix} \begin{pmatrix} 0 & r\dfrac{d\omega}{dr} & \dfrac{du}{dr} \\ r\dfrac{d\omega}{dr} & 0 & 0 \\ \dfrac{du}{dr} & 0 & 0 \end{pmatrix} \right\} \right\}^{\frac{1}{2}} \\
&= \left[\left(\frac{du}{dr} \right)^2 + \left(r\frac{d\omega}{dr} \right)^2 \right]^{\frac{1}{2}}
\end{aligned} \tag{6-3}$$

显然,当圆管的旋转角速度 $\Omega = 0$,或环形空间内管旋转角速度 $\Omega_i = 0$,但作用于流体上的压力梯度 $p \neq 0$ 时,即对圆管或环形空间的泊稷叶流动

$$\mathrm{II} = \frac{du}{dr} = \dot{\gamma} \tag{6-4}$$

而当圆管的旋转角速度 $\Omega \neq 0$ 或环形空间内管旋转角速度 $\Omega_i \neq 0$,但作用于流体下的压力梯度 $p = 0$,即对圆管或环形空间的库特流动

$$\mathrm{II} = r\frac{d\omega}{dr} = \dot{\gamma} \tag{6-5}$$

显然,II 的物理意义是:它反映了距 z 轴为 r 处的流体的剪切速率。

四、应力张量

螺旋流的应力张量可写为

$$T = -p\delta + \eta(\mathrm{II})A \tag{6-6}$$

写为分量形式,即

$$\begin{cases} T_{rr} = T_{\theta\theta} = T_{zz} = -p \\ T_{r\theta} = T_{\theta r} = \eta r \dfrac{d\omega}{dr} \\ T_{rz} = T_{zr} = \eta \dfrac{du}{dr} \\ T_{\theta z} = T_{z\theta} = 0 \end{cases} \qquad (6\text{–}7)$$

式中　T_{rr}，$T_{\theta\theta}$，T_{zz}——r 和 z 的函数；

　　　$T_{r\theta}$，T_{rz}——r 的函数。

五、动力学方程

考虑重力作用及本节开始的假设条件，螺旋流的动力学方程简化为

$$\dfrac{\partial T_{rr}}{\partial r} = -\rho r \omega^2 \qquad (6\text{–}8a)$$

$$\dfrac{\partial T_{r\theta}}{\partial r} + \dfrac{2T_{r\theta}}{r} = 0 \qquad (6\text{–}8b)$$

$$\dfrac{\partial T_{rz}}{\partial r} + \dfrac{\partial T_{zz}}{\partial z} + \dfrac{T_{rz}}{r} - \rho g = 0 \qquad (6\text{–}8c)$$

1．压力梯度（Pressure Gradient）引入

由式（6–7），对式（6–8a）两边对 z 取微分

$$\dfrac{\partial}{\partial z}\left(\dfrac{\partial(-p)}{\partial r}\right) = \dfrac{\partial}{\partial z}(-\rho r \omega^2)$$

变形后有

$$-\dfrac{\partial}{\partial r}\left(\dfrac{\partial p}{\partial z}\right) = -2\rho r \omega \dfrac{\partial \omega}{\partial z}$$

由于

$$\dfrac{\partial \omega}{\partial z} = 0$$

则

$$\dfrac{\partial}{\partial r}\left(\dfrac{\partial p}{\partial z}\right) = 0$$

即 $\dfrac{\partial p}{\partial z}$ 仅为 z 的函数。

变形式（6–8c），有

$$\dfrac{\partial T_{rz}}{\partial r} + \dfrac{T_{rz}}{r} = \dfrac{\partial p}{\partial z} + \rho g$$

显然上式左边仅为 r 的函数，右边仅为 z 的函数，因此两边必为一个常数 P，即

$$P = \frac{\partial p}{\partial z} + \rho g \tag{6-9}$$

这里，称 P 为压力梯度。

2. 动力学方程的求解

由式（6-9）及注意到 $T_{r\theta}$ 仅为 r 的函数，式（6-8b）和式（6-8c）可写为

$$\frac{\mathrm{d}T_{r\theta}}{\mathrm{d}r} + \frac{2T_{r\theta}}{r} = 0 \tag{6-10}$$

$$\frac{\mathrm{d}T_{rz}}{\mathrm{d}r} + \frac{T_{rz}}{r} = P \tag{6-11}$$

或写成

$$\frac{\mathrm{d}\tau_{r\theta}}{\mathrm{d}r} + \frac{2\tau_{r\theta}}{r} = 0 \tag{6-12}$$

$$\frac{\mathrm{d}\tau_{rz}}{\mathrm{d}r} + \frac{\tau_{rz}}{r} = P \tag{6-13}$$

下面分两种情形对方程式（6-12）和方程式（6-13）求解。

1) 圆管螺旋流

在圆管情形，$r \in (0, R)$。

方程式（6-12）、式（6-13）积分得通解

$$\tau_{r\theta} = \frac{R}{r^2} \tag{6-14}$$

$$\tau_{rz} = \frac{P}{2}r + \frac{C}{r} \tag{6-15}$$

式中 B, C ——积分常数。

由于 $r \in (0, R)$，且 $\tau_{r\theta} < \infty$，$\tau_{rz} < \infty$，所以当 $r \to 0^+$ 时，必有 $B = 0$，$C = 0$，从而

$$\tau_{r\theta} = 0 \tag{6-16}$$

$$\tau_{rz} = \frac{P}{2}r \tag{6-17}$$

2) 环形空间螺旋流

在环形空间情形，$r \in (R_i, R_0)$。

式（6-12）、式（6-13）积分得通解

$$\tau_{r\theta} = \frac{B}{r^2} \tag{6-18}$$

$$\tau_{rz} = \frac{P}{2}r + \frac{C}{r} \tag{6-19}$$

式中 B,C——积分常数。

六、速度微分方程

分两种情形讨论速度微分方程及其边界条件。

1. 圆管螺旋流

由式（6-7）、式（6-16）和式（6-17），得圆管螺旋流旋转角速度微分方程及边界条件

$$\begin{cases} \dfrac{\mathrm{d}\omega}{\mathrm{d}r}=0 \\ \omega|_{r=R}=\Omega \end{cases} \quad (6-20)$$

解之，有

$$\omega = \Omega \quad (6-21)$$

圆管螺旋流轴向速度微分方程及边界条件为

$$\begin{cases} \dfrac{\mathrm{d}u}{\mathrm{d}r}=\dfrac{Pr}{2\eta} \\ u|_{r=R}=0 \end{cases} \quad (6-22)$$

2. 环形空间螺旋流

由式（6-18）、式（6-19）和式（6-7），得环形空间螺旋流速度微分方程及边界条件为

$$\begin{cases} \dfrac{\mathrm{d}\omega}{\mathrm{d}r}=\dfrac{B}{r^3\eta} \\ \omega|_{r=R_i}=R_i \end{cases} \quad (6-23)$$

$$\begin{cases} \dfrac{\mathrm{d}u}{\mathrm{d}r}=\dfrac{Pr}{2\eta}+\dfrac{C}{r\eta} \\ u|_{r=R_i}=0 \end{cases} \quad (6-24)$$

若令

$$\xi=\dfrac{r}{R_0} \quad (6-25)$$

若再令

$$k=\dfrac{R_i}{R_0} \quad (6-26)$$

$$\beta = \frac{B}{R_0} \tag{6-27}$$

$$\lambda^2 = \frac{-2C}{PR_0^2} \tag{6-28}$$

则环形空间螺旋流速度微分方程及边界条件变为如下形式

$$\begin{cases} \dfrac{\mathrm{d}\omega}{\mathrm{d}\xi} = \dfrac{\beta}{\xi^3 \eta} \\ \omega\big|_{\xi=k} = \Omega_i \end{cases} \tag{6-29}$$

$$\begin{cases} \dfrac{\mathrm{d}u}{\mathrm{d}\xi} = \dfrac{PR_0^2}{2} \dfrac{\xi^2 - \lambda^2}{\xi \eta} \\ u\big|_{\xi=k} = 0 \end{cases} \tag{6-30}$$

第三节 广义稳定性参数

在本节，将介绍用广义稳定性参数 H 来判别非牛顿流体螺旋流的流动状态。

为了定义广义稳定性参数 H，先将动力学方程式变形。

动力学方程为

$$\rho \frac{\mathrm{D}\boldsymbol{u}}{\mathrm{D}t} = \rho \boldsymbol{f} + \nabla \cdot \boldsymbol{P} \tag{6-31}$$

应力张量

$$\boldsymbol{P} = -p\boldsymbol{\delta} + \boldsymbol{T} \tag{6-32}$$

由式（2-32）有

$$\frac{\mathrm{D}\boldsymbol{u}}{\mathrm{D}t} = \frac{\partial \boldsymbol{u}}{\partial t} + (\boldsymbol{u} \cdot \nabla)\boldsymbol{u} \tag{6-33}$$

$$\begin{aligned} \nabla \cdot \boldsymbol{P} &= \nabla \cdot (-p\boldsymbol{\delta} + \boldsymbol{T}) \\ &= \nabla \cdot (-p\boldsymbol{\delta}) + \nabla \cdot \boldsymbol{T} \\ &= \nabla p + \nabla \cdot \boldsymbol{T} \end{aligned} \tag{6-34}$$

结合式（6-31）和式（6-32），动力学方程变为

$$\underbrace{\rho \frac{\partial \boldsymbol{u}}{\partial t}}_{a} + \underbrace{\rho \nabla \left(\frac{\boldsymbol{u} \cdot \boldsymbol{u}}{2} \right)}_{b} - \underbrace{\rho \boldsymbol{u} \times (\nabla \times \boldsymbol{u})}_{c} = \underbrace{\rho \boldsymbol{f}}_{d} - \underbrace{\nabla p}_{e} + \underbrace{\nabla \cdot \boldsymbol{T}}_{f} \tag{6-35}$$

式中　a 项——u 对时间的变化而产生的力；

b 项——动能梯度；

c 项——由涡旋强度而引起的力；
d 项——体积力；
e 项——压力梯度；
f 项——黏滞应力散度。

最后，考虑到紊流诱发的原因，用 c 项和 f 项的绝对值做比，则得广义稳定性参数 H 为

$$H = \frac{|\rho \boldsymbol{u} \times (\nabla \times \boldsymbol{u})|}{|\nabla \cdot \boldsymbol{T}|} \tag{6-36}$$

广义稳定性参数 H 是流场空间坐标函数。它的物理意义是：流场中某点处的流体所受惯性力与粘滞力之比。它是一个无因次量。

广义稳定性参数是由美国学者汉克斯（R.W.Hanks）在 1963 年提出来的。它比第二章讲的稳定性参数 Z 值更为通用，可用以判别任何与时间无关的纯黏流体在任何几何形状中的流动状态。

使用广义稳定性参数 H 来判别流体的流动状态的基本思路是：对于某一特定的液体管道流动，过水断面上的一定半径 r 处，将出现 H 的最大值 H_{max}，因此，可用 H_{max} 的临界值 H_{maxc} 判别流体的流动状态。

大量的研究表明

$$H_{maxc} = 404 \tag{6-37}$$

第四节 牛顿流体在圆管和环形空间中的螺旋流动

对于牛顿流体，其本构方程为

$$\tau_{ij} = \mu A_{ij} \tag{6-38}$$

式中 μ——动力黏度系数，对指定流体为常数。

下面分两种情形来讨论牛顿流体螺旋流动。

一、圆管螺旋流

1. 速度分布

由牛顿流体的本构方程，圆管螺旋流的轴向速度微分方程式（6-22）变为

$$\begin{cases} \dfrac{du}{dr} = \dfrac{Pr}{2\mu} \\ u|_{r=R} = 0 \end{cases} \tag{6-39}$$

将式（6-39）积分得

$$u = \frac{P}{4\mu}(r^2 - R^2) \tag{6-40}$$

由式（6-21）得合速度为

$$v = \sqrt{r^2\Omega^2 + \left[\frac{P}{4\mu}(r^2 - R^2)\right]^2} \tag{6-41}$$

显然可见，牛顿流体圆管螺旋流的轴向速度 u 和旋转角速度 ω 无关，和管子的旋转角速度 Ω 无关。

2．流量

$$\begin{aligned} Q &= \iint_A u \mathrm{d}A \\ &= \int_0^R u(r) 2\pi r \mathrm{d}r \\ &= -\frac{\pi P R^4}{8\mu} \end{aligned} \tag{6-42}$$

由于轴向速度和管子的旋转角速度 Ω 无关，所以，牛顿流体圆管螺旋流的流量与轴向流的流量完全相同。在流体力学中，式（6-39）又叫哈格—泊稷叶定律（Hagen Poiseuille's Law）。

3．压力梯度和水头损失

由流量 Q 可知平均速度为

$$V = \frac{Q}{\pi R^2} = -\frac{PR^2}{8\mu} \tag{6-43}$$

而压力梯度为

$$P = -\frac{8\mu V}{R^2} \tag{6-44}$$

由式（6-11）可得水头损失为

$$h_\mathrm{f} = -\frac{PL}{\rho g} = \frac{32\mu L V}{\rho g D^2} \tag{6-45}$$

式中　L——管长；

　　　ρ——流体密度；

　　　D——管子直径。

4．广义稳定性参数

1）广义稳定性参数 H

利用式（6-34）推导牛顿流体圆管螺旋流的广义稳定性参数的表达式。

先推导式（6-34）的分母 $|\nabla \cdot \boldsymbol{T}|$。

由式（6-7）、式（6-21）和式（6-37），得 τ 的物理分量

$$\begin{cases} \tau_{rr} = \tau_{\theta\theta} = \tau_{zz} = 0 \\ \tau_{r\theta} = \tau_{\theta r} = 0 \\ \tau_{rz} = \tau_{zr} = \dfrac{Pr}{z} \\ \tau_{\theta z} = \tau_{z\theta} = 0 \end{cases} \tag{6-46}$$

又由 $\nabla \cdot \boldsymbol{T}$ 的逆变分量公式

$$\nabla_k \tau^{kj} = \frac{1}{\sqrt{g}} \left[\frac{\partial \sqrt{g} \tau^{kj}}{\partial x^k} \right] + \tau^{kh} \left\{ \begin{matrix} j \\ h \ \ k \end{matrix} \right\} \tag{6-47}$$

得 $\nabla \cdot \boldsymbol{T}$ 的物理分量

$$\begin{cases} r_{向}: \dfrac{\partial \tau_{rr}}{\partial r} + \dfrac{\partial \tau_{\theta r}}{r \partial \theta} + \dfrac{\partial \tau_{zr}}{\partial z} + \dfrac{\tau_{rr} - \tau_{\theta\theta}}{r} \\ \theta_{向}: \dfrac{\partial \tau_{r\theta}}{\partial r} + \dfrac{\partial \tau_{\theta\theta}}{r \partial \theta} + \dfrac{\partial \tau_{z\theta}}{\partial z} + \dfrac{2\tau_{r\theta}}{r} \\ z_{向}: \dfrac{\partial \tau_{rz}}{\partial r} + \dfrac{\partial \tau_{\theta z}}{r \partial \theta} + \dfrac{\partial \tau_{zz}}{\partial z} + \dfrac{\tau_{rz}}{r} \end{cases} \tag{6-48}$$

由式（6-43）及螺旋流关于 θ 和 z 的对称性，式（6-48）化为

$$\begin{cases} r_{向}: & 0 \\ \theta_{向}: & 0 \\ z_{向}: & P \end{cases} \tag{6-49}$$

从而得

$$|\nabla \cdot \boldsymbol{T}| = |\boldsymbol{P}| \tag{6-50}$$

再推导式（6-43）的分子 $|\rho \boldsymbol{u} \times (\nabla \times \boldsymbol{u})|$。

由

$$\begin{aligned} \boldsymbol{u} \times (\nabla \times \boldsymbol{u}) &= \nabla \left(\frac{\boldsymbol{u}^2}{2} \right) = (\boldsymbol{u} \cdot \nabla) \boldsymbol{u} \\ &= \boldsymbol{e}^i \frac{\partial}{\partial x^i} \left(\frac{\boldsymbol{u}^2}{2} \right) - \boldsymbol{u}^i \frac{\partial}{\partial x^i} \boldsymbol{u} \\ &= \left(\frac{\partial}{\partial r} \frac{u_\theta^2 + u_z^2}{2} + \frac{1}{r} u_\theta^2 \right) \boldsymbol{e}_r \\ &= \left[2r\Omega^2 + \frac{P^2 r}{8\mu^2} (r^2 - R^2) \right] \boldsymbol{e}_r \end{aligned} \tag{6-51}$$

式中 $\boldsymbol{e}_r$——柱坐标下的 r 向单位矢量。

由上式

$$|\rho \boldsymbol{u} \times (\nabla \times \boldsymbol{u})| = \left| \rho \left[2r\Omega^2 + \frac{P^2 r}{8\mu^2} (r^2 - R^2) \right] \right| \tag{6-52}$$

由式（6-34）、式（6-47）和式（6-49）得

$$H = H(r) = \left| \frac{\rho}{P} \left[2r\Omega^2 + \frac{P^2 r}{8\mu^2} (r^2 - R^2) \right] \right| \tag{6-53}$$

2) 广义稳定性参数的最大值 $H_{\max}$

现在确定能使式（6-53）达最大值的 r 的值 r^*。为此，先求 $H(r)$ 的导数

$$\frac{\mathrm{d}H}{\mathrm{d}r}=\left|\frac{\rho}{P}\left[2\Omega^2+\frac{P^2}{8\mu^2}(3r^2-R^2)\right]\right|$$

再令

$$\frac{\mathrm{d}H}{\mathrm{d}r}=\left|\frac{P}{p}\left[2\Omega^2+\frac{P^2}{8\mu^2}(3r^2-R^2)\right]\right|=0 \tag{6-54}$$

即

$$r^2=\frac{R^2}{3}=-\frac{16\mu^2}{3P^2}\Omega^2 \tag{6-55}$$

$$r^*=\left[\frac{R^2}{3}-\frac{16\mu\Omega^2}{3P^2}\right]^{\frac{1}{2}} \tag{6-56}$$

代入式（6-53），有

$$H_{\max}=H(r^*) \tag{6-57}$$

实验证明，圆管螺旋流的临界 $H_{\max}$ 值

$$H_{\max c}=404$$

特别对于 $\Omega=0$，即圆管的轴向流动

$$r^*=\frac{\sqrt{3}R}{3} \tag{6-58}$$

$$H_{\max}=\frac{\sqrt{3}}{g}Re \tag{6-59}$$

$$Re=\frac{2\rho VR}{\mu} \tag{6-60}$$

如果把雷诺数的临界 Re_c 取为 2100，则由式（6-56）得

$$H_{\max c}=\frac{\sqrt{3}}{a}Re_c=404 \tag{6-61}$$

式（6-59）说明了牛顿流体圆管轴向流的广义稳定性参数 H 和雷诺数 Re 的关系。

二、环形空间螺旋流

1. 速度分布

由牛顿流体的本构方程，环形空间螺旋流的速度微分方程式（6-29）和式（6-30）变为

$$\begin{cases} \dfrac{d\omega}{d\xi} = \dfrac{\beta}{\xi^3 \mu} \\ \omega\big|_{\xi=k} = \Omega_i \end{cases} \tag{6-62}$$

$$\begin{cases} \dfrac{du}{d\xi} = \dfrac{PR_0^2}{2}\dfrac{\xi^2-\lambda^2}{\xi\eta} \\ u\big|_{\xi=k} = 0 \end{cases} \tag{6-63}$$

积分式 (6-62),有

$$\omega = \dfrac{\beta}{2\mu}\left(1-\dfrac{1}{\xi^2}\right) \tag{6-64}$$

$$\beta = \dfrac{2k^2\Omega_i\mu}{k^2-1} \tag{6-65}$$

积分式 (6-63),有

$$u = \dfrac{PR_0^2}{4\mu}(\xi^2 - 2\lambda^2\ln\xi - 1) \tag{6-66}$$

$$\lambda^2 = \dfrac{k^2-1}{2\ln k} \tag{6-67}$$

而其合速度为

$$v = \sqrt{R_0^2\xi^2\omega^2 + \left[\dfrac{PR_0^2}{8\mu}(\xi^2 - 2\lambda^2\ln\xi - 1)\right]^2} \tag{6-68}$$

由上式也显然可见,牛顿流体环形空间螺旋流的轴向速度 u 和旋转角度速度 ω 无关,同时也和环形空间内管的旋转角速度 Ω_i 无关。

2. 流量

$$\begin{aligned} Q &= \iint_A u dA \\ &= \int_0^R u(r)2\pi r dr \\ &= \int_k^1 2\pi R_0^2 u(\xi)\xi d\xi \\ &= -\dfrac{\pi PR_0^4}{8\mu}(1-k^2)\left(1+k^2-\dfrac{k^2-1}{\ln k}\right) \end{aligned} \tag{6-69}$$

由式 (6-69) 易知,牛顿流体环形空间螺旋流的流量也与环形空间的内管旋转角速度 Ω_i 无关。

3. 压力梯度和水头损失

由流量 Q 可知平均速度为

$$v = \frac{Q}{\pi(R_0^2 - R_i^2)}$$

$$= \frac{Q}{\pi R_0^2(1-k^2)}$$

$$= \frac{-PR_0^4}{8\mu}\left(1+k^2 - \frac{k^2-1}{\ln k}\right) \qquad (6-70)$$

由式 (6-70) 得压力梯度为

$$P = \frac{-8\mu V}{R_0^2 \rho g\left(1+k^2 - \dfrac{k^2-1}{\ln k}\right)} \qquad (6-71)$$

由式 (6-71) 得水头损失为

$$h_f = -\frac{PL}{\rho g}$$

$$= \frac{8\mu VL}{R_0^2 \rho g\left(1+k^2 - \dfrac{k^2-1}{\ln k}\right)} \qquad (6-72)$$

4. 广义稳定性参数

1) 广义稳定性参数 H

类似于牛顿流体圆管螺旋流的广义稳定性参数 H 的讨论。先求 $|\nabla \cdot \tau|$。τ 的物理分量

$$\begin{cases} \tau_{rr} = \tau_{\theta\theta} = \tau_{zz} = 0 \\ \tau_{r\theta} = \tau_{\theta r} = \eta \dfrac{d\omega}{dr} r \\ \tau_{rz} = \tau_{zr} = \eta \dfrac{du}{dr} \\ \tau_{\theta z} = \tau_{z\theta} = 0 \end{cases} \qquad (6-73)$$

$\nabla \cdot \boldsymbol{T}$ 的物理分量

$$\begin{cases} r_{向}: & 0 \\ \theta_{向}: & 0 \\ z_{向}: & P \end{cases} \qquad (6-74)$$

从而得

$$|\nabla \cdot \boldsymbol{T}| = |P| \tag{6-75}$$

而

$$\boldsymbol{u} \times (\nabla \times \boldsymbol{u}) = \left(\frac{\partial}{\partial r} \frac{u_\theta^2 + u_z^2}{2} + \frac{u_\theta^2}{r} \right) l_r$$

$$= \left(2r\omega^2 + r^2\omega \frac{d\omega}{d\rho} + u \frac{du}{dr} \right) l_r \tag{6-76}$$

由式（6-64）、式（6-66）有

$$|\boldsymbol{u} \times (\nabla \times \boldsymbol{u})| = \left| 2r\omega^2 + r^2\omega \frac{d\omega}{dr} + u \frac{du}{dr} \right|$$

$$= \left| 2\xi R_0 \omega^2 + \xi^2 R_0 \omega \frac{d\omega}{d\xi} + \frac{u}{R} + \frac{du}{d\xi} \right| \tag{6-77}$$

$$= \left| 2R_0 \xi \beta^2 J_1^2 + \frac{R_0^2 \beta^2}{\xi \mu} J_1 + \frac{P^2 R_0^2 (\xi^2 - \lambda^2)}{4\xi \mu} J_2 \right|$$

而

$$J_1 = J_1(\zeta) = \frac{1}{2\mu} \left(1 - \frac{1}{\zeta^2} \right) \tag{6-78}$$

$$J_2 = J_2(\xi) = \frac{1}{2\mu} (\xi^2 - 1 - 2\lambda^2 \ln \xi) \tag{6-79}$$

$$H = H(\xi) = \left| \frac{\rho}{P} \left[2R_0 \xi \beta^2 J_1^2 + \frac{R_0^2 \beta^2}{\xi \mu} J_1 + \frac{P^2 R_0^3 (\xi^2 - \lambda^2)}{4\xi \mu} J_z \right] \right| \tag{6-80}$$

2）广义稳定性参数的最大值 $H_{\max}$

现确定能使式（6-80）达到最大值的 ξ 的值 ξ^*。

令

$$\frac{dH}{d\xi} = 0$$

得方程

$$2\beta^2 J_1^2 + \frac{3\beta^2}{\xi^2 \mu} J_1 + \frac{P^2 R_0^2 (\xi^2 + \lambda^2)}{4\xi^2 \mu} J_2 + \frac{4\beta^2 + P^2 R_0^2 \xi^2 (\xi^2 - \lambda^2)^2}{4\xi^4 \mu^2} = 0 \tag{6-81}$$

解方程式（6-81）得一根 ξ^*，使 H 达最大值

$$H_{\max} = H(\xi^*) \tag{6-82}$$

实验表明，环形空间螺旋流的临界 H_{max} 值 $H_{maxc} = 404$。

对于 $\Omega_i = 0$，即环形空间的轴向流动，式（6-82）可写为

$$H_{max} = \left| \frac{\left(\xi_i^2 - \frac{k^2-1}{2\ln k}\right)\left(\xi_i^2 - 1 - \ln \xi_i \frac{k^2-1}{\ln k}\right)}{2(1-k)\left(1+k^2+\frac{1-k^2}{\ln k}\right)\xi_i} \right| Re \qquad (6-83)$$

其中

$$Re = \frac{2(R_0 - R_i)\rho V}{\mu} \qquad (6-84)$$

而 ξ_i 是方程的根。

$$\left(\xi^2 - \frac{k^2-1}{2\ln k}\right)\left(\xi^2 - 1 - \frac{k^2-1}{\ln k}\ln \xi\right) + 2\left(\xi^2 - \frac{k^2-1}{2\ln k}\right)^2 = 0 \qquad (6-85)$$

式（6-85）说明了牛顿流体环形空间轴向流的广义稳定性参数 H 和雷诺数 Re 的关系。

第五节 幂律流体在圆管和环形空间中的螺旋流动

幂律流体的本构方程

$$\tau = \eta A = K(\mathrm{II})^{n-1} A \qquad (6-86)$$

式中 K——稠度系数；

n——流性指数。

下面分两种情形来讨论幂律流体的螺旋流动。

一、圆管螺旋流动

1．视黏度分布

$$\eta = K\left[\left(\frac{du}{dr}\right)^2 + \left(r + \frac{d\omega}{dr}\right)^2\right]^{\frac{n-1}{n}} \qquad (6-87)$$

幂律流体圆管螺旋流的视黏度分布函数可写为

$$\eta = \eta(r) = K^{\frac{1}{n}} \left(\frac{pr}{2}\right)^{\frac{n-1}{n}} \qquad (6-88)$$

式（6-88）表明，幂律流体圆管螺旋流的视黏度分布函数 η 和管子的旋转角速度 Ω 无关。

对于牛顿流体，$n = 1$，则式（6-88）变为

$$\eta = K = \mu \qquad (6-89)$$

式中 μ——动力黏度系数。

2. 速度分布

幂律流体圆管螺旋流的速度分布函数

$$\omega = \Omega \tag{6-90}$$

$$u = \left(\frac{P}{2K}\right)^{\frac{1}{n}} \left(\frac{n}{n+1}\right) \left(r^{\frac{n+1}{n}} - R^{\frac{n+1}{n}}\right) \tag{6-91}$$

合速度为

$$V = \left[r^2\Omega^2 + \left(\frac{P}{2K}\right)^{\frac{2}{n}} \left(\frac{n}{n+1}\right)^2 \left(r^{\frac{n+1}{n}} - R^{\frac{n+1}{n}}\right)^2\right]^{\frac{1}{2}} \tag{6-92}$$

不难验证，对牛顿流体，$n=1$，式（6-91）即为式（6-40）。

图 6-3 是根据式（6-91）绘制的幂律流体圆管螺旋速度分布曲线。

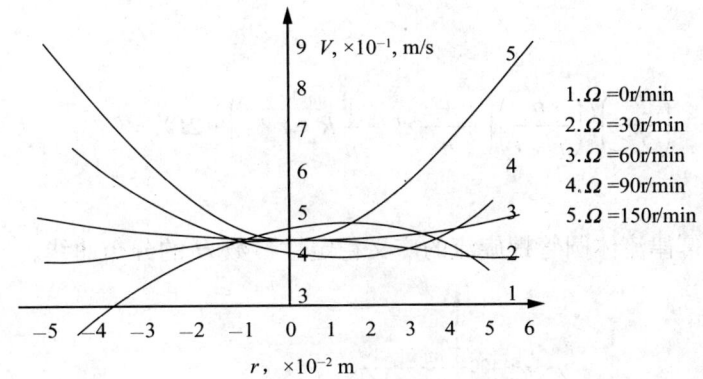

图 6-3 合速度分布曲线

$R=0.0545$m，$n=0.7929$，$K=0.1061$N·s^n/m^2，$\rho=1099.2$kg/m^3，$p=-25.7$N/m^3

3. 流量

幂律流体圆管螺旋流的流量公式为

$$\begin{aligned}Q &= \int_0^R 2\pi r u \, \mathrm{d}r \\ &= 2\pi \left(\frac{P}{2K}\right)^{\frac{1}{n}} \left(\frac{n}{n+1}\right) \left(\frac{n}{3n+1} - \frac{1}{2}\right) R^{\frac{3n+1}{n}}\end{aligned} \tag{6-93}$$

对牛顿流体，$n=1$，式（6-93）即为式（6-42）。

4. 压力梯度

由平均速度的定义

$$V = \frac{Q}{A} \tag{6-94}$$

以及式（6-92），幂律流体圆管螺旋流的压力梯度可写为

$$P = (-1)^n \frac{2KV^n}{R^{n+1}} \left(\frac{3n+1}{n}\right)^n \tag{6-95}$$

对牛顿流体，$n=1$，$K=\mu$，式（6-95）变为式（6-44）。

5．广义稳定性参数

类似牛顿流体圆管螺旋流广义稳定性参数的讨论，不难得出幂律流体圆管螺旋流的广义稳定性参数 H 为

$$H = H(r) = \left\{\frac{\rho}{P}\left[2r\Omega^2 + \left(\frac{P}{2K}\right)^{\frac{2}{n}}\left(\frac{n}{n+1}\right)(r^{\frac{n+2}{n}} - R^{\frac{n+1}{n}}r^{\frac{1}{n}})^2\right]\right\} \tag{6-96}$$

H 的最大值

$$H_{\max} = H(r^*) \tag{6-97}$$

这里 r^* 是方程

$$\left(\frac{P}{2K}\right)^{\frac{2}{n}}\left(\frac{n}{n+1}\right)\left(\frac{n+2}{n}r^{\frac{2}{n}} - \frac{1}{n}R^{\frac{n+1}{n}}r^{\frac{1-n}{n}}\right) + 2\Omega^2 = 0 \tag{6-98}$$

的一个根。

图 6-4 给出了幂律流体圆管螺旋流的广义稳定性参数 H 的分布曲线。

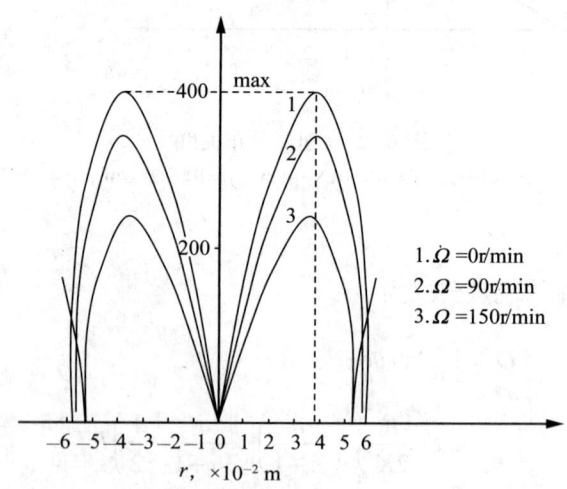

图 6-4　广义稳定性参数分布曲线

$R=0.0545\text{m}$，$n=0.7920$，$K=0.1061\text{N}\cdot\text{s}^n/\text{m}^2$，$\rho=1009.2\text{kg/m}^3$，$p=-115\text{N/m}^3$

实验表明，$H_{\text{maxc}} = 404$。

二、环形空间螺旋流

1．视黏度分布

幂律流体环形空间螺旋流的视黏度分布函数可写为

$$\eta = \eta(\xi)$$
$$= K^{\frac{1}{n}} \left[\frac{\beta^2}{\xi^4} + \frac{p^2 R_0^2 (\xi^2 - \lambda^2)^2}{4\xi^2} \right]^{\frac{n-1}{2n}} \tag{6-99}$$

图 6-5 给出了 0.17% 的聚丙烯酰胺水溶液在环形空间中螺旋流动的视黏度分布曲线。对牛顿流体，$n=1$，式（6-99）变为

$$\eta = K = \mu$$

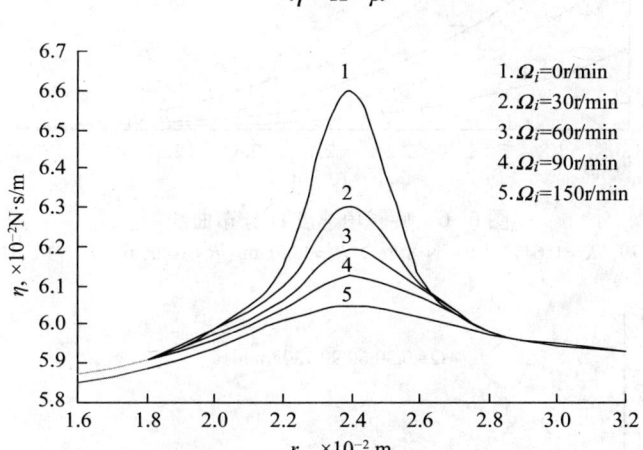

图 6-5　视黏度分布曲线

$n=0.9779$，$K=0.6471 \times 10^{-2} \text{N} \cdot \text{s}^n/\text{m}^2$，$R_0=32.5\text{mm}$，$R_i=16.0\text{mm}$，$p=-48.71\text{N/m}^3$

2. 速度分布

幂律液体环形空间螺旋流的速度分布函数

$$\omega = \omega(\xi) = \int_1^\xi \frac{\beta}{\zeta^3 \eta(\zeta)} d\zeta \tag{6-100}$$

$$u = u(\xi) = \frac{PR_0^2}{2} \int_1^\xi \frac{\zeta^2 - \lambda^2}{\zeta \eta(\zeta)} d\zeta \tag{6-101}$$

$$v = v(\xi) = \sqrt{r^2 \omega^2 + u^2} \tag{6-102}$$

图 6-6、图 6-7 和图 6-8 分别给出 0.17% 聚丙烯酰胺水溶液环形空间螺旋流动的旋转角速度 ω、轴向速度 u 和合速度 v 的分布曲线。

3. 积分常数 β 和 λ 的确定

速度分布函数式（6-100）、式（6-101）中的积分常数 β 和 λ 可由流动的边界条件确定。即 $\xi=k$ 时，$r=kR_0$，$\omega=\Omega_i$，$u=0$ 立刻可得确定 β 和 λ 的方程组如下：

$$\begin{cases} \Omega_i + \beta \int_k^1 \frac{d\xi}{\xi^3 \eta(\xi)} = 0 \\ \int_k^1 \frac{(\xi^2 - \lambda^2) d\xi}{\xi \eta(\xi)} = 0 \end{cases} \tag{6-103}$$

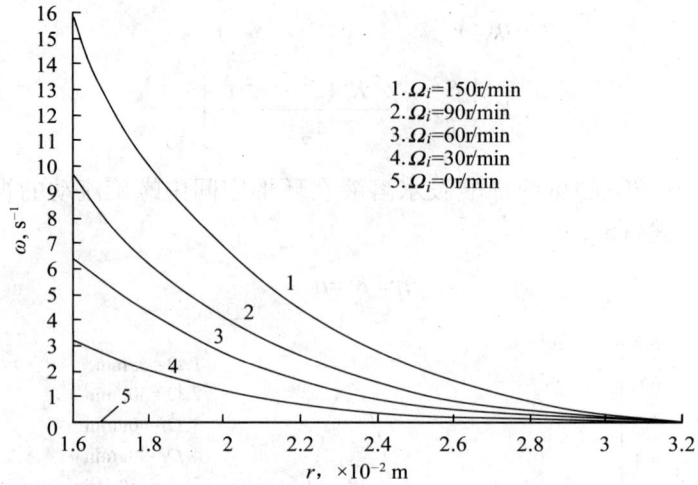

图 6-6 旋转角速度 ω 分布曲线

$n = 0.9779$, $K = 0.6471 \times 10^{-2} \text{N} \cdot \text{s}^n/\text{m}^2$, $R_0 = 32.5\text{mm}$, $R_i = 16.0\text{mm}$, $p = -48.71\text{N/m}^3$

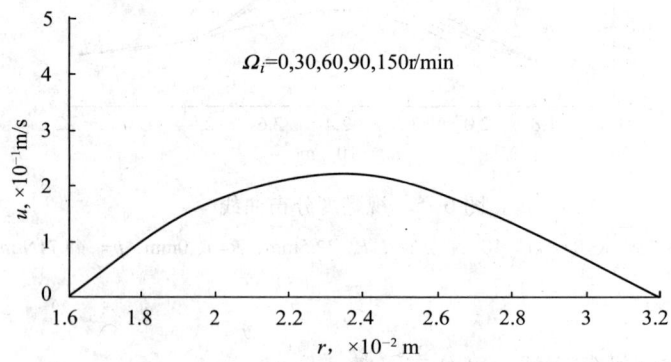

图 6-7 轴向速度 u 分布曲线

$n = 0.9779$, $K = 0.6471 \times 10^{-2} \text{N} \cdot \text{s}^n/\text{m}^2$, $R_0 = 32.5\text{mm}$, $R_i = 16.0\text{mm}$, $p = -48.71\text{N/m}^3$

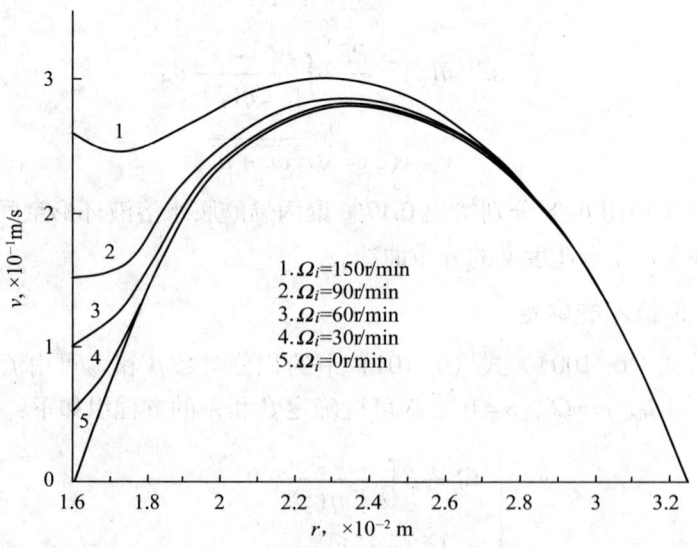

图 6-8 合成速度 v 分布曲线

$n = 0.9779$, $K = 0.6471 \times 10^{-2} \text{N} \cdot \text{s}^n/\text{m}^2$, $R_0 = 32.5\text{mm}$, $R_i = 16.0\text{mm}$, $p = -48.71\text{N/m}^3$

对于幂律流体，则可用迭代法数值求解 β 和 λ。

4．流量

$$Q = \int_{R_i}^{R_0} 2\pi r u(r) \mathrm{d}r$$

$$= \int_k^1 2\pi R_0^2 \zeta u(\xi) \mathrm{d}\xi$$

$$= -\pi P R_0^4 \int_k^1 \xi \mathrm{d}\xi \int_k^1 \frac{\xi^2 - \lambda^2}{\xi \eta(\xi)} \mathrm{d}\xi$$

令

$$\phi(\xi) = \int_k^1 \frac{\zeta^2 - \lambda^2}{\zeta \eta(\zeta)} \mathrm{d}\zeta$$

则

$$\phi(1) = 0$$

于是有

$$Q = -\pi P R_0^4 \left[-\frac{K^2}{2} \phi(k) + \int_k^1 \frac{\xi(\xi^2 - \lambda^2)}{2\eta(\xi)} \mathrm{d}\xi \right]$$

$$= \frac{\pi P R_0^4}{2} \int_k^1 \frac{(k^2 - \xi^2)}{\zeta \eta(\xi)} \mathrm{d}\xi$$

又由边界条件

$$\int_k^1 \frac{\zeta^2 - \lambda^2}{\zeta \eta(\zeta)} \mathrm{d}\zeta = 0$$

得幂律流体环形空间的流量公式为

$$Q = \frac{-\pi P R_0^4}{2} \int_k^1 \frac{\xi(\xi^2 - \lambda^2)}{\eta} (\xi^2 - \lambda^2) \mathrm{d}\xi \tag{6-104}$$

5．平均速度

由平均速度的定义，幂律流体环形空间螺旋流的平均速度可表示为

$$V = \frac{Q}{A}$$

$$= \frac{-P R_0^2}{2(1-k^2)} \int_k^1 \frac{\xi(\xi^2 - \lambda^2)}{\eta} \mathrm{d}\xi \tag{6-105}$$

对于牛顿流体，上式变为

$$V = \frac{-P R_0^2}{8\mu} \left(1 + K^2 + \frac{1-k^2}{\ln k} \right) \tag{6-106}$$

6. 压力梯度方程

$$P = \frac{2(K^2-1)V}{R_0^2 \int_k^1 \frac{\xi(\xi^2-\lambda^2)}{\eta(\xi)} d\xi} \quad (6-107)$$

式（6-107）为幂律流体环形空间螺旋流的压力梯度方程。在已知幂律液体的 n、K 值，环形空间的 R_0、k、Ω_i 值以及平均速度 V 的条件下，可根据该式计算幂律流体的螺旋流的压降。

7. 广义稳定性参数

类似牛顿流体环形空间螺旋流广义稳定性参数的讨论，可得幂律流体环形空间螺旋流的广义稳定性参数 H 为

$$H = H(\xi) = \left\{ \frac{\rho}{R} \left(2R_0 \xi \beta^2 J_1^2 + \frac{R_0 \beta^2}{\xi \eta} J_1 + \frac{P^2 R_0^3 (\xi^2 - \lambda^2)}{4\xi \eta} J_2 \right) \right\} \quad (6-108)$$

中

$$J_1 = J_1(\xi) = \int_1^\xi \frac{d\zeta}{\zeta^3 \eta(\zeta)} \quad (6-109)$$

$$J_2 = J_2(\xi) = \int_1^\xi \frac{\zeta^2 - \lambda^2}{\zeta \eta(\zeta)} d\zeta \quad (6-110)$$

$$\eta = \eta(\xi) = K^{\frac{1}{n}} \left[\frac{\beta^2}{\xi^4} + \frac{p^2 R_0^2 (\xi^2 - \lambda^2)^2}{4\xi} \right]^{\frac{n-1}{2n}}$$

H 的最大值

$$H_{\max} = H(\xi^*) \quad (6-111)$$

$$\beta^2 J_1^2(\xi) + \frac{\beta^2 [3n(\xi) - \eta'(\xi)\xi]}{\zeta^2 \eta^2(\xi)} J_1(\xi) + \frac{P^2 R_0^2 [\eta(\xi)(\xi^2 + \lambda^2) - \eta'(\xi)(\xi^2 - \lambda^2)]}{4\eta^2(\xi)\xi^2} J_2(\xi) + \frac{4\beta^2 + P^2 R_0^2 \xi^2 (\xi^2 - \lambda^2)^2}{4\xi^4 \eta^2(\xi)} = 0$$

(6-112)

式中

$$\eta'(\xi) = K^{\frac{1}{n}} \left(\frac{n-1}{2n} \right) \left[\frac{4\beta^2 + P^2 R_0^2 \xi^2 (\xi^2 - \lambda^2)^2}{4\xi^4} \right]^{-\frac{(n+1)}{2n}} \cdot \left[-\frac{4\beta^2}{\xi^5} + \frac{P^2 R_0^2 (\xi^2 - \lambda^2)(\xi^2 + \lambda^2)}{2\xi^3} \right]$$

(6-113)

实验表明 $H_{\max c} = 404$。

第六节 宾汉流体在圆管和环形空间中的螺旋流动

宾汉流体的本构方程可写为

$$\begin{cases} \boldsymbol{A}=0 & \left(\dfrac{1}{2}\mathrm{tr}\,\boldsymbol{T}^2 \geqslant \tau_0^2\right) \\ \boldsymbol{T}=(\eta_p+\tau_0/|\mathrm{II}|)\boldsymbol{A} & \left(\dfrac{1}{2}\mathrm{tr}\,\boldsymbol{T}^2 < \tau_0^2\right) \end{cases} \qquad (6\text{-}114)$$

式中 η_p——塑性黏度；

τ_0——屈服应力。

下面，分两种情况讨论宾汉流体的螺旋流动。

一、圆管螺旋流动

1. 流核半径

宾汉流体是具有屈服应力的一种塑性流体。当切应力为适当值时，其内部流体不发生相对运动。这种类似于固体的液体就是通常所说的流核。对于宾汉流体的圆管螺旋流，这种现象就象柱体绕中心线不断地旋转上升，而在这圆柱液体内，流体质点没有任何相对运动。

由 Von–Mises 条件，可得

$$\frac{1}{2}\mathrm{tr}\,\eta^2\boldsymbol{A}^2 = \tau_0^2$$

即

$$\eta^2\left[\left(\frac{\mathrm{d}u}{\mathrm{d}r}\right)^2 + \left(r\frac{\mathrm{d}\omega}{\mathrm{d}r}\right)^2\right] = \tau_0^2$$

从而有

$$r_0 = -\frac{2\tau_0}{P} \quad (P<0) \qquad (6\text{-}115)$$

此式便是由 Von–Mises 条件得出的确定流核半径的计算公式。

显然，对于宾汉流体圆管螺旋流，不管屈服应力 τ_0 多么小，总有流核存在。当 τ_0 充分小，流核半径 r_0 可以非常小。此时工程上可看作无流核存在。

一般地，流动总是可分速梯区（$\boldsymbol{A}\neq 0$）和核区（$\boldsymbol{A}=0$）。此时，给定的 τ_0 和 P 应满足

$$\frac{\tau_0}{-P} < \frac{R}{2}$$

2. 视黏度分布

对速梯区，宾汉流体圆管螺旋流的视黏度分布函数

$$\eta = \eta(r) = \frac{\eta_p}{1 + \frac{2\tau_0}{Pr}} \tag{6-116}$$

式（6-116）表明，宾汉流体圆管螺旋流的视黏度分布函数 η 和管子的旋转角速度 Ω 无关。

图 6-9 给出了一种宾汉流体圆管螺旋流的视黏流的视黏度分布曲线。

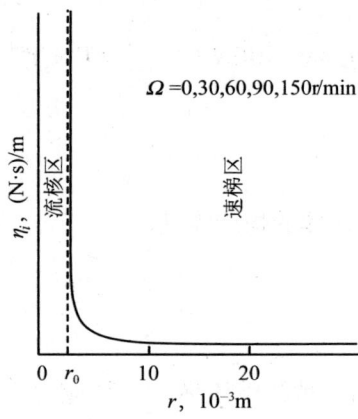

图 6-9　视黏度分布曲线

$R=0.0325\text{m}$，$\tau_0=2.94\text{N/m}^2$，$\eta_p=0.1\text{N}\cdot\text{s/m}^2$，$\rho=1300\text{kg/m}^3$

对牛顿流体，$\tau_0=0$，$\eta_p=\mu$，式（6-116）变为

$$\eta = \eta_p = \mu \tag{6-117}$$

3．速度分布

宾汉流体圆管螺旋流速梯区（$A \neq 0$）的速度分布函数

$$\omega = \Omega \tag{6-118}$$

$$u = u(r) = \frac{P}{4\eta_p}(r^2 - R^2) + \frac{\tau_0}{\eta_p}(r - R) \tag{6-119}$$

合速度为

$$v = v(r) = \sqrt{r^2\Omega^2 + \left[\frac{P}{4\eta_p}(r^2 - R^2) + \frac{\tau_0}{\eta_p}(r - R)\right]^2} \tag{6-120}$$

图 6-10、图 6-11 和图 6-12 是绘制的宾汉流体圆管螺旋流的速度分布曲线。

4．流量

设流核半径为 r_0，则流核区（$A=0$）的流量为

$$Q_0 = \pi r_0^2 u(r_0)$$
$$= \pi r_0^2 \left[\frac{P}{4\eta_p}(r_0^2 - R^2) + \frac{\tau_0}{\eta_p}(r_0 - R)\right] \tag{6-121}$$

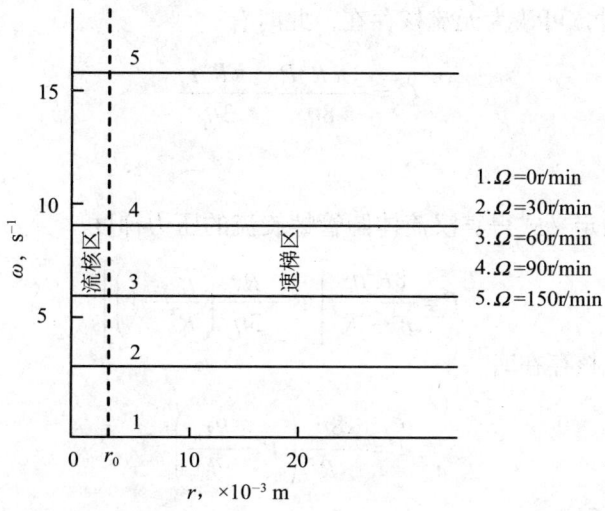

图 6-10　旋转角速度分布曲线

$R = 0.0325\text{m}$，$\tau_0 = 2.94\text{N/m}^2$，$\eta = 0.1\text{N}\cdot\text{s/m}^2$，$\rho = 1300\text{kg/m}^3$

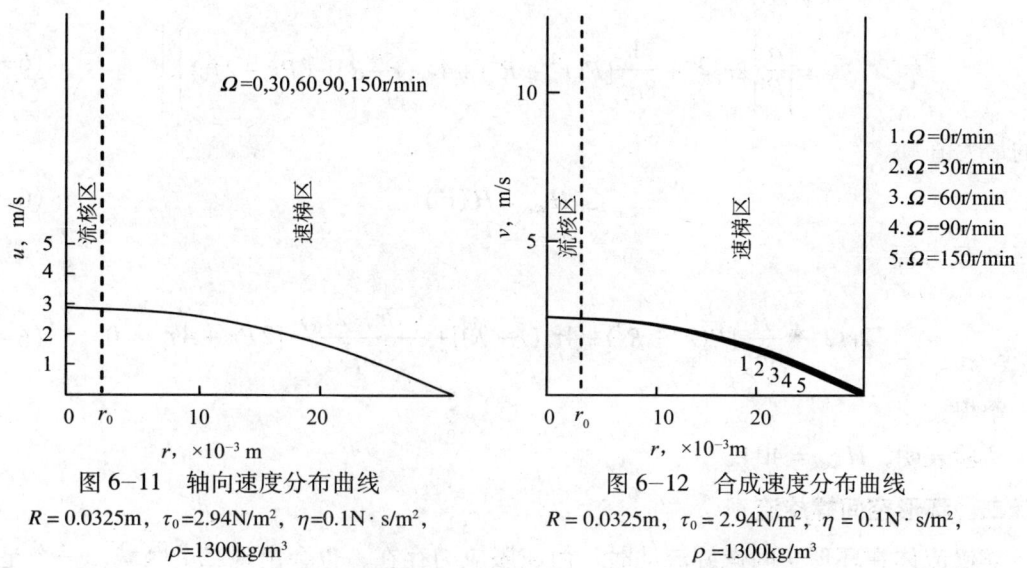

图 6-11　轴向速度分布曲线

$R = 0.0325\text{m}$，$\tau_0 = 2.94\text{N/m}^2$，$\eta = 0.1\text{N}\cdot\text{s/m}^2$，$\rho = 1300\text{kg/m}^3$

图 6-12　合成速度分布曲线

$R = 0.0325\text{m}$，$\tau_0 = 2.94\text{N/m}^2$，$\eta = 0.1\text{N}\cdot\text{s/m}^2$，$\rho = 1300\text{kg/m}^3$

而速梯区的流量

$$Q_1 = \int_{R_0}^{R} 2\pi r u(r) \mathrm{d}r$$

$$= \frac{\pi P(2R^2 r_0^2 - R^4 - r_0^4)}{8\eta_\text{p}} + \frac{\pi \tau_0 (3R r_0^2 - R^3 - 2r_0^3)}{3\eta_\text{p}} \tag{6-122}$$

而宾汉流体圆管螺旋流的流量为

$$Q = Q_0 + Q_1$$

$$= \frac{\pi P}{8\eta_\text{p}}(r_0^4 - R^4) + \frac{\pi \tau_0}{3\eta_\text{p}}(r_0^3 - R^3) \tag{6-123}$$

特殊地，当 $r_0 \ll R$ 时，可认为无流核存在，此时有

$$Q = -\frac{\pi R^4 P}{8\eta_p} - \frac{\pi R^3 \tau_0}{3\eta_p} \tag{6-124}$$

5．压力梯度

由平均速度 V 的定义式得宾汉流体圆管螺旋流的压力梯度

$$P = \frac{8R^2 \eta_p}{r_0^4 - R^4}\left[V - \frac{R\tau_0}{3\eta_p}\left(\frac{r_0^3}{R^3} - 1\right)\right] \tag{1-125}$$

当 $r_0 \ll R$，认为无流核存在时

$$P = -\frac{8\eta_p}{R^2}\left(V + \frac{R\tau_0}{\eta_p}\right) \tag{6-126}$$

6．广义稳定性参数

对速梯区，类似牛顿流体的讨论，可得宾汉流体圆管螺旋流广义稳定性参数 H 如下：

$$H = H(r) = \left|\frac{\rho}{P}\left\{2r\Omega^2 + \frac{1}{8\eta_p^2}[P(r^2 - R^2) + 4\tau_0(r-R)] \cdot (Pr - 2\tau_0)\right\}\right| \tag{6-127}$$

H 的最大值

$$H_{\max} = H(r^*) \tag{6-128}$$

这里 r^* 是方程

$$2r\Omega^2 + \frac{P}{8\eta_p^2}[P(r^2 - R^2) + 4\tau_0(r - R)] + \frac{(Pr - 2\tau_0)}{8\eta_p^2} \cdot [2Pr + 4\tau_0] = 0 \tag{6-129}$$

的一个根。

实验表明，$H_{\text{maxc}} = 404$。

二、环形空间螺旋流

宾汉流体在环形空间螺旋流动时，由屈服应力存在，也会出现二个区域，一个是流体质点无相对运动的流核区，另一个是流核以外的速梯区，如图6-13所示。

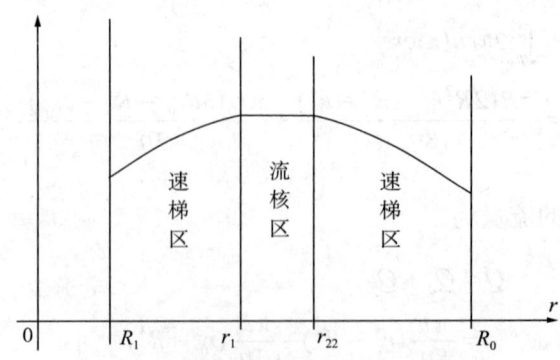

图6-13 宾汉流体环形空间中的螺旋流动

由 Von–Mises 条件，可得确定流核尺寸的方程

$$P^2 R_0^x \xi^6 - (2P^2 R_0^2 \lambda^2 + 4\tau_0^2)\xi^4 + P^2 R_0^2 \lambda^2 \xi^2 + 4\beta^2 = 0 \tag{6-130}$$

求解方程（6–130），可得两个根 ξ_1 和 ξ_2，这里

$$\xi_1 = \frac{r^1}{R_0} \tag{6-131}$$

$$\xi_2 = \frac{r^2}{R_0} \tag{6-132}$$

是流核的边界。

1. 视黏度分布

对速梯区，宾汉流体环形空间螺旋流的视黏度分布函数

$$\eta = \eta(\xi) = \begin{cases} \dfrac{\eta_p}{1 - \tau_0 \left[\dfrac{\beta^2}{\xi^4} + P^2 R_0^2 (\xi^2 - \lambda^2)^2 \right]^{-\frac{1}{2}}}, & \xi \in [\xi_1, \xi_2] \end{cases} \tag{6-133}$$

2. 速度分布

宾汉流体环形空间螺旋流的速度分布函数

$$\omega = \omega(\xi) \begin{cases} \int_k^\xi \dfrac{\beta}{\zeta^3 \eta(\zeta)} d\zeta + \Omega_i, & \xi \in (k, \xi_1) \\ \int_1^\xi \dfrac{\beta}{\zeta^3 \eta(\zeta)} d\zeta, & \xi \in (\xi_2, 1) \end{cases} \tag{6-134}$$

$$u = u(\xi) \begin{cases} \dfrac{PR_0^2}{2} \int_k^\xi \dfrac{(\zeta^2 - \lambda^2)}{\zeta \eta(\zeta)} d\zeta, & \xi \in (k, \xi_1) \\ \dfrac{PR_0^2}{2} \int_1^\xi \dfrac{(\zeta^2 - \lambda^2)}{\zeta \eta(\zeta)} d\zeta, & \xi \in (\xi_2, 1) \end{cases} \tag{6-135}$$

3. 积分常数 β 和 λ 的确定

由式（6–134）和式（6–135）得确定积分常数 β 和 λ 的方程组

$$\begin{cases} \int_k^{\xi_1} \dfrac{\beta}{\zeta^3 \eta(\zeta)} d\zeta + \Omega_i = \int_1^{\xi_2} \dfrac{\beta}{\zeta^3 \eta(\zeta)} d\zeta \\ \int_k^{\xi_1} \dfrac{(\xi^2 - \lambda^2)}{\xi \eta(\zeta)} d\zeta = \int_1^{\xi_2} \dfrac{(\xi^2 - \lambda^2)}{\xi \eta(\zeta)} d\zeta \end{cases} \tag{6-136}$$

4. 流量

$$Q = \int_{R_i}^{R_0} 2\pi r u(r) \mathrm{d}r$$
$$= \int_k^1 2\pi R_0^2 \xi u(\xi) \mathrm{d}\xi$$
$$= \int_k^{\xi_1} 2\pi R_0^2 \xi u(\xi) \mathrm{d}\xi + 2\pi R_0^2 u_0 (\xi_2 - \xi_1) + \int_{\xi_2}^1 2\pi R_0^2 u(\xi) \mathrm{d}\xi$$

当流核很小时，$\xi_1 \approx \xi_2$，上式可写为

$$Q \approx -\frac{\pi P R_0^4}{2} \int_k^1 \frac{\xi(\xi^2 - \lambda^2)}{\eta(\xi)} \mathrm{d}\zeta \tag{6-137}$$

5. 压力梯度

宾汉流体环形空间螺旋流的压力梯度为

$$P = \frac{2(k^2 - 1)V}{R_0^2 \int_k^1 \frac{\zeta(\zeta^2 - \lambda^2)}{\eta(\zeta)} \mathrm{d}\zeta} \tag{6-138}$$

6. 广义稳定性参数

一般认为，广义稳定性参数的最大值出现在靠近环形空间旋转的内管的速梯区内，因此这里仅讨论这个区域内（$\xi \in (k, \xi_1)$）的广义稳定性参数 H 及其最大值 $H_{\max}$。

类似牛顿流体环形空间螺旋流广义稳定性参数的讨论，可得出宾汉流体环形空间螺旋流场的靠场的靠近内管速梯区的广义稳定性参数 H 为

$$H = H(\xi) = \left| \frac{\rho}{P} \left[2R_0 \xi \beta^2 J_1^2 + \frac{R_0 \beta^2}{\xi \eta} J_1 + \frac{P^2 R_0^3 (\xi^2 - \lambda^2)}{4\xi \eta} - J_2 \right] \right| \tag{6-139}$$

这里

$$J_1 = J_1(\xi) = \int_k^\xi \frac{d\zeta}{\zeta^3 \eta} + \frac{\Omega_i}{\beta} \tag{6-140}$$

$$J_2 = J_2(\xi) = \int_k^\xi \frac{\zeta^2 - \lambda^2}{\zeta \eta} \mathrm{d}\zeta \tag{6-141}$$

$$\eta = \eta(\xi) = \frac{\eta_p}{1 - \tau_0 \left(\frac{\beta^2}{\xi^4} + \frac{P^2 R_0^2 (\xi^2 - \lambda^2)}{4\xi^2} \right)^{-\frac{1}{2}}}$$

H 的最大值

$$H_{\max} = H(\xi^*) \tag{6-142}$$

ξ^* 是方程式（6-143）的一个根。

$$2\beta^2 J_1^2 + \frac{\beta^2[3\eta - \eta'(\xi)]}{\xi^2\eta^2}J_1 + \frac{P^2R_0^2[\eta(\xi^2+\lambda^2)-\eta'(\xi)(\xi^2-\lambda^2)]}{4\eta^2\zeta^2}J_2 + \frac{4\beta^2 + P^2R_0^2\xi^2(\xi^2-\lambda^2)^2}{4\xi^4\eta^2} = 0$$

(6-143)

这里

$$\eta' = \eta'(\xi) = -\frac{\tau_0\eta_p}{2}\left\{1-\tau_0\left[\frac{\beta^4}{\xi^4}+\frac{P^2R_0^2(\xi^2-\lambda^2)^2}{4\xi^2}\right]^{-\frac{1}{2}}\right\}^{-2}$$

$$\cdot\left[\frac{\beta^2}{\xi^4}+\frac{P^2R_0^2(\xi^2-\lambda^2)^2}{4\xi^2}\right]^{-\frac{3}{2}}\cdot\left[-\frac{4\beta^2}{\xi^5}+\frac{P^2R_0^2(\xi^2-\lambda^2)(\xi^2+\lambda^2)}{2\xi^3}\right]$$

第七章 非牛顿流体的紊流流动

第一节 稳定性参数

判别牛顿流体管流流动状态的准数是雷诺数。对于非牛顿流体管流流动状态的判别,仍可应用雷诺数,不过此时应采用广义雷诺数。

在本节中,根据雷诺数的定义,将首先介绍对于流变模式管流的广义雷诺数公式;然后依据层流稳定性理论,在介绍一种用于判别管流流动状态的稳定性参数 Z。

一、广义雷诺数

考察雷诺数的定义式

$$Re = \frac{\rho DV}{\mu} \tag{7-1}$$

牛顿流体与非牛顿流体的本质区别就在于他们的黏度函数不同。即对于牛顿流体其黏度为 μ 是常数,而非牛顿流体的视黏度是应变率张量不变量的函数,其值的大小与流场位置、流变参数等有关。因而现在的问题是能否找到那样一个黏度函数,将非牛顿流体在流动的计算方面等量地处理成牛顿流体的流动问题。建立了这个黏度函数,可以将式(7-1)顺利地推广为适用于非牛顿钻井液流体管流流动状态判别的广义雷诺数。而这个黏度即视牛顿黏度。

对于幂律流体有:

压力梯度

$$\frac{\Delta p}{L} = \frac{8\mu LV}{R^2}$$

圆管内轴向层流的压降公式

$$\Delta P = 4K\left(\frac{8V}{D}\right)^n \left(\frac{3n+1}{4n}\right)^n \frac{L}{D}$$

由此,可得

$$\frac{8\mu_y V}{R^2} = 4K\left(\frac{8V}{D}\right)^n \left(\frac{3n+1}{4n}\right)^n \frac{1}{D}$$

解得

$$\mu_N = K(8V)^{n-1} D^{1-n} \left(\frac{3n+1}{4n}\right)^n \tag{7-2}$$

式（7-2）即为圆管轴向流时幂律流体的视牛顿黏度。

将式（7-2）代入式（7-1）（用 μ_N 取代 μ）得幂律流体圆管轴向层流的广义雷诺数为

$$Re = \frac{\rho V^{2-n} D^n}{K 8^{n-1} \left(\dfrac{3n+1}{4n}\right)^n} \tag{7-3}$$

同理可求得宾汉流体管流的广义雷诺数为

$$\begin{cases} Re_B = \dfrac{\rho D V}{\eta_p} F(\xi) \\ F(\xi) = 1 - \dfrac{4}{3} \cdot \dfrac{R_0}{R} + \dfrac{1}{3}\left(\dfrac{R_0}{R}\right)^4 \end{cases} \tag{7-4}$$

$$\begin{cases} Re_c = \dfrac{\rho D V}{\eta_\infty} f(\xi) \\ f(\xi) = 1 - \dfrac{16}{7}\left(\dfrac{R_0}{R}\right)^{1/2} + \dfrac{4}{3} \cdot \dfrac{R_0}{R} - \dfrac{1}{2}\left(\dfrac{R_0}{R}\right)^4 \end{cases} \tag{7-5}$$

二、稳定性参数 Z

这一理论方法是大庆石油学院陈家琅教授提出的，西南石油学院刘崇建教授等对此也做过深入的研究。从下面的讨论可以清楚看出：应用陈家琅的管流稳定性参数 Z 导出的一系列表达式，反映了层流失稳时的数学条件；阐明了用稳定性参数 Z 与用雷诺数 Re 判别流动状态的本质区别、相互联系及其特点。

1. 管流稳定性参数 Z

层流稳定性理论认为：流体从层流状态过渡到紊流状态时，紊流的旋涡并不是在整个管子过流断面上同时发生的，而是首先发生于流场中紊动性最强烈的某一液层。因此，应该用该液层的惯性力与黏性力值之比来判别流体的流动状态。

由此，对于管流中每一个液层，陈家琅教授定义雷诺数的表达式为

$$Z = \frac{\rho r u}{\eta} \tag{7-6}$$

式中　u——半径为 r 处的流体点速度；

　　　ρ——流体密度；

　　　u——流体点速度；

　　　η——对于牛顿流体来说，即为黏度，对于非牛顿流体来说，为该液层速度梯度下的视黏度。

对于某一特定的流动问题，稳定性参数 Z 在圆管内的分布是 r 的函数，即 $Z = Z(r)$。联系 u 与 η 在管流中的分布规律可知，管流中的稳定性参数 Z 必有极大值 Z_{max} 存在。因此，可以根据 Z_{max} 的临界值 $\overline{Z}$ 来判别流体的流动状态。

1959 年，Ryan 及 Johnson 依据经典的小扰动理论，得到的管流稳定性参数可用下式表

示

$$Z_{\text{Ryan}} = -\frac{Ru\rho}{\tau_w}\frac{du}{dr} \tag{7-7}$$

式中　R——管子半径；

　　　τ_w——管壁处的切应力；

　　　ρ——流体密度；

　　　u——流体点速度；

　　　$\dfrac{du}{dr}$——速度梯度。

根据作用在各液层上的力矩是相等的，即

$$M = 2\pi h r^2 \tau$$

则有

$$\frac{R}{\tau_w} = \frac{r}{\tau} \tag{7-8}$$

根据黏度的定义有

$$\eta = \tau \Big/ \left(-\frac{du}{dr}\right) \tag{7-9}$$

所以，式（7-7）可以写成

$$Z_{\text{Ryan}} = -\frac{Ru\rho}{\tau_w}\frac{du}{dr} = -\frac{ru\rho}{\tau}\frac{du}{dr} = \frac{ru\rho}{\eta} \tag{7-10}$$

式（7-10）证明，应用小扰动理论得到的结论与式（7-6）是相同的。所以可知，尽管式（7-6）属于一种唯象理论公式，但它比较确切地反映了层流失稳的本质，具有坚实的理论基础。

2．牛顿流体管流的稳定性参数 Z

根据前面的讨论可知，牛顿流体在圆管内作层流流动时，过流断面上速度分布呈抛物线形状。在管轴处，速度梯度 $\left(\dfrac{du}{dr}\right)=0$，切应力 $\tau=0$，速度 $u=u_{\max}$；随着离轴线距离的增加，流体层间的速度梯度 $\dfrac{du}{dr}$ 增加，切应力 τ 增加，速度 u 降低；而在管壁处，即当 $r=R$ 时，$\left(\dfrac{du}{dr}\right)_R$ 达到最大，τ 也达到最大，而 $u=0$。所以，对于离轴线不同位置的液层来说，其稳定性参数 Z 的数值是个变量；在管轴和管壁处，Z 值是零，即 $Z(0)=Z(R)=0$。注意到稳定性参数 Z 的定义式，$Z(r)$ 满足数学中罗尔定理的条件，因之在区间 $(0, R)$ 内至少有一点 $r=\bar{r}$ 存在，使 $Z(r)$ 的导数 $\dfrac{dZ}{dr}$ 为零，即 $Z'(\bar{r})=0$，因而稳定性参数 Z 达到最大值 $Z_{\max}$。可以认为，当层流向紊流过渡时，紊流旋涡的产生是从 $Z_{\max}$ 处开始的，然后逐渐扩展到整个过流断面。

下面推导 Z_{max} 的表达式。

将 $u = \dfrac{1}{4u}\dfrac{\Delta p}{L}(R^2 - r^2)$ 代入式 (7-6) 中，注意牛顿流体的 η 等于常数 μ，则得

$$Z = \dfrac{\Delta p \rho}{4L\eta^2}(R^2 r - r^3) \tag{7-11}$$

显然当 Δp、ρ、L、η 和 R 一定时，Z 仅与 r 有关。于是上式可以写成

$$Z = A(R^2 r - r^3) \tag{7-12}$$

式中　A——常数。

上式中，$r \geq 0$，Z 有一个最大值，发生于 $\dfrac{dZ}{dr} = 0$ 处，可以求得如下。求解

$$\dfrac{dZ}{dr} = AR^2 - 3Rr^2 = 0$$

得到 Z_{max} 的点所处的位置为 $\bar{r}$

$$\bar{r} = \dfrac{1}{\sqrt{3}} R \tag{7-13}$$

将上式代入式 (7-1) 中，可以求得 Z_{max} 处的速度

$$\bar{u} = \dfrac{\Delta p}{6L\eta} R^2 \tag{7-14}$$

进一步可知

$$\dfrac{u}{u_{max}} < \dfrac{u}{\bar{u}} < \dfrac{u}{V} \tag{7-15}$$

式中　V——平均流速。

可见 $\bar{u}$ 介于 u_{max} 与 V 之间。

最后将式 (7-13)、式 (7-14) 代入式 (7-6)，即可得到牛顿流体在元管内作层流流动时，紊动性最强处的 Z 值为

$$Z_{max} = \dfrac{\rho \Delta p R^3}{6\sqrt{3} L \eta^2} \tag{7-16}$$

又由压降方程 $\Delta p = \dfrac{8\mu LV}{R^2}$ 得

$$Z_{max} = \dfrac{4}{3\sqrt{3}} \dfrac{RV\rho}{\eta} \tag{7-17}$$

所以得

$$Z_{max} = \dfrac{2}{3\sqrt{3}} Re \tag{7-18}$$

如果取 Re 的临界值为 2100，则 Z_{max} 得临界值为

$$\bar{Z} = 808 \tag{7-19}$$

定义式（7-6）时，并没有限定流体的本构方程，式（7-6）也适用于非牛顿流体。对于牛顿流体管流的稳定性参数 Z 的临界值是 $\overline{Z}=808$。当 $Z<808$ 时，流体的流动状态为层流；当 $Z \geqslant 808$ 时，流动状态为紊流。实验表明，$\overline{Z}=808$ 可以作为判别牛顿流体，同样也可以作为判别非牛顿流体管流流动状态的准数。

对于牛顿流体管流来说，从表面上看，作为准数的 Z 值与 Re 并没有显示出二者本质上的差别，仅仅是相差 $\dfrac{2}{3\sqrt{3}}$ 倍数。但是，由接下来的讨论可以看出，对于非牛顿流体来说，二者确实存在着本质上的差别。

3. 幂律流体管流的稳定性参数 Z

当幂律流体在圆管内作层流流动时，其速度分布方程式为

$$u=\frac{n}{n+1}\left(\frac{\Delta p}{2KL}\right)^{\frac{1}{n}} R^{\frac{n+1}{n}}\left(1-\beta^{\frac{n+1}{n}}\right) \tag{7-20}$$

则幂律流体的视黏度为

$$\eta=\frac{\tau}{\left(-\dfrac{\mathrm{d}u}{\mathrm{d}r}\right)}=K\left(-\frac{\mathrm{d}u}{\mathrm{d}r}\right)^{n-1} \tag{7-21}$$

再者，将管流动量平衡方程与幂律流体的本构方程联立，可得

$$K\left(-\frac{\mathrm{d}u}{\mathrm{d}r}\right)^{n}=\frac{\Delta p}{2L}r$$

$$-\frac{\mathrm{d}u}{\mathrm{d}r}=\left(\frac{\Delta p}{2KL}\right)^{\frac{1}{n}} r^{1/n}$$

所以，式（7-21）又可写成

$$\eta=K\left(\frac{\Delta p}{2KL}\right)^{\frac{n-1}{n}} r^{\frac{n-1}{n}} \tag{7-22}$$

将式（7-20）、式（7-22）代入式（7-6）中，得幂律流体管流的稳定性参数 Z 具体表达式为

$$Z=\frac{r\dfrac{n}{n+1}\left(\dfrac{\Delta p}{2KL}\right)^{\frac{1}{n}}\left(R^{\frac{n+1}{n}}-r^{\frac{n+1}{n}}\right)\rho}{K\left(\dfrac{\Delta p}{2KL}\right)^{\frac{n-1}{n}} r^{\frac{n-1}{n}}}=\frac{n}{n+1}\frac{\rho}{K}\left(\frac{\Delta p}{2KL}\right)^{\frac{2-n}{n}}\left(R^{\frac{n+1}{n}}r^{\frac{1}{n}}-r^{\frac{n+2}{n}}\right) \tag{7-23}$$

即

$$Z=B\left(R^{\frac{n+1}{n}} r^{\frac{1}{n}}-r^{\frac{n+2}{n}}\right) \tag{7-24}$$

式中 B 为某一常数。

在圆管过流断面某 r 处，存在一个 Z 的最大值，发生于 $\dfrac{dZ}{dr}=0$ 的条件下。于是，将式 (7-24) 微分得

$$\frac{dZ}{dr}=B\frac{1}{n}r^{\frac{1-n}{n}}\left[R^{\frac{n+1}{n}}-(n+2)r^{\frac{n+1}{n}}\right]$$

取

$$R^{\frac{n+1}{n}}-(n+2)r^{\frac{n+1}{n}}=0$$

得

$$\bar{r}=\left(\frac{1}{n+2}\right)^{\frac{n}{n+1}}R \tag{7-25}$$

式 (7-25) 表明，当幂律流体在圆管内作层流流动时，在 $r=\bar{r}=\left(\dfrac{1}{n+2}\right)^{\frac{n}{n+1}}R$ 处，出现 Z_{max}。

于是，将式 (7-25) 和式 (7-23) 联立，得

$$Z_{max}=n\left(\frac{1}{n+2}\right)^{\frac{n+2}{n+1}}\frac{\rho}{K}\left(\frac{\Delta p}{2KL}\right)^{\frac{2-n}{n}}R^{\frac{n+2}{n}} \tag{7-26}$$

又根据幂律流体管流压降与平均流速之间的关系，可得

$$\left(\frac{\Delta p}{2KL}\right)^{\frac{2-n}{n}}=V^{2-n}\left(\frac{3n+1}{n}\right)^{2-n}R^{\frac{(n+1)(n-2)}{n}} \tag{7-27}$$

将式 (7-27) 代入式 (7-26)，引入平均流速；于是，得出幂律流体在圆管内作层流流动时，紊动性最强处的 Z 值为

$$\begin{aligned}Z_{max}&=n\left(\frac{1}{n+2}\right)^{\frac{n+2}{n+1}}\frac{\rho}{K}V^{2-n}\left(\frac{3n+1}{n}\right)^{2-n}R^{\frac{(n+1)(n-2)}{n}}R^{\frac{n+2}{n}}\\ &=\frac{n}{2^n}\left(\frac{1}{n+2}\right)^{\frac{n+2}{n+1}}\left(\frac{3n+1}{n}\right)^{2-n}\frac{D^nV^{2-n}\rho}{K}\end{aligned} \tag{7-28}$$

将式 (7-28) 与式 (7-4) 联立，可得

$$Z_{max}=\frac{n}{8}\left(\frac{1}{n+2}\right)^{\frac{n+2}{n+1}}\left(\frac{3n-1}{n}\right)^2 Re \tag{7-29}$$

因为 Z_{max} 的临界值取为 $\bar{Z}=808$，所以可得幂律流体管流的临界雷诺数为

$$Re_0 = 6464 / \left[n\left(\frac{1}{n+2}\right)^{\frac{n+2}{n+1}} \left(\frac{3n+1}{n}\right)^2 \right] \tag{7-30}$$

可见，对于幂律流体流管，临界雷诺数值依赖于流体的流变性能，即 $Re_0 = f(n)$。只有当 $n = 1$，幂律流体退化为牛顿流体时，Re_0 值才是 2100。幂律流体管流的稳定性参数 Z 之最大值 Z_{max} 与广义雷诺数 Re 二者之间已经不存在特定的比例系数 $\frac{2}{3\sqrt{3}}$ 了。

4. 宾汉流体管流的稳定性参数 Z

根据 $\tau = \frac{r}{R}\tau_w$，式（7-6）可以写成如下形式

$$Z = \frac{Ru\rho}{\tau_w}\left(-\frac{du}{dr}\right) \tag{7-31}$$

今仍取前面定义的无因次量 $\beta = r/R$、$\xi = R_0/R$ 并已知 $\xi = \tau_0/\tau_w$ 因为有宾汉流体轴向层流速度分布：

$$\begin{cases} \dfrac{\Delta p}{L} > \dfrac{2\tau_0}{R} \text{时} \\ u = \dfrac{\Delta p}{4\eta_p L}(R-R_0)^2 & (r < R_0) \\ u = \dfrac{\Delta p}{4\eta_p L}\left[R^2 - r^2 - 2R_0(R-r)\right] & (r > R_0) \\ R_0 = \dfrac{2\tau_0 L}{\Delta p} \\ \dfrac{\Delta p}{L} < \dfrac{2\tau_0}{R} \text{时} \\ u = 0 \end{cases}$$

可以用下述公式表示：

$$u = \frac{\tau_w R}{2\eta_p}\left[1 - 2\xi(1-\beta) - \beta^2\right] \quad (\xi \leqslant \beta \leqslant 1) \tag{7-32}$$

$$u = \frac{\tau_w R}{2\eta_p}(1-\xi)^2 \quad (0 \leqslant \beta \leqslant \xi) \tag{7-33}$$

进一步可得平均流速为

$$V = \frac{\tau_w R}{4\eta_p}\left(1 - \frac{4}{3}\xi + \frac{1}{3}\xi^4\right) \tag{7-34}$$

将式（7-32）代入式（7-31），则可得

$$Z = \frac{\tau_w R^2 \rho}{2\eta_p^2}\left[1 - 2\xi(1-\beta) - \beta^2\right](\beta - \xi) \tag{7-35}$$

对上式微分，并令 $\dfrac{\mathrm{d}Z}{\mathrm{d}\beta} = 0$，可以求得宾汉流体在圆管内作层流（或结构流）流动时，出现 Z_{max} 处的无因次半径为

$$\overline{\beta} = \xi + (1-\xi)\sqrt{\dfrac{1}{3}} \tag{7-36}$$

分析式（7-36）可知，当宾汉流体退化为牛顿流体时，有 $\tau_0 = 0$、$\xi = 0$，此时，式（7-35）便还原成前面的式（7-13）。

现定义两个无因次量如下：

雷诺数

$$Re = \dfrac{\rho DV}{\eta_p} \tag{7-37}$$

Hedstrom 数

$$He = \rho D^2 \tau_0 / \eta_p^2 \tag{7-38}$$

式（7-37）和式（7-38）中，ρ 表示流体密度，D 表示管子直径，τ_0 和 η_p 分别表示宾汉流体的屈服应力和塑性黏度。式（7-37）与式（7-1）的主要区别在于所用的黏度不同。

联立式（7-35）、式（7-36）、式（7-37）和式（7-38），并注意到 Z_{max} 的临近值取为 $\overline{Z} = 808$，因此可得

$$Re_0 = 404\sqrt{27}\,\dfrac{1 - \dfrac{4}{3}\xi_0 + \dfrac{1}{3}\xi_0^4}{(1-\xi_0)^3} \tag{7-39}$$

$$Re_0 = \dfrac{1 - \dfrac{4}{3}\xi_c + \dfrac{1}{3}\xi_0^4}{8\xi_0} H_0 \tag{7-40}$$

$$He = 16800\,\dfrac{\xi_0}{(1-\xi_0)^3} \tag{7-41}$$

$$\xi_0 = \tau_0 / \tau_w \tag{7-42}$$

上述各式中的下角标"c"均表示临界值。

第二节　圆管中非牛顿流体紊流流动

在石油工程中，水泥浆和钻井液在套管中的紊流流动属于非牛顿流体在圆管中的轴向紊流；而水泥浆与钻井液在套管中的依次流动，在无胶塞时，则属于非牛顿流体在圆管中的轴向紊流顶替。另外，在化工运输等其他行业也会遇到类似的问题。

我国学者窦国仁研究了牛顿流体在圆管中的紊流理论，这里仿照窦国仁的研究方法，对非牛顿流体在圆管中的紊流理论进行初步的探索。

一、非牛顿流体紊流微分方程式

将瞬时量表示为时均量与脉动量之和，则

$$v_i = \overline{v_i} + v'_i, \quad p = \overline{p} + p', \quad \tau_{mi} = \overline{\tau_{mi}} + \tau'_{mi} \tag{7-43}$$

将式（7-43）代入运动方程，有

$$\frac{\partial(\overline{v_i}+v'_i)}{\partial t} + (\overline{v_m}+v'_m)\frac{\partial(\overline{v_i}+v'_i)}{\partial x_m} = X_i - \frac{1}{\rho}\frac{\partial(\overline{p}+p')}{\partial x_i} + \frac{1}{\rho}\frac{\partial(\overline{\tau_{mi}}+\tau'_{mi})}{\partial x_m} \tag{7-44}$$

式中　i——1、2、3 三个坐标轴下角；

m——爱因斯坦求和指标；

X_i——单位质量的体积力在 x_i 轴上的分量。

连续性方程

$$\frac{\partial(\overline{v_m}+v'_m)}{\partial x_m} = 0 \tag{7-45}$$

将式（7-45）时均，又因为 $\overline{v'_i} = 0$，所以

$$\frac{\partial \overline{v_m}}{\partial x_m} = 0 \tag{7-46}$$

由式（7-45）、式（7-46），有

$$\frac{\partial v'_m}{\partial x_m} = 0 \tag{7-47}$$

考虑时均法则

$$\begin{cases} \overline{\dfrac{\partial v'_i}{\partial t}} = 0, \overline{\overline{v_m}\dfrac{\partial v'_i}{\partial x_m}} = 0, \overline{v'_m \dfrac{\partial v'_i}{\partial x_m}} = 0 \\ \overline{\dfrac{\partial p'}{\partial x_i}} = 0, \overline{\dfrac{\partial \tau'_{mi}}{\partial x_m}} = 0 \end{cases} \tag{7-48}$$

将式（7-44）时均，可得

$$\frac{\partial \overline{v_i}}{\partial t} + \overline{v_m}\frac{\partial \overline{v_i}}{\partial x_m} + \overline{v'_m \frac{\partial v'_i}{\partial x_m}} = X_i - \frac{1}{\rho}\frac{\partial \overline{p}}{\partial x_i} + \frac{1}{\rho}\frac{\partial \overline{\tau_{mi}}}{\partial x_m} \tag{7-49}$$

由连续性方程式（7-47），有

$$\overline{v'_i \frac{\partial v'_m}{\partial x_m}} = 0$$

故

$$\overline{v'_m \frac{\partial v'_i}{\partial x_m}} = \overline{\frac{\partial v'_i v'_m}{\partial x_m}}$$

所以，式（7-49）成为

$$\frac{\partial \overline{v_i}}{\partial t} + \overline{v_m}\frac{\partial \overline{v_i}}{\partial x_m} = X_i - \frac{1}{\rho}\frac{\partial \overline{p}}{\partial x_i} + \frac{1}{\rho}\frac{\partial \overline{\tau_{mi}}}{\partial x_m} - \frac{\partial \overline{v_i' v_m'}}{\partial x_m} \tag{7-50}$$

式（7-50）就是非牛顿流体紊动微分方程式。

二、非牛顿流体在圆管中的紊流微分方程式

为讨论方便，将式（7-50）用圆柱坐标表示，如图7-1所示。

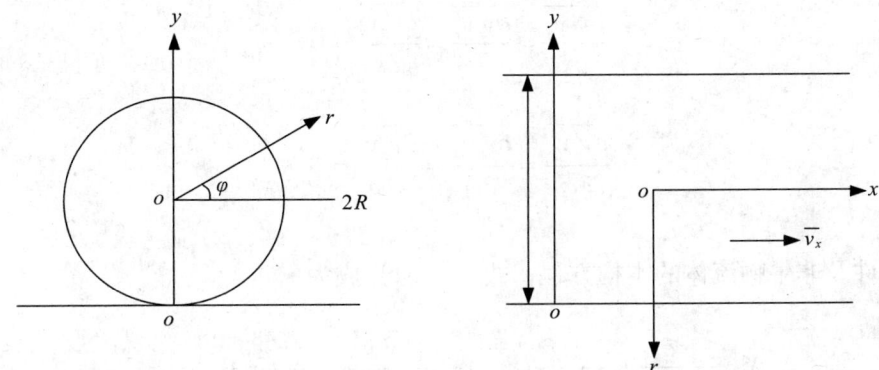

图 7-1　圆管紊流模型

$$\frac{\partial \overline{v_x}}{\partial t} + \overline{v_r}\frac{\partial \overline{v_x}}{\partial r} + \frac{\overline{v_\varphi}}{r}\frac{\partial \overline{v_x}}{\partial \varphi} + \overline{v_x}\frac{\partial \overline{v_x}}{\partial x} = X_x - \frac{1}{\rho}\frac{\partial \overline{p}}{\partial x} + \frac{1}{\rho}\left[\frac{1}{r}\frac{\partial}{\partial r}(r\overline{\tau_{rx}}) + \frac{1}{r}\frac{\partial (\overline{\tau_{\varphi x}})}{\partial \varphi} + \frac{\partial \overline{\tau_{xx}}}{x}\right]$$

$$+ \frac{\partial(-\overline{v_x' v_r'})}{\partial r} + \frac{1}{r}\frac{\partial(-\overline{v_x' v_\varphi'})}{\partial \varphi} - \frac{\partial(-\overline{v_x' v_x'})}{\partial x} - \frac{\overline{v_r' v_x'}}{r} \tag{7-51a}$$

$$\frac{\partial \overline{v_r}}{\partial t} + \overline{v_r}\frac{\partial \overline{v_r}}{\partial r} + \frac{\overline{v_\varphi}}{r}\frac{\partial \overline{v_r}}{\partial \varphi} + \overline{v_x}\frac{\partial \overline{v_r}}{\partial x} - \frac{\overline{v_\varphi}^2}{r} = X_r - \frac{1}{\rho}\frac{\partial \overline{p}}{\partial r} + \frac{1}{\rho}\left[\frac{1}{r}\frac{\partial}{\partial r}(r\overline{\tau_{rr}}) + \frac{1}{r}\frac{\partial \overline{\tau_{r\varphi}}}{\partial \varphi} - \frac{\partial \overline{\tau_{\varphi\varphi}}}{r} + \frac{\partial \overline{\tau_{rx}}}{x}\right]$$

$$+ \frac{\partial(-\overline{v_r' v_r'})}{\partial r} + \frac{1}{r}\frac{\partial(-\overline{v_r' v_\varphi'})}{\partial \varphi} + \frac{\partial(-\overline{v_r' v_x'})}{\partial x} - \frac{\overline{v_r' v_r'}}{r} + \frac{\overline{v_\varphi' v_\varphi'}}{r} \tag{7-51b}$$

$$\frac{\partial \overline{v_\varphi}}{\partial t} + \overline{v_r}\frac{\partial \overline{v_\varphi}}{\partial r} + \frac{\overline{v_\varphi}}{r}\frac{\partial \overline{v_\varphi}}{\partial \varphi} + \overline{v_x}\frac{\partial \overline{v_\varphi}}{\partial x} + \frac{\overline{v_r v_\varphi}}{r} = X_\varphi - \frac{1}{\rho}\frac{1}{r}\frac{\partial \overline{p}}{\partial \varphi} + \frac{1}{\rho}\left[\frac{1}{r^2}\frac{\partial}{\partial r}(r^2 \overline{\tau_{r\varphi}}) + \frac{1}{r}\frac{\partial \overline{\tau_{\varphi\varphi}}}{\partial \varphi} + \frac{\partial \overline{\tau_{\varphi x}}}{\partial x}\right]$$

$$+ \frac{\partial(-\overline{v_\varphi' v_r'})}{\partial r} + \frac{1}{r}\frac{\partial(-\overline{v_\varphi' v_\varphi'})}{\partial \varphi} + \frac{\partial(-\overline{v_\varphi' v_x'})}{\partial x} - \frac{2\overline{v_r' v_\varphi'}}{r} \tag{7-51c}$$

考虑到圆管紊流的轴对称性和沿程均匀性，可以认为脉动流速的相关矩只是 r 的函数，与 x、φ 无关。因此有

$$\overline{v_r} = \overline{v_\varphi} = 0$$

$$\frac{\partial \overline{v_x}}{\partial t} = \frac{\partial \overline{v_x}}{\partial x} = \frac{\partial \overline{v_x}}{\partial \varphi} = 0$$

$$\frac{\partial \overline{v'_x v'_x}}{\partial x} = \frac{\partial \overline{v'_r v'_x}}{\partial x} = \frac{\partial \overline{v'_\varphi v'_x}}{\partial x} = 0$$

$$\frac{\partial \overline{v'_x v'_\varphi}}{\partial \varphi} = \frac{\partial \overline{v'_r v'_\varphi}}{\partial \varphi} = \frac{\partial \overline{v'_\varphi v'_\varphi}}{\partial \varphi} = 0$$

考虑上述条件及非牛顿流体的本构方程，式（7-51）成为

$$X_x - \frac{1}{\rho}\frac{\partial \overline{p}}{\partial x} + \frac{1}{\rho}\frac{1}{r}\frac{\partial}{\partial r}(r\overline{\tau_{rx}}) + \frac{\partial(-\overline{v'_x v'_r})}{r} - \frac{\overline{v'_r v'_x}}{r} = 0 \qquad (7\text{-}52\text{a})$$

$$X_r - \frac{1}{\rho}\frac{\partial \overline{p}}{\partial r} + \frac{\partial(-\overline{v'_r v'_r})}{\partial r} - \frac{\overline{v'_r v'_r}}{r} + \frac{\overline{v'_\varphi v'_\varphi}}{r} = 0 \qquad (7\text{-}52\text{b})$$

$$X_\varphi - \frac{1}{\rho}\frac{1}{r}\frac{\partial \overline{p}}{\partial \varphi} + \frac{\partial(-\overline{v'_\varphi v'_r})}{\partial r} - \frac{2\overline{v'_r v'_\varphi}}{r} = 0 \qquad (7\text{-}52\text{c})$$

将压强 p 表示成静压强 p_0 与动压强 p^* 之和，即

$$p = p_0 + p^* \qquad (7\text{-}53)$$

用时均值表示式（7-53），有

$$\overline{p} + p' = p_0 + \overline{p^*} + p^{*'}$$

对上式两边取时均，有

$$\overline{p} = p_0 + \overline{p^*} \qquad (7\text{-}54)$$

由流体静力学方程式得

$$X_x - \frac{1}{\rho}\frac{\partial p_0}{\partial x} = 0 \qquad (7\text{-}55)$$

$$X_r - \frac{1}{\rho}\frac{\partial p_0}{\partial r} = 0 \qquad (7\text{-}56)$$

$$X_\varphi - \frac{1}{\rho}\frac{1}{r}\frac{\partial p_0}{\partial \varphi} = 0 \tag{7-57}$$

将式（7-54）代入式（7-52），并考虑上述静止条件，有

$$-\frac{1}{\rho}\frac{\partial \overline{p^*}}{\partial x} + \frac{1}{\rho}\frac{1}{r}\frac{\partial}{\partial r}(r\overline{\tau_{rx}}) + \frac{\partial(-\overline{v'_x v'_r})}{\partial r} - \frac{\overline{v'_r v'_x}}{r} = 0 \tag{7-58a}$$

$$-\frac{1}{\rho}\frac{\partial \overline{p^*}}{\partial r} + \frac{\partial(-\overline{v'_r v'_r})}{\partial r} - \frac{\overline{v'_r v'_r}}{r} + \frac{\overline{v'_\varphi v'_\varphi}}{r} = 0 \tag{7-58b}$$

$$-\frac{1}{\rho}\frac{1}{r}\frac{\partial \overline{p^*}}{\partial r} + \frac{\partial(-\overline{v'_\varphi v'_r})}{\partial r} - \frac{2\overline{v'_r v'_\varphi}}{r} = 0 \tag{7-58c}$$

因为
$$\overline{v'_r v'_\varphi} = 0$$

所以
$$\frac{\partial \overline{p^*}}{\partial \varphi} = 0$$

故 $\overline{p^*}$ 与 φ 无关，积分式（7-58b），有

$$\overline{p^*} + \rho\overline{v'_r v'_r} + \rho\int \frac{\overline{v'_r v'_r} - \overline{v'_\varphi v'_\varphi}}{r}\mathrm{d}r = C_1 \tag{7-59}$$

因为 $\overline{p^*}$、$\overline{v'_r v'_r}$、$\overline{v'_\varphi v'_\varphi}$ 均与 φ 无关，所以

$$C_1 = C_1(x)$$

令 $r=R$，管壁处所有脉动流速的均方值均应为零，因而有

$$C_1(x) = \overline{p^*_w(x)}$$

式中 $\overline{p^*_w(x)}$ ——管壁处的压强。

所以式（7-59）变为

$$\overline{p^*} + \rho\overline{v'_r v'_r} + \rho\int \frac{\overline{v'_r v'_r} - \overline{v'_\varphi v'_\varphi}}{r}\mathrm{d}r = \overline{p^*_w(x)} \tag{7-60}$$

由于 $\overline{v'_r v'_r}$、$\overline{v'_\varphi v'_\varphi}$ 沿 x 轴为常数，故有

$$\frac{\partial \overline{p^*}}{\partial x} = \frac{\partial \overline{p^*_w(x)}}{\partial x} \tag{7-61}$$

将式（7-61）代入式（7-58a），第一项只可能是 x 的函数，而其余各项又只与 r 有关，因此有

$$\frac{\partial \overline{p_w^*(x)}}{\partial x} = \text{constant}$$

又因为

$$\frac{\partial(-\overline{v_x'v_r'})}{\partial r} - \frac{\overline{v_r'v_x'}}{r} = -\frac{1}{r}\frac{\partial(r\overline{v_x'v_r'})}{\partial r}$$

所以式（7-58a）成为

$$-\frac{r}{\rho}\frac{\partial \overline{p^*}}{\partial x} + \frac{1}{\rho}\frac{\partial}{\partial r}(r\overline{\tau_{rx}}) + \frac{\partial(-r\overline{v_x'v_r'})}{\partial r} = 0$$

积分上式，有

$$-\frac{r^2}{2\rho}\frac{\partial \overline{p^*}}{\partial x} + \frac{r}{\rho}\overline{\tau_{rx}} - r\overline{v_x'v_r'} = C_2$$

令 $r=0$，得 $C_2=0$，因此有

$$-\frac{r}{2\rho}\frac{\partial \overline{p^*}}{\partial x} + \frac{1}{\rho}\overline{\tau_{rx}} - \overline{v_x'v_r'} = 0 \tag{7-62}$$

由平衡方程得

$$\frac{\partial \overline{p^*}}{\partial x} = -\frac{2\tau_w}{R} \tag{7-63}$$

再考虑

$$\overline{\tau_{rx}} = -\overline{\tau_{yx}}, \overline{v_x'v_r'} = -\overline{v_x'v_y'}, r = R - y$$

则式（7-63）变为

$$\tau_w\left(1 - \frac{y}{R}\right) = \overline{\tau_{yx}} + \rho(-\overline{v_x'v_y'}) \tag{7-64}$$

这就是圆管非牛顿流体紊动微分方程。若令 $\overline{\tau_{yx}} = \mu\dfrac{d\overline{v_x}}{dy}$，上式就成为牛顿流体在圆管中的紊动微分方程。

三、幂律流体在圆管中的紊流流动

由 Prandtl 混合长度理论，有

$$-\overline{v_x'v_y'} = l^2\left(\frac{d\overline{v_x}}{dy}\right)^2 = k^2y^2\left(\frac{d\overline{v_x}}{dy}\right)^2 \tag{7-65}$$

幂律流体本构方程

$$\overline{\tau_{yx}} = k\left(\frac{d\overline{v_x}}{dy}\right)^n \tag{7-66}$$

将式 (7-65)、式 (7-66) 代入式 (7-64)。有

$$\tau_w\left(1-\frac{y}{R}\right) = K\left(\frac{d\overline{v_x}}{dy}\right)^n + \rho k^2 y^2 \left(\frac{d\overline{v_x}}{dy}\right)^2 \tag{7-67}$$

边界条件

$$\overline{v_x} = 0 \quad (y=0)$$

在圆管中的不同区域内，式 (7-67) 右端两项差别很大。在靠近壁面的黏滞层内，表征紊动应力的第二项可以不计；而在中心紊流核心区内，表征黏滞应力的第一项也可以不计。

1. 黏滞层 $(0 \leqslant y \leqslant y^*)$

因为 y 很小，所以 $1-\frac{y}{R} \approx 1$。式 (7-82) 变为

$$\tau_w = K\left(\frac{d\overline{v_x}}{dy}\right)^n$$

积分上式，并考虑边界条件 $\overline{v_x} = 0 (y=0)$，有

$$\overline{v_x} = \left(\frac{\tau_w}{K}\right)^{\frac{1}{n}} y \qquad (0 \leqslant y \leqslant y^*) \tag{7-68}$$

2. 紊流核心区 $(y^* \leqslant y \leqslant R)$

$$\tau_w\left(1-\frac{y}{R}\right) = \rho k^2 y^2 \left(\frac{d\overline{v_x}}{dy}\right)^2$$

积分上式，并考虑边界条件 $\overline{v_x} = \left(\frac{\tau_w}{K}\right)^{\frac{1}{n}} y^* (y=y^*)$，有

$$\overline{v_x} = \frac{1}{k}\sqrt{\frac{\tau_w}{\rho}}\left(2\sqrt{1-\frac{y}{R}} - \ln\frac{1+\sqrt{1-\frac{y}{R}}}{1-\sqrt{1-\frac{y}{R}}}\right) + \left(\frac{\tau_w}{K}\right)^{\frac{1}{n}} y^*$$

$$-\frac{1}{k}\sqrt{\frac{\tau_w}{\rho}}\left(2\sqrt{1-\frac{y^*}{R}} - \ln\frac{1+\sqrt{1-\frac{y^*}{R}}}{1-\sqrt{1-\frac{y^*}{R}}}\right) \quad (y^* \leqslant y \leqslant R) \tag{7-69}$$

y^* 取决于反映壁面阻力情况的磨阻流速 $\sqrt{\frac{\tau_w}{\rho}}$ 和流体的有效运动黏滞系数 v_e。由量纲分

析，只能有

$$y^* = a\frac{\nu_e}{\sqrt{\dfrac{\tau_w}{\rho}}} = a\frac{\mu_e}{\sqrt{\rho\tau_w}} \tag{7-70}$$

式中　μ_e——流体的有效动力黏度；
　　　a——实验比例系数，对牛顿流体 $a=11.6$。对幂律流体在缺乏实验数据的情况下，亦可近似取比值。

由式（7-68），得

$$\left(\frac{d\overline{v_x}}{dy}\right)_w = \left(\frac{\tau_w}{K}\right)^{\frac{1}{n}}$$

所以

$$\mu_e = \frac{\tau_w}{\left(\dfrac{d\overline{v_x}}{dy}\right)_w} = K^{\frac{1}{n}}\tau_w^{\frac{n-1}{n}}$$

将上式代入式（7-70），有

$$y^* = a\frac{K^{\frac{1}{n}}}{\sqrt{\rho}}\tau_w^{\frac{n-2}{2n}} \tag{7-71}$$

现计算 τ_w

$$\tau_w = -\frac{R}{2}\frac{\partial \overline{p^*}}{\partial x} = \frac{R(p_b - p_a - \rho gL\cos\theta)}{2L} \tag{7-72}$$

这里假定 $\rho g\cos\theta$ 的方向与流动方向相反（与 p_a 的方向相同），θ 是井斜角。如果 $\rho g\cos\theta$ 的方向与流动方向相同（与 p_a 的方向相反），则以 $-\rho g\cos\theta$ 代替式（7-72）中的 $\rho g\cos\theta$。

上面讨论了幂律流体在圆管中紊流流动的近似分区解析解。虽然能得出速度分布的解析表达式，但有一定误差，并且应用条件受到一定的限制。这就是在黏滞层内，确实紊动应力很小，而在紊流核心区，黏滞应力项也很小。这种观点是 Prandtl 研究牛顿流体时提出的，对幂律流体不一定完全适合，特别是当流体的非牛顿性较强时，即 n 较小时。另外，实验比例系数 a 的确定也比较困难。事实上，可以直接利用数值方法求解运动微分方程式（7-67）。当 τ_w 由式（7-72）确定后，该方程的求解是比较容易的。

四、宾汉流体在圆管中的紊流流动

上面讨论例幂律流体在圆管中的紊流流动，这里再简单叙述一下宾汉流体在圆管中的紊流流动问题。将宾汉流体的本构方程及式（7-65）代入式（7-64），有

$$\tau_w\left(1-\frac{y}{R}\right) = \left(\tau_0 + \eta\frac{d\overline{v_x}}{dy}\right) + \rho k^2 y^2\left(\frac{d\overline{v_x}}{dy}\right)^2 \tag{7-73}$$

根据 Prandtl 的研究，上式右端两项在流道的不同区域内，其值相差很大。在靠近壁面的黏滞层内，紊动应力 $\rho k^2 y^2 \left(\dfrac{\mathrm{d}\overline{v_x}}{\mathrm{d}y}\right)^2$ 可以不计，而在紊流核心内，黏滞应力 $\left(\tau_0 + \eta \dfrac{\mathrm{d}\overline{v_x}}{\mathrm{d}y}\right)$ 也可以不计。

1. 黏滞层（$0 \leqslant y \leqslant y^*$）

因为 y 很小，所以 $1 - \dfrac{y}{R} \approx 1$。式（7-73）成为

$$\tau_w = \tau_0 + \eta \dfrac{\mathrm{d}\overline{v_x}}{\mathrm{d}y}$$

积分上式，并考虑边界条件 $\overline{v_x} = 0$（$y = 0$），有

$$\overline{v_x} = \dfrac{\tau_w - \tau_0}{\eta} y \quad (0 \leqslant y \leqslant y^*) \tag{7-74}$$

2. 紊流核心区（$y^* \leqslant y \leqslant R$）

$$\tau_w \left(1 - \dfrac{y}{R}\right) = \rho k^2 y^2 \left(\dfrac{\mathrm{d}\overline{v_x}}{\mathrm{d}y}\right)^2$$

积分上式，并考虑边界条件 $\overline{v_x} = \left(\dfrac{\tau_w - \tau_0}{\eta}\right) y^*$，（$y = y^*$）有

$$\overline{v_x} = \dfrac{1}{k}\sqrt{\dfrac{\tau_w}{\rho}} \left(2\sqrt{1 - \dfrac{y}{R}} - \ln \dfrac{1 + \sqrt{1 - \dfrac{y}{R}}}{1 - \sqrt{1 - \dfrac{y}{R}}}\right) + \left(\dfrac{\tau_w - \tau_0}{\eta}\right) y^*$$

$$- \dfrac{1}{k}\sqrt{\dfrac{\tau_w}{\rho}} \left(2\sqrt{1 - \dfrac{y^*}{R}} - \ln \dfrac{1 + \sqrt{1 - \dfrac{y^*}{R}}}{1 - \sqrt{1 - \dfrac{y^*}{R}}}\right) \quad (y^* \leqslant y \leqslant R) \tag{7-75}$$

式（7-74）、式（7-75）就是宾汉流体在圆管中紊动场速度分布公式。由式（7-74），得

$$\left(\dfrac{\mathrm{d}\overline{v_x}}{\mathrm{d}y}\right)_w = \left(\dfrac{\tau_w - \tau_0}{\eta}\right)$$

所以

$$\mu_e = \dfrac{\tau_w}{\left(\dfrac{\mathrm{d}\overline{v_x}}{\mathrm{d}y}\right)_w} = \dfrac{\tau_w \eta}{\tau_w - \tau_0}$$

将上式代入式（7-65），有

$$y^* = a\sqrt{\frac{\tau_w}{\rho}}\left(\frac{\eta}{\tau_w - \tau_0}\right) \tag{7-76}$$

τ_w 仍由式（7-67）计算得出。

上面叙述了宾汉流体在圆管中紊流流动的近似解析解。与幂律流体一样，可以直接利用式（7-73）求其精确的数值解。

第八章　流变参数测定

流变参数是非牛顿流体固有的物性参数，是表征流变特点的特征量。流变参数的测定是揭示非牛顿流变特性、建立本构方程、测定流变参数、发展非牛顿力学理论、解决油田生产实际问题的基础。本章将主要介绍几种常见流变仪的工作原理以及流变参数的测定方法，着重介绍非弹性非牛顿流变参数的测定。

第一节　流变仪简介

一、非牛顿流变测量的特点

由于非牛顿流体在物质结构上的复杂性，使得流变测量比牛顿复杂得多。非牛顿流体的流变测量，主要有以下特点。

1. 非单项性

对于牛顿流体来说，剪切应力和应变速率呈正比例关系，本构方程由动力黏度就可完全确定，所以牛顿流体的流变测量只是动力黏度的单项测量。而非牛顿流体的流变特性，需要2个、3个乃至更多的参数来表征。例如，通常表征伪塑性和胀流型特性的稠度系数 k 与流性指数 n；而对时变性非牛顿流体，流变特性除由稠度系数流性指数表征外，还涉及测量的历时过程。

2. 非单值性

非牛顿流体的表观黏度随应变速率或剪切时间而变化，往往需要在较宽的范围内测量其表观黏度值，以满足工程实际需求。

3. 非可逆性

对于时变性非牛顿流体，如触变性和震凝型，表观黏度不仅与应变速率有关，还与剪切作用持续时间有关，因此需要根据测量过程来判定所得数据在实用上的可靠性。

二、流变仪的类型

流变仪是指用于测定非牛顿流体流变性质和流变参数的仪器，目前市场上的流变仪主要包括4种类型。

1. 毛细管流变仪

细管式流变仪是最早应用于流变测量的仪器。1839—1842年哈根－泊肖叶奠定了应用细管测定牛顿黏度的理论基础。直至1890年库特（Couette）设计的同轴旋转黏度计问世以前，细管式流变仪是进行黏度测量的唯一手段。由于细管式流变仪结构简单，可自行设计制造，至今仍是流变测量的常用仪器。

2. 旋转流变仪

1）控制应力型

使用最多的，如德国哈克（Haake）RS 系列、美国 TA 的 AR 系列、英国 Malven、奥地利 Anton-Paar 的 MCR 系列，都是这一类型的流变仪。前三家的产品发动机采用托杯发动机，托杯发动机属于异步交流发动机，惯量小，特别适合于低黏度的样品测试；Anton-Paar 的流变仪采用永磁体直流发动机，惯量稍大，但从原理上响应速度快，也是目前应力型流变仪的一种发展方向。这一类型的流变仪，采用发动机带动夹具给样品施加应力，同时用光学解码器测量产生的应变或转速。控制应力的流变仪由于有较大的操作空间，可以连接更多的功能附件。

2）控制应变型

目前只有美国 TA 的 ARES 属于单纯的控制应变型流变仪，这种流变仪直流发动机安装在底部，通过夹具给样品施加应变，样品上部通过夹具连接到扭矩传感器上，测量产生的应力；这种流变仪只能做单纯的控制应变实验，原因是扭矩传感器在测量扭矩时产生形变，需要一个再平衡的时间，因此反应时间就比较慢，这样就无法通过回馈循环来控制应力。控制应变的流变仪由于硬件复杂，目前只有几种功能附件可供选择。

3）转矩流变仪

实际上是一种组合式转矩测量仪，是在实验型挤出机的基础上，配合毛细管、密炼室、单双螺杆、吹膜等不同模块，模拟高聚物材料在加工过程中的一些参数，这种设备相当于聚合物加工的小型实验设备，优点在于其测量过程与实际加工过程相仿，主要用于与实际生产接近的研究领域。常见的有 Brabender 公司和 Haake 公司生产的塑性计。

4）界面流变仪

目前这种流变仪有振荡液滴、振荡剪切等几种原理，是流变测试中最难以准确实现的一个领域，目前还没有一种特别好而又通用的方法。

第二节 毛细管流变仪

一、仪器构造

国内外常见的毛细管式流变仪分为水平式（图 8-1）和竖式（图 8-2）两种。

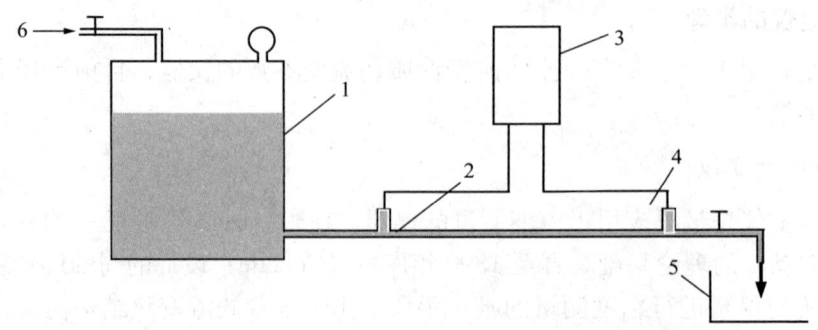

图 8-1 水平式毛细管流变仪示意图

1—储料罐；2—毛细管；3—测压计；4—保温层；5—压差计；6—压缩气体

二、已定性流体的流变测量

已定性流体是指在实验之前已经确定或者指定了被测流体的流变类型，实验的目的只是为了测量流变参数的数值。各类流变参数的测量分述如下。

1．牛顿流体

牛顿流体具有最简单的本构方程式，流变参数测量的目的就是测量出流体的黏度。根据哈根－泊稷叶定律可知，牛顿流体通过毛细管的流量为

$$Q = \frac{\pi \Delta p D^4}{128 \mu L} \tag{8-1}$$

由此可以直接得到牛顿流体的黏度为

$$\mu = \frac{\pi \Delta p D^4}{128 Q L} \tag{8-2}$$

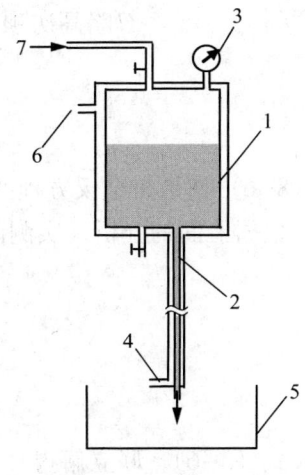

图 8-2 竖式毛细管流变仪

1—储料罐；2—毛细管；3—测压计；
4—恒温水入口；5—压力表；
6—恒温水出口；7—压缩气体

2．幂律流体

幂律流体作为常见的非牛顿流体，实验的目的是根据实验数据计算出稠度系数和幂律指数，对幂律流体的本构方程

$$\tau = K \dot{\gamma}^n \tag{8-3a}$$

取对数则有

$$\lg \tau = n \lg \dot{\gamma} + \lg k \tag{8-3b}$$

式中 $\dot{\gamma}$ 为剪切速率，对幂律的圆管流动有

$$\dot{\gamma} = \frac{32 Q}{\pi D^3} \tag{8-4}$$

$$\tau_w = \frac{\Delta p}{4L} D \tag{8-5}$$

首先由旋转黏度计测得一组实验数据 Q_i、Δp（$i=1, 2, \cdots, N$），然后由式（8-4）和式（8-5）计算出 τ_{wi} 和 $\dot{\gamma}$，最后用最小二乘法对按式（8-3b）进行线性回归，便可得到幂律流体的流变指数 n 和稠度系数 k。

3．宾汉流体

宾汉流体的本构方程为

$$\frac{8v}{D} = \frac{\tau_w}{\eta_p} \left[1 - \frac{4}{3}\left(\frac{\tau_o}{\tau_w}\right) + \frac{1}{3}\left(\frac{\tau_o}{\tau_w}\right)^4 \right]$$

注意到 $\tau_w > \tau_0$，忽略高次项 $\frac{1}{3}(\tau_0 > \tau_w)^4$，得

$$\tau_w = \frac{8v}{D}\eta + \frac{4}{3}\tau \tag{8-6}$$

式（8-6）就是布金汉方程的简化式。

根据上面的分析，实测两组压降、流量值：Δp_1、Q_1，Δp_2、Q_2，计算

$$\tau_{w1} = \frac{\Delta p_1 D}{4L} \text{ 及 } \frac{8v}{D}$$

$$\tau_{w2} = \frac{\Delta p_2 D}{4L} \text{ 及 } \frac{8v}{D}$$

代入式（8-6），联立解得

$$\eta_p = \frac{D(\tau_{w2} - \tau_{w1})}{8(v_2 - v_1)}$$

$$\tau_0 = \frac{3}{4}\left(\tau_{w1} - \eta_p \frac{8v_1}{D}\right)$$

或

$$\tau_0 = \frac{3}{4}\left(\tau_{w2} - \eta_p \frac{8v_1}{D}\right)$$

或者，以实测的一组压降 Δp、流量 Q，整理成 $\Delta pD/4L$ 和 $8v/D$，绘制（$\Delta pD/4L$）~（$8v/D$）曲线图（图8-3），延长直线部分到（$\Delta pD/4L$）轴，由斜率及截距可得出宾汉塑性黏度 η_p 及屈服值 τ_0。

$$\eta_p = \tan\theta$$
$$\tau_0 = \frac{3}{4}B_1$$

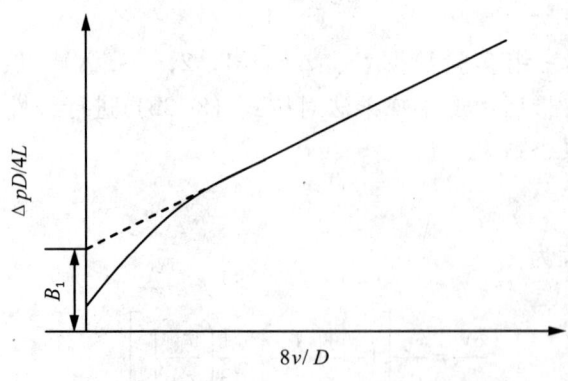

图 8-3　（$\Delta pD/4L$）~（$8v/D$）曲线图

4. 卡森流体

对于卡森，由圆管层流运动的流量与压降关系的简化式得到

$$Q^{\frac{1}{2}} = \left(\frac{\pi R^4}{8\eta_c L}\right)^{\frac{1}{2}} \left(\Delta p^{\frac{1}{2}} - \frac{8}{7}\Delta p_c^{\frac{1}{2}}\right) \tag{8-7}$$

当 $\Delta p \gg p_c$ 时，$Q^{\frac{1}{2}} \sim \Delta p^{\frac{1}{2}}$ 具有逐近线。这样一来，以实测流量 Q 和压降 Δp 值，绘制 $\Delta p^{\frac{1}{2}} \sim Q^{\frac{1}{2}}$ 曲线图（图 8-4），由曲线渐近线的斜率和截距确定卡森屈服值 τ_c 和卡森黏度 η_c。

$$\Delta p_c = 0.766 \Delta p_1$$

$$\tau_c = \frac{\Delta p_c D}{4L}$$

$$\eta_c = \frac{\pi R^4}{8L} \frac{1}{\tan^2 \theta}$$

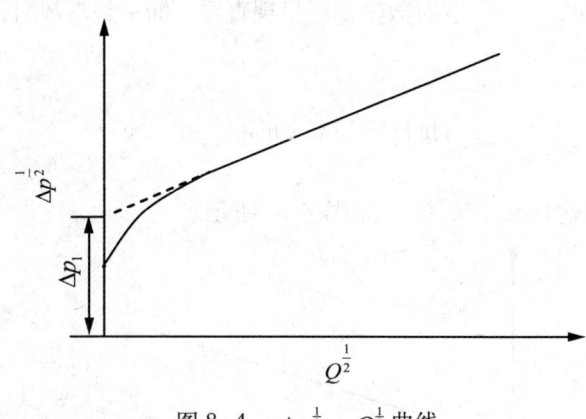

图 8-4　$\Delta p^{\frac{1}{2}} \sim Q^{\frac{1}{2}}$ 曲线

三、未定性流体的流变测量

在石油工程中，有时会遇到试验之前不知道类型的情况，或者不能对流动曲线的特征做出判断的情况，这就是未定性流体的流变测量问题。处理这类问题的方法是根据纯黏性管壁应变速率的一般表达式，即罗宾诺维奇－莫纳方程式进行：

$$n' = \frac{d \ln \tau_w}{d \ln(8v/D)}$$

$$\dot{\gamma}_w = f(\tau_w) = \frac{1+2n}{4n} \frac{8v}{D}$$

从一般方程式出发，未定性流体流变测量的步骤包括：

(1) 实测流量 Q 和相应的压降 Δp，整理成 $\tau_w = \frac{\Delta p D}{4L}$ 和 $\frac{8v}{D}$ 两组数据；

(2) 绘制 $\left(\frac{\Delta p D}{4L}\right) \sim \left(\frac{8v}{D}\right)$ 双对数坐标曲线图（图 8-5），图上各点的斜率即 n' 值。在此

基础上，按式罗宾诺维奇－莫纳方程式计算该点的应变速率 $\dot{\gamma}_w$。

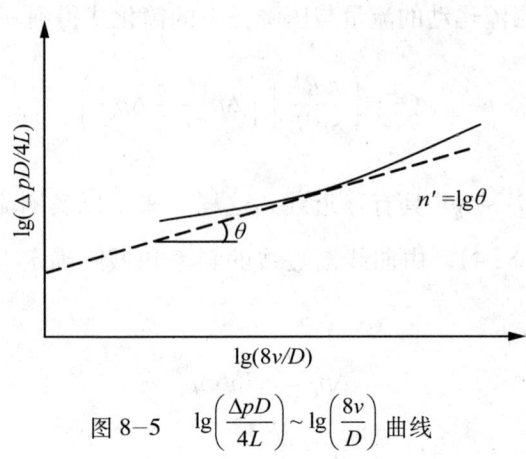

图 8-5　$\lg\left(\dfrac{\Delta pD}{4L}\right) \sim \lg\left(\dfrac{8v}{D}\right)$ 曲线

(3) 由已得到的一组 $\tau_w = \dfrac{\Delta pD}{4L}$ 及 $\dot{\gamma}_w = \dfrac{1+3n}{4n}\dfrac{8v}{D}$，绘 $\tau_w \sim \dot{\gamma}_w$ 曲线，即流体的流动图。

当按步骤（2）绘制的 $\tau_w \sim \dfrac{8v}{D}$ 双对数坐标图呈现直线，即 n' 是常数时，对式 $\tau_w = k'(8v/D)^{n'}$ 取对数

$$\lg \tau_w = \lg k' + n' \lg\left(\dfrac{8v}{D}\right)$$

可知直线的斜率和截距就是 n'、k' 值，如图 8-6 所示。

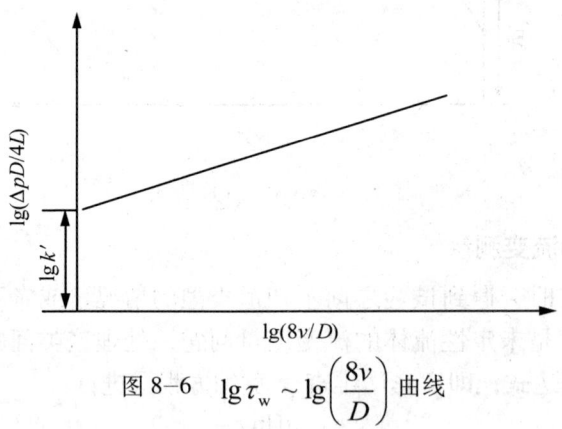

图 8-6　$\lg \tau_w \sim \lg\left(\dfrac{8v}{D}\right)$ 曲线

最后，伪塑性和胀流型的流性指数 n 和稠度系数 k 与 n'、k' 的关系在第三章中已经得到

$$n = n'$$
$$k = k'/(1+3n/4n)^n$$

【例 8-1】 应用毛细管式流变仪（$D = 1.584\text{cm}$，$L = 100\text{cm}$）实测原油乳状液（W/O 型，水相体积比 $\Phi = 0.15$，温度 35℃）的流变特性。

实测的流量 Q、压降 Δp 数据如表 8-1 所示。

表 8-1 计算数据

Q, cm³/s	113.56	220.35	234.43	376.35	473.85	610.35
Δp, 10³Pa	23.232	40.151	54.798	64.899	83.838	111.869

解：计算整理：

(1) 将实测流量 Q 和压降整理成 $\tau_w = \dfrac{\Delta p D}{4L}$ 及 $\dfrac{8v}{D}$ 两组数据，见表 8-2。

表 8-2 计算数据

$\dfrac{\Delta p D}{4L}$, Pa	92	159	217	257	332	443
$\dfrac{8v}{D}$, s⁻¹	304	565	732	965	1215	1565

(2) 绘制 $\left(\dfrac{\Delta p D}{4L}\right) \sim \left(\dfrac{8v}{D}\right)$ 双对数坐标曲线图，如图 8-7 所示。

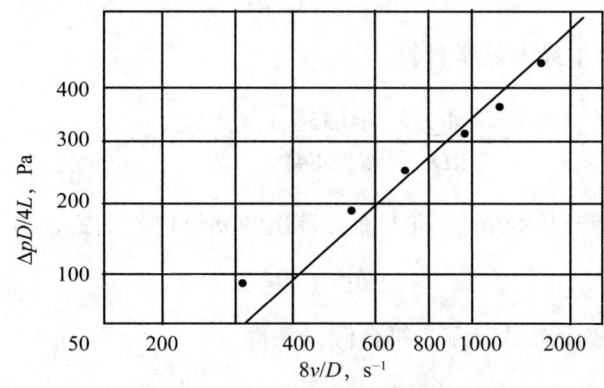

图 8-7 $\lg(\Delta p D/4L) \sim \lg(8v/D)$ 曲线

图 8-7 表明 $\lg(\Delta p D/4L) \sim \lg(8v/D)$ 较好地符合直线关系。由线性回归求出：$n' = 0.917$，$k' = 3.92$。

(3) 绘制 $\tau_w \sim \dot{\gamma}_w$ 曲线，即流动图（图 8-8）。其计算数据如表 8-3 所示。

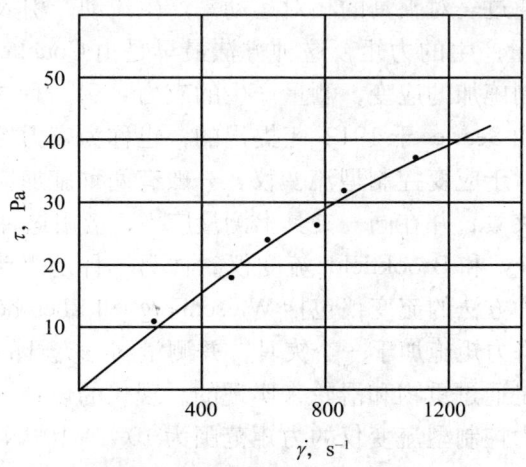

图 8-8 原油乳状液流动图

表 8-3 计算数据

$\frac{\Delta pD}{4L}$, Pa	92	159	217	257	332	443
$\frac{(1+3n')}{4n'}\frac{8v}{D}$, s^{-1}	247.46	459.91	596.00	785.51	989.01	1273.91

本例题 n' 是常数（$n' = 0.917$）的情况下，流体的流变特性可以直接用幂律方程表征 $\tau = k\dot{\gamma}^n$ 计算得；流性指数 $n = 0.917$；稠度系数 $k = 0.384$Pa·s^n。

综合以上分析，可确认实测的原油乳状液是伪塑性的。流性指数 n 接近 1，表明伪塑性较弱，接近于牛顿。

（4）校核流态。

按伪塑性的广义雷诺数

$$Re' = \frac{D^n v^{2-n} \rho}{8^{\tau-1} k \left(\frac{3n+1}{4n}\right)^n}$$

式中平均速度 v 取试验中最大流量计算：

$$v = \frac{4Q}{\pi D^2} = \frac{610.35 \times 4}{\pi (1.584)^2} = 3.097 \text{(m/s)}$$

温度 35℃ 的原油密度 $\rho = 819$kg/m^3。将上面计算出的 n 值代入上式，得

$$Re' = 202$$

此数值远小于 2100，故流态是层流，符合假设条件。

第三节　旋转黏度计

旋转流变仪是现代流变仪中的重要组成部分，它们依靠旋转运动来产生简单剪切流动，可以用来快速确定材料的黏性等各方面的流变性能。

旋转流变仪一般是通过一对夹具的相对运动来产生流动。引入流动的方法有两种：一种是驱动一个夹具，测量产生的力矩，这种方法最早是由 Couette 在 1888 年提出的，也称为应变控制型，即控制施加的应变，测量产生的应力；另一种是施加一定的力矩，测量产生的旋转速度，它是由 Searle 于 1912 年提出的，也称为应力控制型，即控制施加的应力，测量产生的应变。对于应变控制型流变仪，一般有两种施加应变及测量相应的应力的方法：一种是驱动一个夹具，并在同一夹具上测量应力，应用这种方法的流变仪有 Haake，Conraves，Ferranti-Shirley 和 Brookfield 流变仪；而另一种是驱动一个夹具，在另一个夹具上测量应力，应用这种方法的流变仪包括 Wiesenberg 和 Rheometrics 流变仪。对于应力控制型流变仪，一般是将力矩施加于一个夹具，并测量同一夹具的旋转速度。在 Searle 最初的设计中，施加力矩是通过重物和滑轮来实现的。现代的设备多采用电子拖曳电动机来产生力矩。一般商用应力控制型流变仪的力矩范围为 $10^{-7} \sim 10^{-1}$N·m，由此产生的可测量的剪切速率范围为 $10^{-6} \sim 10^3$s^{-1}，实际的测量范围取决于夹具结构、物理尺寸和所测试材

料的黏度。

一、仪器构造

1．内筒旋转式同轴圆筒旋转黏度计

黏度计的测量系统由同轴内外筒组成，其中外筒固定。内筒由同步电动机带动旋转，内外筒间充入试料。由实测内筒转速及内筒表面的剪切应力，确定流体的流变参数。国产 NXS-11 型旋转黏度计（成都仪器厂），以及德国产 RV 型旋转黏度计，瑞士产 RM15 型旋转黏度计等均属这一类型。

NXS-11 型旋转黏度计的构造简图如图 8-9 所示。当同步电动机带动内筒旋转时，电动机转子受到试料剪切力矩作用，定子因受到反作用力矩作用，作一定角度的偏转，此偏转被同轴相连的测量弹簧所平衡，并由刻度盘读取偏转角。NXS-11 型旋转黏度计也可插流体内作便携式测量。

2．外筒旋转式旋转黏度计

外筒旋转式旋转黏度计的构造简图如图 8-10 所示。黏度计外筒由同步电动机经变速齿轮带动旋转，内筒表面受到流体剪切力矩作用，作一定角度的偏转，此偏转被测量弹簧所平衡，并由刻度盘读取偏转角。国产 ZNN-D 型（青岛照相机厂）、NDJ-2 型（上海天平仪器厂）旋转黏度计均属这一类型。

3．单一圆筒旋转黏度计

单一圆筒旋转黏度计构造简图如图 8-11 所示。黏度计无外筒，流体盛在其他适当的

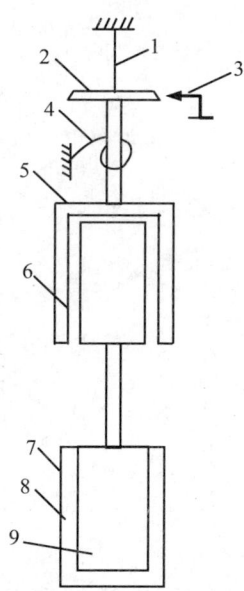
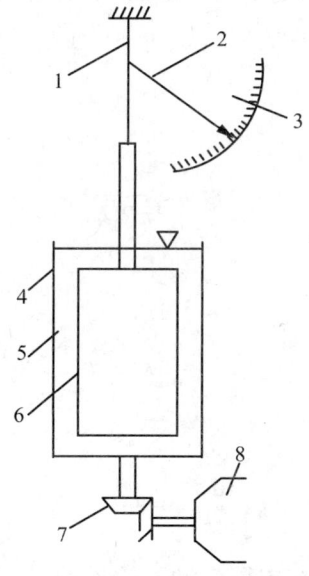
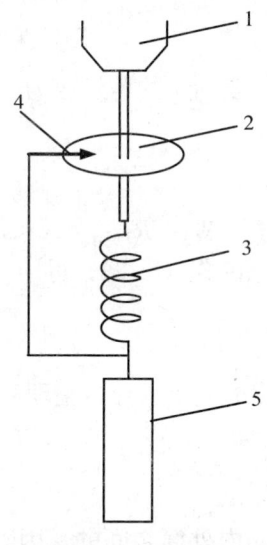

图 8-9　旋转黏度计（内筒旋转）
1—吊丝；2—刻度盘；3—指针；4—测量弹簧；5—可动框架；6—同步电动机；7—外筒；8—流体；9—内筒

图 8-10　旋转黏度计（外筒旋转）
1—吊丝；2—指针；3—刻度盘；4—外筒；5—流体；6—内筒；7—变速齿轮；8—同步电动机

图 8-11　单一圆筒旋转黏度计
1—同步电动机；2—刻度盘；3—测量弹簧；4—指针；5—转筒

容器中。转筒直接插入流体内进行流变测量。由同步电动机经变速齿轮带动刻度盘、测量弹簧和转筒旋转。因流体作用在转筒上的剪切力矩使测量弹簧发生扭转；转筒及指针滞后于刻度盘一角度，在刻度盘上读取偏转角。国产 NDJ-1 型旋转黏度计（上海天平仪器厂）以及日本产 BM 黏度计均属这一类型。

二、基本公式

旋转黏度计通过实测旋转圆筒的力矩和转速，推求流体所受切应力和应变速度之间的关系。假设在转筒间运动满足以下条件：(1) 黏性层流；(2) 恒定流动；(3) 内外圆筒同轴线，且有足够长度。

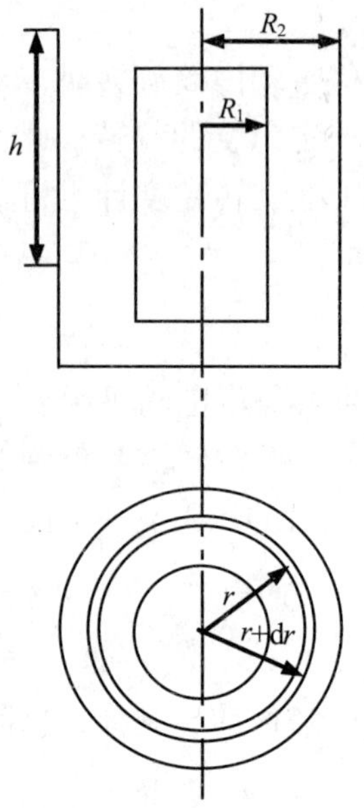

设内筒半径 R_1，外筒半径 R_2，其中内筒以等角速度 Ω 旋转，外筒固定，两筒间充入流体。在内外筒间距旋转轴 r 处取厚度为 dr 的窄环如图 8-12 所示。

考虑到条件 (2) 窄环作恒定流动。角加速度为零，所受合力矩必须为零，则窄环内侧与外侧所受的剪切力矩相等。由于窄环是任意取的，故内各流层所受剪切力矩相等，均等于内筒旋转力矩。各流层剪切力矩为

$$M = 2\pi r^2 h\tau \tag{8-8}$$

式中　h——内筒在中的高度；

τ——各流层的剪切应力。

各流层剪切力矩 M 相等，但剪切应力 τ 却不相等，它是半径 r 的函数。内筒表面上的剪切应力

$$\tau_1 = \frac{M}{2\pi R_1^2 h} \tag{8-9}$$

外筒表面上的剪切应力

$$\tau_2 = \frac{M}{2\pi R_2^2 h} \tag{8-10}$$

这里，$R_1 < R_2$，故 $\tau_1 < \tau_2$。

由式 (8-8)，得

$$r^2\tau = M/2\pi h$$

将上式对 r 求导，整理后得

$$\frac{d\tau}{\tau} = -2\frac{dr}{r} \tag{8-11}$$

图 8-12　旋转黏度计工作简图

内外筒之间的，因黏性作用在内筒带动下逐层旋转，各流层质点的角速度不同。设距旋转轴 r 处，质点的角速度为 $\omega(r)$，线速度 $u=r\omega$，则

$$\frac{du}{dr} = r\frac{d\omega}{dr} + \omega$$

其中 ω 项不引起质点的剪切变形。这一点可以这样解释：设想内筒和外筒以同一角速度旋转，那么内外筒间各层也都以同一角速度 ω 旋转。此时虽然各流层线速度不同，存在速度梯度，但却不引起质点的剪切变形和剪切应力。又内筒旋转式黏度计 $d\omega/dr < 0$，于是应变速度的大小为

$$\dot{\gamma} = f(\tau) = -r\frac{d\omega}{dr} \tag{8-12}$$

将式（8-11）代入式（8-12），整理得

$$d\omega = \frac{1}{2}\frac{f(\tau)}{\tau}d\tau$$

积分

$$\int_{\Omega}^{0}d\omega = \frac{1}{2}\int_{\tau_1}^{\tau_2}\frac{f(\tau)}{\tau}d\tau$$

$$\Omega = \frac{1}{2}\int_{\tau_2}^{\tau_1}\frac{f(\tau)}{\tau}d\tau \tag{8-13}$$

上式便是旋转黏度计的基本公式。

三、已定性流体的流变测量

由于定性流体，在试验之前已经知道本构方程 $\dot{\gamma} = f(\tau)$，代入旋转黏度计的基本公式（8-13）中积分，建立实测转速 Ω、筒切应力 τ 同待定流变参数的关系。

1. 牛顿流体

将牛顿本构方程 $f(\tau) = \dfrac{\tau}{\mu}$ 代入式（8-13），积分得

$$\Omega = \frac{1}{2}\int_{\tau_2}^{\tau_1}\frac{\tau/\mu}{\tau}d\tau = \frac{1}{2\mu}(\tau_1 - \tau_2)$$

将式（8-9）、式（8-10）代入上式整理，得

$$\mu = \frac{M}{4\pi h\Omega}\left(\frac{1}{R_1^2} - \frac{1}{R_2^2}\right) \tag{8-14}$$

式（8-14）又称为 Margules 方程。实测旋转力矩 M 和转速 Ω，由式（8-14）就可算出被测牛顿流体的黏度。

将 $M = K_s\alpha$ 代入式（8-14），得出黏度与偏转角的关系式

$$\mu = \frac{K_s\alpha}{4\pi h\Omega}\left(\frac{1}{R_1^2} - \frac{1}{R_2^2}\right) = K_s\alpha \tag{8-15}$$

式中 K_s——测量弹簧扭转常数 dyn/cm² 度（格）；
α——偏转角（读数刻度，格）；
K_1——仪器常数。

指定的测量系统，内筒转速一定时，K_1 是常数。

将式（8-15）代入旋转力矩平衡式 $M = 2\pi R_1^2 h\eta\dot{\gamma}_N$，整理得内筒壁应变速度与转速的

关系式

$$\dot{\gamma}_N = 2\Omega \frac{R_2^2}{R_2^2 - R_1^2} \quad (8-16)$$

由式（8-16）可知，对牛顿流体的内筒壁应变速度 $\dot{\gamma}_N$ 仅与内筒转速 Ω 有关，与流体的性质无关。如内筒每分钟转数 N，则

$$\dot{\gamma}_N = 0.20944 \frac{R_2^2}{R_2^2 - R_1^2} N = K_2 N \quad (8-17)$$

式中　K_2——由测量系统尺寸决定的常数。

将 $M = K_s \alpha$ 代入式（8-9），得出内筒壁切应力与偏转角的关系式

$$\tau_1 = \frac{K_s \alpha}{2\pi R_1^2 h} = K_3 \alpha \quad (8-18)$$

式中　K_s——由转筒尺寸及测量弹簧特性决定的转筒常数。

总结以上各式得出：试验时读取偏转角 α；按式（8-15）可计算牛顿流体的黏度 μ，或者同时读取端转角 α 及内筒转数 N，分别按式（8-17）、式（8-18）计算应变速度与应力，绘制流变曲线。

还应指出，上述几个公式是应用旋转黏度计测量牛顿流体流变特性的解析式，同时也是旋转黏度计设计的基本公式。现行旋转黏度计刻度盘的指示值，以及有关仪器常数都是根据式（8-17）、式（8-18）计算确定的，可见作为测量广义牛顿流体流变特性通用仪器的旋转黏度计，实际上是依据牛顿流体所受切应力和切应变速度的关系设计的。因此，应用旋转黏度计进行非牛顿流体测量时，要注意分析可能引起的系统误差，对读值加以必要的修正。

2．幂律流体

将本构方程 $f(\tau) = (\tau/k)^{\frac{1}{n}}$ 代入基本公式（8-13），积分得

$$\Omega = \frac{1}{2} \int_{\tau_2}^{\tau_1} \frac{1}{k^{\frac{1}{n}}} \tau^{\frac{1}{n}-1} d\tau$$

$$= \frac{n}{2k^{\frac{1}{n}}} \tau_1^{\frac{1}{n}} \left[1 - \left(\frac{\tau_2}{\tau_1} \right)^{\frac{1}{n}} \right]$$

再将内外筒表面的剪切应力关系 $\tau_1 = M/2\pi R_1^2 h$ 及 $\tau_2 = M/2\pi R_2^2 h$ 代入上式整理，得

$$\Omega = \left(\frac{\tau_1}{k} \right)^{\frac{1}{n}} \frac{n}{2} \left[1 - \left(\frac{R_1}{R_2} \right)^{\frac{2}{n}} \right]$$

$$\left(\frac{\tau_1}{k} \right)^{\frac{1}{n}} = 2\Omega \frac{1}{n \left[1 - \left(\frac{R_1}{R_2} \right)^{\frac{2}{n}} \right]} = 2\Omega \frac{R_2^2}{R_2^2 - R_1^2} \frac{1 - \left(\frac{R_1}{R_2} \right)^2}{n \left[1 - \left(\frac{R_1}{R_2} \right)^{\frac{2}{n}} \right]}$$

式中 $(\tau_1/k)^{\frac{1}{n}}$——伪塑性和胀流型内筒壁应变速度；

$2\Omega R_2^2/(R_2^2 - R_1^2)$——牛顿内筒壁应变速度 $\dot{\gamma}_N$，即

$$\dot{\gamma}_p = \dot{\gamma}_N \frac{1-\left(\frac{R_1}{R_2}\right)^2}{n\left[1-\left(\frac{R_1}{R_2}\right)^{\frac{2}{n}}\right]}$$

令

$$B_p = \frac{1-\left(\frac{R_1}{R_2}\right)^2}{n\left[1-\left(\frac{R_1}{R_2}\right)^{\frac{2}{n}}\right]} \tag{8-19}$$

则

$$\dot{\gamma}_p = B_p \dot{\gamma}_N \tag{8-20}$$

B_p 称为修正系数，伪塑性和胀流型内筒壁的应变速度应按式（8-20）加以修正。当采用内外筒直径相近的窄缝组合系统测量时，近似有 $R_1 \approx R_2$，$B_p \approx 1$，于是 $\dot{\gamma}_p \approx \dot{\gamma}_N$。对于窄缝系统，按式（8-17）由旋转黏度计直接测得应变速度就等于 $\dot{\gamma}_N$ 所求伪塑性或胀流型的剪应变速度 $\dot{\gamma}_p$。

为了得到稠度系数 k 与流性指数 n，实测 τ_1、$\dot{\gamma}_p$ 和 τ_1^2、$\dot{\gamma}_p'$，由本构方程

$$\tau_1 = k(\dot{\gamma}_p)^n$$
$$\tau_1^2 = k(\dot{\gamma}_p')^n$$

两式相比

$$\frac{\tau_1}{\tau_1^2} = \left(\frac{\dot{\gamma}_p}{\dot{\gamma}_p'}\right)^n$$

取对数得流性指数 n，再由本构方程式计算稠度系数 k

$$n = \frac{\lg\left(\frac{\tau_1}{\tau_1^2}\right)}{\lg\left(\frac{\dot{\gamma}_p}{\dot{\gamma}_p'}\right)} \tag{8-21}$$

$$k = \frac{\tau_1}{\dot{\gamma}_p^n} \tag{8-22}$$

或者测量多组 τ_1、$\dot{\gamma}_p$ 值，绘制流变曲线。

3. 宾汉流体

将宾汉的本构方程 $f(\tau)=(\tau-\tau_0)/\eta_p$（其中 $\tau>\tau_0$），代入基本公式（8-13），积分得

$$\Omega = \frac{1}{2\eta_p}\int_{\tau_2}^{\tau_1}\frac{\tau-\tau_0}{\tau}\mathrm{d}\tau$$

$$= \frac{\tau_1}{2\eta_p}\left(1-\frac{\tau_2}{\tau_1}\right)-\frac{\tau_0}{2\eta_p}\ln\frac{\tau_1}{\tau_2}$$

将内外筒表面切应力 τ_1、τ_2 代入上式整理，得

$$\tau_1 = 2\Omega\frac{R_2^2}{R_2^2-R_1^2}\eta_p + \frac{2\tau_0 R_2^2}{R_2^2-R_1^2}\ln\frac{R_2}{R_1} \tag{8-23}$$

上式通称为 Reiner–Riwlin 方程。对比式（8-16）可知上式中 $2\Omega R_2^2/(R_2^2-R_1^2)$ 的项为牛顿内筒壁应变速度，即

$$\dot{\gamma}_N = 2\Omega\frac{R_2^2}{R_2^2-R_1^2}$$

令

$$B_B = \frac{2R_2^2}{R_2^2-R_1^2}\ln\frac{R_2}{R_1} \tag{8-24}$$

式中　B_B——宾汉修正系数。

于是，式（8-23）变换为

$$\tau_1 = \eta_p\dot{\gamma}_N + B_B\tau_0 \tag{8-25}$$

由实测两组 τ_1、$\dot{\gamma}_N$ 读值，分别代入式（8-25）联立求解，得到宾汉塑性黏度 η_p 和屈服值 τ_0：

$$\eta_p = \frac{\tau_1'-\tau_1}{\dot{\gamma}_N'-\dot{\gamma}_N} \tag{8-26}$$

$$\tau_0 = \frac{\tau_1\dot{\gamma}_N'-\tau_1'\dot{\gamma}_N}{B_B(\dot{\gamma}_N'-\dot{\gamma}_N)} \tag{8-27}$$

为了绘制流动曲线，将式（8-25）代入宾汉本构方程

$$\tau_0 + \eta_p\dot{\gamma}_B = \eta_p\dot{\gamma}_N + B_B\tau_0'$$

得

$$\dot{\gamma}_B = \dot{\gamma}_N + (B_B-1)\frac{\tau_0}{\eta_p} \tag{8-28}$$

式（8-28）表明，宾汉内筒壁的应变速度，不同于牛顿流体的应变速度 $\dot{\gamma}_N$，而是包括

$\dot{\gamma}_N$ 及应变速度增值 $\Delta\dot{\gamma}=(B_B-1)\tau_0/\eta_p$ 两部分。宾汉内筒壁的应变速度,严格地说应按式(8-28)计算。一般流变试验往往取内外筒直径相近的窄缝组合系统,此时 $R_2/R_1\approx 1$,$B_B=1$,可以近似按式(8-18)、式(8-17)计算 τ_1、$\dot{\gamma}_B\approx\dot{\gamma}_N$ 值,绘制流动曲线。

4. 卡森流体

卡森本构方程为

$$\sqrt{\tau}=\sqrt{\eta_c}\sqrt{\dot{\gamma}}+\sqrt{\tau_c}$$

实测内筒不同转速时的剪切应力 τ_1、τ_1',有

$$\sqrt{\tau_1}=\sqrt{\eta_c}\sqrt{\dot{\gamma}_1}+\sqrt{\tau_c}$$

$$\sqrt{\tau_1'}=\sqrt{\eta_c}\sqrt{\dot{\gamma}_1'}+\sqrt{\tau_c}$$

两式联立,得

$$\eta_c=\left(\frac{\sqrt{\tau_1'}-\sqrt{\tau_1}}{\sqrt{\dot{\gamma}_1'}-\sqrt{\dot{\gamma}_1}}\right)^2 \tag{8-29}$$

$$\sqrt{\tau_c}=\frac{\sqrt{\tau_1}\sqrt{\dot{\gamma}_1'}-\sqrt{\tau_1'}\sqrt{\dot{\gamma}_1}}{\sqrt{\dot{\gamma}_1'}-\sqrt{\dot{\gamma}_1}} \tag{8-30}$$

式(8-29)、式(8-30)中,切应力 τ_1 值直接读出,而应变速度 $\dot{\gamma}$(为便于区别,下面用 $\dot{\gamma}_c$ 表示)的读值需要进行修正。

其中 $\tau>\tau_c$,对式(8-13)进行积分,得

$$\Omega=\frac{1}{2\eta_c}\int_{\tau_2}^{\tau_1}\frac{(\sqrt{\tau}-\sqrt{\tau_c})^2}{\tau}d\tau$$

$$=\frac{\tau_1}{2\eta_c}\left[1-\frac{\tau_2}{\tau_1}-4\sqrt{\frac{\tau_c}{\tau_1}}\left(1-\sqrt{\frac{\tau_2}{\tau_1}}\right)+\frac{\tau_c}{\tau_1}\ln\frac{\tau_1}{\tau_2}\right]$$

将 τ_1、τ_2 的计算式式(8-9)、式(8-10)代入上式,整理得

$$2\Omega\frac{R_2^2}{R_2^2-R_1^2}=\frac{\tau_1}{\eta_c}\left[1-4\sqrt{\frac{\tau_c}{\tau_1}}\frac{R_2}{R_2+R_1}+2\frac{R_2^2}{R_2^2-R_1^2}\tau_c\ln\frac{R_2}{R_1}\right]$$

上式中,等号左侧为牛顿内筒壁面应变速度

$$\dot{\gamma}_N=2\Omega\frac{R_2^2}{R_2^2-R_1^2}$$

又旋转黏度外筒内筒径比 R_2/R_1 介于 1~2 之间,以分数式代替对数式可满足实验精度要求。

$$\ln\frac{R_2}{R_1}\approx\frac{2(R_2-R_1)}{R_2+R_1}$$

于是

$$\dot{\gamma}_N = \frac{1}{\eta_c}\left[\tau_1 - 4\sqrt{\tau_c}\sqrt{\tau_1}\frac{R_2}{R_2+R_1} + 4\tau_c\frac{R_2^2}{(R_2+R_1)^2}\right]$$

令

$$B_c = 2\frac{R_2}{R_2+R_1}$$

式中　B_c——卡森体修正系数。

$$\dot{\gamma}_N = \frac{1}{\eta_c}\left(\sqrt{\tau_1} - B_c\sqrt{\tau_c}\right)^2$$

可当作直线段处理。下面根据三角相形似性质，可以得到以下关系。

$$\tan\alpha = \frac{\dot{\gamma}_2 - \dot{\gamma}_1}{\tau_2 - \tau_1} = \frac{\dot{\gamma}_x - \dot{\gamma}_1}{\tau_x - \tau_1}$$

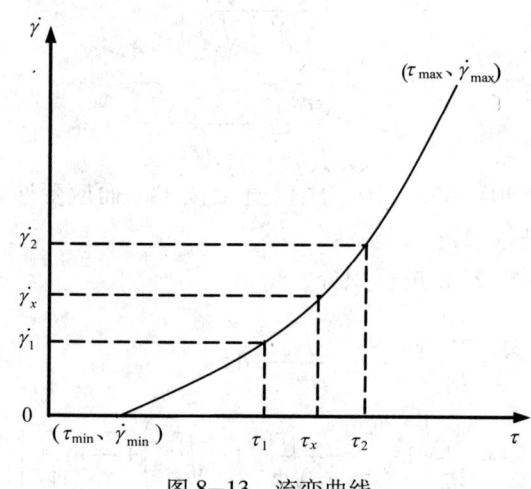

图 8-13　流变曲线

解此方程则得

$$\dot{\gamma}_x = \dot{\gamma}_1 + \frac{\tau_x - \tau_1}{\tau_2 - \tau_1}(\dot{\gamma}_2 - \dot{\gamma}_1)$$

下面将式（8-23）、式（8-24）和式（8-25）进行变换后，求得 A 和 B 的值。

$$\frac{\tau_{\max}^{\frac{1}{B}} - \tau_x^{\frac{1}{B}}}{\tau_x^{\frac{1}{B}} - \tau_{\min}^{\frac{1}{B}}} = \frac{\dot{\gamma}_{\max} - \dot{\gamma}_x}{\dot{\gamma}_x - \dot{\gamma}_{\min}}$$

$$\frac{\tau_{\max}^{\frac{1}{B}}\left[1 - \left(\dfrac{\tau_x}{\tau_{\max}}\right)^{\frac{1}{B}}\right]}{\tau_x^{\frac{1}{B}}\left[1 - \left(\dfrac{\tau_{\min}}{\tau_x}\right)^{\frac{1}{B}}\right]} = \frac{\dot{\gamma}_{\max} - \dot{\gamma}_x}{\dot{\gamma}_x - \dot{\gamma}_{\min}}$$

将式（8-30）代入上式，得

$$\left(\frac{\tau_{\max}}{\tau_x}\right)^{\frac{1}{B}} = \frac{\dot{\gamma}_{\max} - \dot{\gamma}_x}{\dot{\gamma}_x - \dot{\gamma}_{\min}} \tag{8-31}$$

则

$$B = \frac{\lg(\tau_{\max}/\tau_x)}{\lg\left(\dfrac{\dot{\gamma}_{\max} - \dot{\gamma}_x}{\dot{\gamma}_x - \dot{\gamma}_{\min}}\right)} \tag{8-32}$$

$$A = \left(\frac{\tau_{\max}^{\frac{1}{B}} - \tau_{\min}^{\frac{1}{B}}}{\dot{\gamma}_{\max} - \dot{\gamma}_{\min}}\right)^{B} \tag{8-33}$$

第四节 流变参数的回归

常见的描述非牛顿流体流变性的本构方程中有两或三个流变参数，因此也称为二参数或三参数的本构方程。如上所述这些参数的确定需要二或三组流变性测量值。然而，测量值总是要有误差的，仅依靠二或三组测量值计算的流变参数并不能确切地表示在所有应变速度下的流动特性。因此应该使用最小二乘法，分析所有的测量值，找出切应力与应变速度间的经验关系式。这就是非牛顿流体流变特性曲线拟合的问题。

一、一元线性回归方程

宾汉流体本构方程是二参数的模式方程，其剪切应力与应变速度呈直线关系，这类流变参数的确定过程属于一元回归，现将一元线性回归方程介绍如下。

两个变量如果呈直线关系，其表达式为

$$y = a + bx \tag{8-34}$$

由这两个变量得到的回归方程为

$$\hat{y} = a + bx \tag{8-35}$$

对于每一个 x_i 值，由式（8-35）可以确定一个回归值 $\hat{y}_i = a + bx_i$，实测值 y_i 与这个回归值 $\hat{y}_i$ 之间存在一个偏差，如图 8-14 所示。

同时，方程式（8-35）中不同的 a、b 值有不同的直线对应。从而，偏差值 δ_i 也就不同。对同一批实测值点，不同的 a、b 值将绘出不同的直线。最好的回归直线应使每一个自变量 x_i 与对应的因变量观察值 y_i 都落在回归直线附近成直线上。也就是要求"残差"为最小，即

$$E = \sum_{i=1}^{N}(y_i - \hat{y}_i)^2 = \sum_{i=1}^{N}(y_i - a - bx_i)^2 \tag{8-36}$$

最小。这就是所谓的最小二乘法原理。根据极限值求法，只需对 a、b 分别求 E 的导数，并令其等于零，即

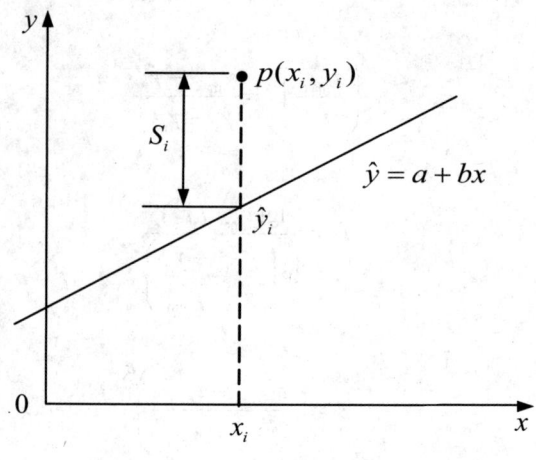

图 8-14 一元回归曲线

$$\delta_i = y_i - \hat{y}_i$$

$$\frac{\partial E}{\partial a} = 0, \quad \frac{\partial E}{\partial b} = 0$$

由此求出 a、b 代入方程式（8-34），即得到所求的直线方程。求 E 对 a、b 的偏导数，得

$$\begin{cases} \dfrac{\partial E}{\partial a} = -2\sum_{i=1}^{N}(y_i - a - bx_i) \\ \dfrac{\partial E}{\partial b} = -2\sum_{i=1}^{N}(y_i - a - bx_i)x_i \end{cases} \quad (8\text{-}37)$$

令其等于零，得

$$\begin{cases} \sum_{i=1}^{N}(y_i - a - bx_i) = 0 \\ \sum_{i=1}^{N}(x_i y_i - ax_i - bx_i^2) = 0 \end{cases} \quad (8\text{-}38)$$

故

$$\begin{cases} Na - b\sum_{i=1}^{N}x_i = \sum_{i=1}^{N}y_i \\ a\sum_{i=1}^{N}x_i + b\sum_{i=1}^{N}x_i^2 = \sum_{i=1}^{N}x_i y_i \end{cases} \quad (8\text{-}39)$$

解式（8-39），得

$$b = \frac{\sum_{i=1}^{N}(x_i - \overline{x})(y_i - \overline{y})}{\sum_{i=1}^{N}(x_i - \overline{x})^2} \quad (8\text{-}40)$$

$$a = \frac{\sum_{i=1}^{N} x_i^2 \sum_{i=1}^{N} y_i - \sum_{i=1}^{N} x_i \sum_{i=1}^{N} x_i y_i}{N \sum_{i=1}^{N} x_i - \left(\sum_{i=1}^{N} x_i\right)^2} \quad (8\text{-}41)$$

其中

$$\overline{x} = \frac{1}{N}\sum_{i=1}^{N} x_i \qquad \overline{y} = \frac{1}{N}\sum_{i=1}^{N} y_i$$

于是求得回归直线方程

$$\hat{y} = a + bx$$

二、非牛顿流体流变参数的线性回归计算

有些非牛顿流体可以直接应用上述线性回归方法确定出流变参数，还有一些非牛顿流体的本构方程经过交换后也可以利用这种方法得出其流变参数。

1. 宾汉流体

由宾汉流体的本构方程

$$\tau = B_B \tau_0 + \eta_p \dot{\gamma}_N$$

可以看出，利用旋转黏度计测得的 N 组（$\tau, \dot{\gamma}_N$）值，经过线性回归后，可以得出 τ 与 $\dot{\gamma}$ 的直线方程。宾汉流体的流变参数 τ_0、η_p 与直线方程参数 a、b 的关系为

$$\tau_0 = a / B_B \quad (8\text{-}42)$$

$$\eta_p = b \quad (8\text{-}43)$$

2. 幂律流体

将式（8-20）代入幂律流体本构方程，得出幂律流体的剪切应力与牛顿流体应变速度的关系

$$\tau = k(B_p \dot{\gamma}_N) = k B_p^n \dot{\gamma}_N^n \quad (8\text{-}44)$$

经过变换后得出

$$\lg \tau = \lg(k B_p^n) + n \lg \dot{\gamma}_N \quad (8\text{-}45)$$

令 $y = \lg \tau$、$x = \lg \dot{\gamma}_N$，则上式变为 y 与 x 的直线方程。故由旋转黏度计测得的剪切应力 τ 和应变速度 $\dot{\gamma}_N$，可得出该直线的截距 a 和斜率 b。因此，计算出幂律流体的流变参数

$$n = b \quad (8\text{-}46)$$

$$k = 10^B / B_p^n \tag{8-47}$$

3．卡森流体

将式（8-32）代入卡森流体本构方程得出卡森流体的切应力与牛顿流体应变速度的关系

$$\tau^{\frac{1}{2}} = B_c \tau_c^{\frac{1}{2}} + \eta_c^{\frac{1}{2}} \dot{\gamma}_N^{\frac{1}{2}} \tag{8-48}$$

令 $y = \tau^{\frac{1}{2}}$、$x = \dot{\gamma}_N^{\frac{1}{2}}$，式（8-48）变为 y 与 x 的直线关系式。由旋转黏度计的实测值 τ、$\dot{\gamma}_N$，通过线性回归计算，可得出直线的截矩 a 和斜率 b，则卡森流体的流变参数为

$$\eta_c = b^2 \tag{8-49}$$

$$\tau_c = (a/B_c)^2 \tag{8-50}$$

三、应用最小二乘法的罗伯逊—斯蒂夫流体的流变参数

罗伯逊—斯蒂夫（Robertson-stiff）流变模式近些年来用于研究钻井液的流变性能，获得较好的效果。它的形式为：

$$\tau = A(\dot{\gamma} + C)^B$$

在利用最小二乘法对罗伯逊—斯蒂夫流体流变性进行曲线拟合时，将会得到一个非线性方程组。应用计算机解这个方程组，得到了满意的结果。使用上也很迅速方便，把旋转黏度计测得的流变性测量值输入之后，很快得到流变参数 A、B 和 C。现讨论如下：

由罗伯逊—斯蒂夫流体本构方程得

$$\dot{\gamma} = \left(\frac{\tau}{A}\right)^{\frac{1}{B}} - C$$

上式代入式（8-13），得

$$\Omega = \frac{1}{2} \int_{\tau_2}^{\tau_1} \frac{f(\tau)}{\tau} d\tau = \frac{1}{2} \int_{\tau_2}^{\tau_1} \frac{\left(\frac{\tau}{A}\right)^{\frac{1}{B}} - C}{\tau} d\tau$$

$$= \frac{B}{2A^{\frac{1}{B}}} \left(\tau_1^{\frac{1}{B}} - \tau_2^{\frac{1}{B}}\right) + \frac{C}{2} \ln \frac{\tau_2}{\tau_1}$$

将式（8-9）、式（8-10）代入上式得

$$\Omega = \frac{B}{2} \left(\frac{M}{2\pi h A}\right)^{\frac{1}{B}} \left(R_1^{-\frac{2}{B}} - R_2^{-\frac{2}{B}}\right) + \frac{C}{2} \ln \frac{\frac{M}{2\pi h R_2^2}}{\frac{M}{2\pi h R_1^2}}$$

$$= \frac{B}{2} \left(\frac{M}{2\pi h A}\right)^{\frac{1}{B}} \left(R_1^{-\frac{2}{B}} - R_2^{-\frac{2}{B}}\right) + C \ln \frac{R_1}{R_2} \tag{8-51}$$

将 $\Omega = \dfrac{2\pi N}{60}$ 和 $\tau = \dfrac{M}{2\pi h R_1^2}$ 代入上式得

$$\tau = x(N+y)^B \tag{8-52}$$

式中

$$x = A\left\{\dfrac{\pi}{15B\left[1-\left(\dfrac{R_2}{R_1}\right)^{\frac{2}{B}}\right]}\right\}^B \tag{8-53}$$

$$y = \dfrac{30C\ln\dfrac{R_2}{R_1}}{\pi} \tag{8-54}$$

式（8-52）就是理论曲线的形式。

为了计算方便，对式（8-52）取对数得

$$\lg\tau = \lg x + B\lg(N+y)$$

当测量值为

$$(N_1,\tau_1),(N_2,\tau_2),\cdots,(N_i,\tau_i),\cdots,(N_n,\tau_n)$$

时，令

$$E = \sum_{i=1}^{n}\left(\lg x + B\lg(N_i+y) - \lg\tau_i\right)^2 \tag{8-55}$$

根据最小二乘法原理，有

$$\dfrac{\partial E}{\partial(\lg x)} = 0 \tag{8-56}$$

$$\dfrac{\partial E}{\partial B} = 0 \tag{8-57}$$

$$\dfrac{\partial E}{\partial y} = 0 \tag{8-58}$$

将式（8-55）分别代入式（8-56）、式（8-57）和式（8-58），得

$$\sum_{i=1}^{n}\left[\lg x + B\lg(N_i+y) - \lg\tau_i\right] = 0$$

$$\sum_{i=1}^{n}\left[\lg x + B\lg(N_i+y) - \lg\tau_i\right]\lg(N_i+y) = 0$$

$$\sum_{i=1}^{n}\left[\lg x + B\lg(N_i+y) - \lg\tau_i\right]\dfrac{B}{(N_i+y)} = 0$$

将上面三式进行整理得到下面的方程组

$$n\lg x = \left[\sum_{i=1}^{n}\lg(N_i+y)\right]B - \sum_{i=1}^{n}\lg\tau = 0 \qquad (8-59)$$

$$\left[\sum_{i=1}^{n}\lg(N_i+y)\right]\lg x + \left[\sum_{i=1}^{n}\lg^2(N_i+y)\right]B - \sum_{i=1}^{n}\lg\tau_i\lg(N_i+y) = 0 \qquad (8-60)$$

$$\left[\sum_{i=1}^{n}\frac{1}{(N_i+y)}\right]\lg x + \left[\sum_{i=1}^{n}\frac{\lg(N_i+y)}{(N_i+y)}\right]B - \sum_{i=1}^{n}\frac{\lg\tau_i}{(N_i+y)} = 0 \qquad (8-61)$$

由式 (8-61) 得

$$\lg x = \frac{1}{n}\left[\sum_{i=1}^{n}\lg\tau_i - B\sum_{i=1}^{n}\lg(N_i+y)\right] \qquad (8-62)$$

将上式分别代入式 (8-60) 和式 (8-61)，得

$$B = \frac{n\sum_{i=1}^{n}\lg\tau_i\lg(N_i+y) - \left(\sum_{i=1}^{n}\lg\tau_i\right)\left[\sum_{i=1}^{n}\lg(N_i+y)\right]}{n\sum_{i=1}^{n}\lg^2(N_i+y) - \left[\sum_{i=1}^{n}\lg(N_i+y)\right]^2} \qquad (8-63)$$

和

$$B = \frac{n\sum_{i=1}^{n}\frac{\lg\tau_i}{N_i+y} - \left(\sum_{i=1}^{n}\lg\tau_i\right)\left[\sum_{i=1}^{n}\frac{1}{N_i+y}\right]}{n\sum_{i=1}^{n}\frac{\lg(N_i+y)}{N_i+y} - \left(\sum_{i=1}^{n}\frac{1}{N_i+y}\right)\left[\sum_{i=1}^{n}\lg(N_i+y)\right]} \qquad (8-64)$$

由式 (8-63) 和式 (8-64)，得

$$\frac{n\sum_{i=1}^{n}\lg\tau_i\lg(N_i+y) - \left(\sum_{i=1}^{n}\lg\tau_i\right)\left[\sum_{i=1}^{n}\lg(N_i+y)\right]}{n\sum_{i=1}^{n}\lg^2(N_i+y) - \left[\sum_{i=1}^{n}\lg(N_i+y)\right]^2}$$

$$\frac{n\sum_{i=1}^{n}\frac{\lg\tau_i}{N_i+y} - \left(\sum_{i=1}^{n}\lg\tau_i\right)\left[\sum_{i=1}^{n}\frac{1}{N_i+y}\right]}{n\sum_{i=1}^{n}\frac{\lg(N_i+y)}{N_i+y} - \left(\sum_{i=1}^{n}\frac{1}{N_i+y}\right)\left[\sum_{i=1}^{n}\lg(N_i+y)\right]} \qquad (8-65)$$

这个方程求解起来比较麻烦，可以采用一些特殊的方法进行处理。使用计算机求解方程式 (8-65)，求得 y。将 y 代入式 (8-64) 求得 B。将 B 和 y 代入式 (8-62) 算出 x，将 x 和 B 代入式 (8-53)，得

$$A = \frac{x}{\left\{\dfrac{\pi}{\dfrac{\pi}{15B}\left[1-\left(\dfrac{R_1}{R_2}\right)^{\frac{2}{B}}\right]}\right\}^B} \tag{8-66}$$

将 y 代入式 (8-54),得

$$C = \frac{\pi y}{30\lg\dfrac{R_2}{r_2}} \tag{8-67}$$

将以上过程编制成计算机程序,求解参数时十分迅速方便。

参 考 文 献

[1] 陈文芳. 非牛顿流体力学 [M]. 北京：石油工业出版社，1995.
[2] 陈家琅. 水力学 [M]. 北京：石油工业出版社，1980.
[3] 沈崇堂. 非牛顿流体力学及其应用 [M]. 北京：高等教育出版社，1989.
[4] 杨树人. 工程流体力学 [M]. 北京：石油工业出版社，2006.
[5] 周光炯. 流体力学 [M].2 版. 北京：高等教育出版社，2000.
[6] 汪志明. 流体力学 [M]. 北京：石油工业出版社，2006.
[7] Gebhard Schramm. A practical approach to rheology and rheometry[M]. HAAKE Instruments Inc, 2000.
[8] Juan De Vicente. RHEOLOGY. InTech，2012.
[9] 李兆敏，蔡国琰. 非牛顿流体力学 [M]. 东营：中国石油大学出版社，1998.
[10] 崔海清，刘希圣. 非牛顿流体偏心环形空间螺旋流的速度分布 [J]. 石油学报，1996, 17(2).
[11] 郭军辉，等. 偏心环空中内管壁受非牛顿流体作用力的数值计算 [J]. 西安石油大学学报：自然科学版, 2007(5).
[12] 孟令尊，等. 非牛顿流体在配注器波纹杆环空中流动的数值模拟 [J]. 大庆石油学院学报，2006, 30(3).
[13] 崔海清，张海桥. 幂律液体环形空间层流螺旋流的压降计算 [J]. 石油学报，1985, 6(3): 105-112.
[14] 刘东升. 幂律流体在内管做行星运动的环空中流动的稳定性参数 H′ [D]. 大庆石油学院，2006.
[15] 崔海清，张海桥. 幂律液体环形空间螺旋流的视粘度和速度分布 [J]. 大庆石油学院学报，1984, 8(3).
[16] 王洪涛. 粘弹性聚合物溶液微观渗流的有限体积方法 [D]. 大庆石油学院, 2005.
[17] 刘燕. 非牛顿流体动力学方程研究进展介绍 [D]. 吉林大学, 2010.
[18] 张明侃. 非牛顿流体在旋转曲线管道内的对流换热研究 [D]. 浙江大学, 2008.
[19] 张海桥，崔海清. 幂律液体环形空间层流螺旋流的流量计算 [J]. 大庆石油学院学报，1984, 8(4).
[20] 崔海清，等. 流体在内管做行星运动的环空中流动时内管受力的数值计算 [C][J].// 朱德祥，等. 第二十届全国水动力学研讨会文集. 北京：海洋出版社，2007.
[21] 杨树人，等. 黏弹流体偏心环空流动的数值计算 [C]// 朱德祥，等. 第七届全国水动力学学术会议暨第十九届全国水动力学研讨会文集（上册）. 北京：海洋出版社，2005.
[22] 王克亮，等. 螺旋管道内幂律流体流动压力梯度的计算 [C]// 朱德祥，等. 第七届全国水动力学学术会议暨第十九届全国水动力学研讨会文集（上册）. 北京：海洋出版社，2005.
[23] 孟令尊，等. 分层配注器波纹环空流场的数值模拟 [J]. 石油机械，2006, 34(2).
[24] 王小兵，等. 地面驱动螺杆泵井筒中流体流动规律研究 [J]. 石油机械，2010 (1).
[25] 张小宁，等. 黏弹性流体在偏心环空中非定常流的流量计算 [J]. 石油钻采工艺，2009,

31(4).

[26] 徐国民,等.幂律流体在内管做轴向往复运动的偏心环空中非定常流压力梯度的数值计算[J].大庆石油学院学报,2009,33(1).

[27] 王春生,等.Ⅱ类稠油油藏蒸汽驱先导试验研究[J].科学技术与工程,2010(11).

[28] 常瑛,等.流体在内管做轴向往复运动偏心环空中非定常流的压力梯度[J].大庆石油学院学报,2007(6).

[29] 蔡萌,等.幂律流体在内管做行星运动的环空中流动的速度分布[J].大庆石油学院学报,2008(3).

[30] 蔡萌,等.幂律流体在内管做行星运动的环空中流动时内管壁的受力分析[J].大庆石油学院学报,2008(5).

[31] 郑晓松,等.黏弹流体在串联收缩—扩张毛管束中流动的有效黏度[J].大庆石油学院学报,2003(3).

[32] 崔海清,等.幂律流体在内管做轴向往复运动的偏心环空中非定常流的流量计算[J].石油学报,2005(3).

[33] 季海军,等.流体在内外管同时旋转的偏心环空中螺旋流的稳定性参数[J].大庆石油学院学报,2005(4).

[34] 孙智,等.流体在内管做轴向运动的偏心环空中的速度分布[J].大庆石油学院学报,2004(1).

[35] 郑晓松,等.聚合物溶液在缩扩孔隙模型中流动的弹性粘度[J].石油学报,2004(2).

[36] 崔海清,等.流体在内管做行星运动的环空中流动的二次流[J].大庆石油学院学报,2005(2).

[37] 季海军.幂律流体在内管做行星运动的环空中的流动[D].大庆石油学院,2005.

[38] 杨树人.粘弹性流体偏心环空非定常流的数值计算[D].大庆石油学院,2006.

[39] 孙玉学.粘弹性聚合物溶液提高驱油效率的机理研究[D].大庆石油学院,2009.

[40] 杨树人,等.黏弹流体偏心环空流动的数值计算[A].//朱德祥,等.第七届全国水动力学学术会议暨第十九届全国水动力学研讨会文集(上册)[C].北京:海洋出版社,2005.

[41] 杨树人,等.聚合物溶液的弹性对残余油滴变形的影响[J].内蒙古石油化工,2009(22).

[42] 杨树人,等.粘弹性流体在微孔道中流动的受力分析[J].内蒙古石油化工,2007(11).

[43] 杨树人,等.黏弹性流体在油藏孔隙中的流动特性[J].特种油气藏,2007(5).

[44] 杨树人,等.粘弹性流体偏心环空流动的数值计算[J].石油矿场机械,2008(8).

[45] 杨树人,等.黏弹性流体在内管做轴向运动的偏心环空中的速度分布[J].大庆石油学院学报,2005(1).

[46] 杨树人,等.黏弹性流体作用于聚驱井抽油杆上的径向力[J].大庆石油学院学报,2005(1).

[47] 韩洪升,等.圆管中气液两相流动空隙率数学模型[J].大庆石油学院学报,2002(4).

[48] 杨树人,等.幂律流体偏心环空轴向层流流动的速度分布[J].大庆石油学院学报,1997,21(1).

[49] 杨树人,等.幂律流体在偏心环空中流动的数值计算方法[J].大庆石油学院学报,

1996, 20(2).

[50] 杨树人, 等. 黏弹性流体驱替微孔道中残余油滴的水动力学机制 [J]. 中国石油大学学报: 自然科学版, 2011, 35(5).

[51] 杨树人. 粘弹性流体偏心环空非定常流的数值计算 [D]. 大庆石油学院, 2006.

[52] 王春生. 粘弹性流体在内管做轴向运动的偏心环空中定常流动的数值计算 [D]. 大庆石油学院, 2005.

[53] 王春生. 黏弹性流体驱替残余油的微观机理研究 [D]. 东北石油大学, 2011.

[54] 王春生, 等. 粘弹性流体驱替残余油微观力计算 [J]. 西南石油大学学报: 自然科学版, 2011, 33(4).

[55] 刘丽丽. 黏弹性流体在微孔道中流动的数值计算 [D]. 大庆石油学院, 2008.

[56] 孙学卫. 剪切稀化流体分层流动的线性稳定性研究和数值模拟 [D]. 清华大学, 2011.